Haldor Jochim
Frank Lademann

Planung von Bahnanlagen

Grundlagen – Planung – Berechnung

Mit 241 Bildern, 35 Tabellen und 21 Beispielen

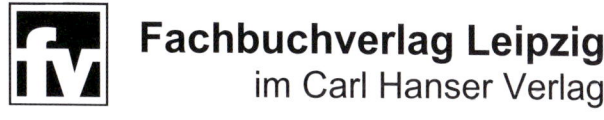

Fachbuchverlag Leipzig
im Carl Hanser Verlag

Autoren
Prof. Dr.-Ing. Haldor Jochim, Fachhochschule Aachen
jochim@fh-aachen.de
Prof. Dr.-Ing. Frank Lademann, Fachhochschule Gießen-Friedberg
Frank.Lademann@bau.fh-giessen.de

Bibliografische Information der Deutschen Nationalbibliothek
Die Deutsche Nationalbibliothek verzeichnet diese Publikation in der Deutschen
Nationalbibliografie; detaillierte bibliografische Daten sind im Internet
über http://dnb.d-nb.de abrufbar.

ISBN 978-3-446-41345-0

Dieses Werk ist urheberrechtlich geschützt.
Alle Rechte, auch die der Übersetzung, des Nachdruckes und der Vervielfältigung des Buches, oder Teilen daraus, vorbehalten. Kein Teil des Werkes darf ohne schriftliche Genehmigung des Verlages in irgendeiner Form (Fotokopie, Mikrofilm oder ein anderes Verfahren), auch nicht für Zwecke der Unterrichtsgestaltung – mit Ausnahme der in den §§ 53, 54 URG genannten Sonderfälle –, reproduziert oder unter Verwendung elektronischer Systeme verarbeitet, vervielfältigt oder verbreitet werden.

Fachbuchverlag Leipzig im Carl Hanser Verlag

© 2009 Carl Hanser Verlag München
Internet: http://www.hanser.de

Lektorat: Christine Fritzsch
Herstellung: Franziska Kaufmann
Satz: Haldor Jochim, Köln
Druck und Binden: Druckhaus „Thomas Müntzer" GmbH, Bad Langensalza
Printed in Germany

Vorwort

Das Eisenbahnwesen ist ein vielschichtiges Ingenieurthema, das an den meisten Hochschulen als Teil des Bauingenieurwesens mit einem Minimum an Stunden gelehrt wird – jedenfalls im Vergleich mit anderen, besonders den konstruktiven Bauingenieurfächern. Bauingenieure, die im Bahnwesen arbeiten, stellen immer wieder fest, wie viel sie noch hinzulernen müssen, um die Anforderungen der Praxis zu erfüllen. In der Praxis wiederum wird in der Regel nicht lange nach theoretischen oder wissenschaftlichen Begründungen für bestimmte Verfahrensweisen gefragt. Ersatzweise wird nach „Vorschriften" gesucht, die den Planer auf die „sichere Seite" befördern. Vorschriften erklären jedoch nichts; selbst die landläufige Bezeichnung ist irreführend, denn es handelt sich nur zu einem kleinen Teil um gesetzliche Vorschriften, zum größeren Teil hingegen um *Richtlinien*, die den Planern in vielen Fällen große Spielräume lassen – die er wiederum nur ausfüllen kann, wenn er über das erforderliche ingenieurtechnische Verständnis (und ein gewisses Maß an Erfahrung) verfügt.

Wir sind daher angetreten, das Eisenbahnwesen so zu erklären, dass die Studierenden die Hintergründe der vielfältigen Empfehlungen und Regeln für die Planung von Bahnanlagen nicht nur kennen und anwenden können, sondern auch so weit wie möglich *verstehen*. Neben den planerischen Inhalten, die den breitesten Raum einnehmen, finden sich aus dem breiten Spektrum des Eisenbahnwesens unter anderem Inhalte des Fahrzeugbaus, der Fahrleitungstechnik, der Signaltechnik, des Fahrplanwesens und der Organisation des Eisenbahnwesens. Das Interesse an einem lesbaren Text war bei uns stärker ausgeprägt als das Ideal einer lückenlosen wissenschaftlichen Zitierweise: Das Literaturverzeichnis enthält die neben den Richtlinien zusätzlich verwendete Literatur; im Text wird jedoch nur in Ausnahmefällen auf Quellen verwiesen.

Im Gegensatz zu den Naturwissenschaften und den ingenieurtechnischen Grundlagenwissenschaften werden im Eisenbahnwesen, wie im Verkehrswesen allgemein, die Verhaltensweisen der Menschen – sei es als Fahrgäste oder Anwohner – unmittelbar berührt. So sind die meisten Vorschriften und Richtlinien nicht zwingend mathematisch oder physikalisch zu begründen; es stecken vielmehr strategische und wirtschaftliche Gesichtspunkte sowie vielfältige Erfahrungen in ihnen. Zudem ist die Geschichte der Richtlinien so alt wie die Eisenbahn selbst. Einiges kann daher am besten mit Bezug auf die Eisenbahngeschichte erklärt werden.

Dieses Buch ist jedoch weder ein Geschichtsbuch noch ein Physikbuch, sondern ein Grundlagenlehrbuch. Zudem ist ein Buch der Welt nur dann nützlich, wenn es auch verkauft wird. Dies schränkt den Preis und damit den Umfang zwangsläufig ein. Die Inhalte, die wir ausgelassen haben, sowie ausführlichere Erläuterungen zu Inhalten, die wir mit Mühe und Not noch aufnehmen konnten, würden mit Leichtigkeit ein weiteres Buch füllen.

Eine Einbeziehung der Straßenbahnen mit ihren Besonderheiten technischer und planerischer Art sowie ihren vielfältigen örtlichen Sonderregelungen hätte den Umfang dieses Buches deutlich gesprengt oder wäre auf Kosten anderer wichtiger Kapitel gegangen. Ein weiteres, derzeit kaum vermeidbares Defizit ist die Beschränkung auf deutsche Richtlinien.

Da sich das Buch vornehmlich an Studierende des Bauingenieurwesens und Verkehrswesens richtet, bilden die Grundlagen der Trassierung den Schwerpunkt des Buches. Die Leser werden ohne Umwege, nach einer so kurz wie möglich gehaltenen Einleitung in den spurgeführten Verkehr, in das Thema Trassierung hineingeführt. Die Schwerpunktsetzung und die Reihenfolge entsprechen dem Anspruch des Buches, dem angehenden Eisenbahnplaner planerische Regeln, Richtlinien und Sachverhalte gründlich und ausführlich zu erklären. Ein gewisses Maß an Vollständigkeit ist hier zwingend notwendig: Wenn unter drei bestehenden Bedingungen zur Wahl eines Planungsparameters eine – da vielleicht nur selten maßgebend – *nicht* angesprochen wird, so kann dies zu einer nicht richtlinienkonformen, somit *falschen* und angreifbaren Planung führen.

Die anderen Inhalte des Eisenbahnwesens werden erst im weiteren Verlauf des Buches und mit einem geringeren Anspruch an Vollständigkeit behandelt. Dies bedeutet nicht, dass sie weniger wichtig wären; doch der Planer benötigt außerhalb seines eigenen Schwerpunktes in erster Linie die Grundzüge der angrenzenden Diszlplinen. Er muss verstehen, wie ein Gleis aufgebaut ist – ohne bereits von Anfang an die Detailkenntnisse zu besitzen oder zu benötigen, die nur die praktische Tätigkeit vermitteln kann; er muss beispielsweise auch das betriebliche System der Eisenbahn beherrschen, ohne deshalb ein Stellwerk bedienen zu können.

Da bekanntlich die Zeichnung als „die Sprache des Ingenieurs" gilt, wurde von graphischen Darstellungen ausgiebig Gebrauch gemacht. Sowohl kleine Skizzen zur Veranschaulichung von Begriffen und einfachen geometrischen Zusammenhängen als auch große, systematische Darstellungen zur Durchdringung komplexer Sachverhalte werden die Leser in großer Fülle finden. Auch hier ist der Schwerpunkt im planerischen Bereich erkennbar, der sich zur graphischen „Untermalung" allerdings auch besonders anbietet. Dem Verlag sei Dank für die Möglichkeit, eine zweite Farbe einsetzen zu können; dadurch wurde die Möglichkeit, Zusammenhänge graphisch zu erklären, außerordentlich erleichtert.

Wir bedanken uns bei vielen hilfsbereiten Menschen, die uns mit Bildmaterial versorgt, den Text Korrektur gelesen oder uns auf andere Weise geholfen und unterstützt haben. Für weitere Hinweise und Anregungen sind wir dankbar.

Köln/Aachen/Kronberg/Gießen, im Sommer 2008

Haldor E. Jochim
Frank Lademann

Inhaltsverzeichnis

1	**Einleitung: Schienengebundener Verkehr**	**13**
1.1	Stahlräder auf Stahlschienen	13
1.2	Spurführung	14
2	**Kinematische Planungsgrundlagen**	**16**
2.1	Geschwindigkeit als Planungsziel	16
2.2	Geschwindigkeit und Beschleunigung	16
2.3	Die Fliehkraft begrenzt die zulässige Geschwindigkeit	17
2.4	Ruck	19
2.5	Trassierungselemente	20
2.5.1	Gerade und Kreisbogen	20
2.5.2	Überhöhung und Überhöhungsrampe	22
2.5.3	Übergang zwischen Geraden und Bogen	25
2.5.4	Übergangsbogen	25
2.5.5	Längsneigungen und Neigungswechsel	26
2.6	Von der Trassenfindung zur Entwurfsplanung	27
2.7	Trassierungsgrundsätze	28
3	**Trassierungsparameter für Bahnen**	**29**
3.1	Mathematische Behandlung von Seitenbeschleunigung und Ruck	29
3.1.1	Überhöhungsnachweis	29
3.1.2	Rucknachweis	31
3.2	Grenzwerte für die Trassierungselemente	31
3.2.1	Grundsätze	31
3.2.2	Systematik der Grenzwerte	33
3.2.3	Gerade und Kreisbogen	34
3.2.4	Überhöhung	35
3.2.5	Überhöhungsfehlbetrag	38
3.2.6	Überhöhungsrampe	39
3.2.7	Übergangsbogen	41
3.3	Fahrdynamisch optimierter Übergangsbogen (Wiener Bogen®)	45
3.4	Gleisverziehungen	45
3.5	Längsneigungen und Neigungswechsel	49
3.6	Besonderheiten bei Neigetechnik	52
3.7	Beispielaufgaben	52

4 Trassierung von Weichen und Weichenverbindungen ... 60

4.1 Geometrie der einfachen Weichen ... 61
- 4.1.1 Darstellung von einfachen Weichen im Lageplan ... 62
- 4.1.2 Radien der einfachen Weichen ... 64
- 4.1.3 Weichenneigungen ... 65
- 4.1.4 Standardisierung der Weichen, Weichentabelle ... 66
- 4.1.5 Weichenverbindungen ... 68
- 4.1.6 Bemessung einer Weichenverbindung mit einfachen Weichen ... 69
- 4.1.7 Länge von Weichenverbindungen ... 70

4.2 Bogenweichen ... 73
- 4.2.1 Radien der Bogenweichen ... 73
- 4.2.2 Bemessung von Bogenweichen ... 75
- 4.2.3 Rucknachweis ... 78
- 4.2.4 Überhöhung und Überhöhungsfehlbetrag ... 81
- 4.2.5 Praktische Bemessung von Bogenweichen ... 83
- 4.2.5.1 Stammgleis ... 83
- 4.2.5.2 Zweiggleis in Innenbogenweichen (IBW) ... 83
- 4.2.5.3 Zweiggleis in Außenbogenweichen (ABW) ... 85
- 4.2.6 Länge von Weichenverbindungen im Bogen ... 87

4.3 Klothoidenweichen ... 90

4.4 Zeichnung von Weichenverbindungen ... 92

4.5 Kreuzungen, Kreuzungsweichen und Doppelweichen ... 93
- 4.5.1 Kreuzungen ... 93
- 4.5.2 Kreuzungsweichen ... 94
- 4.5.2.1 Kreuzungsweichen mit innenliegenden Zungen ... 94
- 4.5.2.2 Kreuzungsweichen mit außenliegenden Zungen ... 95
- 4.5.3 Doppelweichen ... 96

4.6 Beispiele ... 97

5 Oberbau ... 102

5.1 Abgrenzung von Oberbau und Unterbau ... 102

5.2 Bauteile des Gleises ... 103
- 5.2.1 Schienen ... 103
- 5.2.2 Schwellen ... 104
- 5.2.2.1 Holzschwellen ... 104
- 5.2.2.2 Stahlschwellen ... 105
- 5.2.2.3 Betonschwellen ... 105
- 5.2.3 Schienenbefestigungen ... 105
- 5.2.4 Schotterbett ... 106
- 5.2.5 Schutzschichten ... 107
- 5.2.6 Entwässerung ... 109

5.3 Gleisbauverfahren ... 109

	5.4	Feste Fahrbahn	110
	5.5	Weichenbau	113
	5.5.1	Starre und bewegliche Herzstückspitzen	114
	5.5.2	Weichenschwellen	115

6 Gleisquerschnitte 117
6.1 Lichtraumprofile 117
6.2 Dimensionierung von Querschnitten 119
6.3 Gleisabstände 123
6.4 Fahrleitung und lichte Höhen 128
6.4.1 Bauarten 128
6.4.2 Regelbauarten der Oberleitung 129
6.4.3 Abspannung der Oberleitung 130
6.4.4 Überbrückung mehrerer Gleise 131
6.4.5 Mastarten 131
6.4.6 Streckentrenner und Streckentrennungen 132
6.4.7 Lichte Höhen unter Bauwerken 133

7 Bahnfahrzeuge 135
7.1 Kinematik und Fahrdynamik 135
7.2 Bremsen 139
7.2.1 Die Druckluftbremse 139
7.2.2 Reibungsbremsen 140
7.2.3 Reibungsfreie Bremsen 141
7.3 Kupplungen 141
7.4 Achsen und Drehgestelle 143
7.5 Fahrzeugkonzepte 143
7.5.1 Lokbespannter Zug 144
7.5.2 Triebwagenzug 145
7.5.3 Triebkopfzug 145
7.5.4 Wendezug 146
7.5.5 Züge mit Neigetechnik 146

8 Bahnhöfe 147
8.1 Fahrmöglichkeiten in Bahnhöfen 147
8.2 Grundtypen von Bahnhöfen 148
8.2.1 Einteilung nach dem Zweck 148
8.2.2 Einteilung nach der Lage im Netz 150
8.2.3 Einteilung nach der Struktur der Gleisanlagen 151
8.3 Verknüpfung mit anderen Verkehrsmitteln 152

8.4	Bahnhofsgleise und -weichen		153
8.5	Anlagen des Personenverkehrs		153
8.6	Weitere Betriebsstellen		157
8.7	Abstellbahnhöfe		159
8.8	Bahnhöfe des Güterverkehrs		159
	8.8.1	Rangierbahnhöfe: Sortieranlagen für den Wagenladungsverkehr	160
	8.8.2	Knotenpunktsystem	163
	8.8.3	Anlagen des kombinierten Verkehrs	163

9 Grundlagen der Signaltechnik ... 167

- 9.1 Signaltechnik und Sicherheit ... 167
- 9.2 Signalabhängigkeit ... 168
- 9.3 Bahnhof und Strecke ... 169
- 9.4 Durchrutschwege und Flankenschutz ... 170
  - 9.4.1 Grenzzeichen und andere Gefahrpunkte ... 170
  - 9.4.2 Länge der Durchrutschwege ... 172
  - 9.4.3 Flankenschutzeinrichtungen ... 173
- 9.5 Rangierbetrieb ... 174
- 9.6 Signalsysteme und Signalbilder ... 175
  - 9.6.1 Einfahrsignale und Ausfahrsignale ... 175
  - 9.6.2 Bremswegabstand und Blocksignale ... 177
  - 9.6.3 Haupt- und Vorsignale ... 179
  - 9.6.4 Plansymbole für Signale ... 180
  - 9.6.5 Grundlegende Signalbilder für Fahren und Halten ... 180
  - 9.6.6 Signalsysteme in Deutschland ... 180
  - 9.6.7 Signalisierung von Geschwindigkeiten ... 183
- 9.7 Zugbeeinflussung ... 185
  - 9.7.1 Warnsysteme und Zugbeeinflussungssysteme ... 185
  - 9.7.2 Punktförmige Zugbeeinflussung (PZB 90) ... 186
  - 9.7.3 Die Sicherheitsfahrschaltung ... 189
  - 9.7.4 Signaltechnik und Zugbeeinflussung für Hochgeschwindigkeitsverkehr ... 190
- 9.8 ETCS ... 192
- 9.9 Fail-Safe-Technik ... 193
- 9.10 Stellwerkstechnik ... 194
  - 9.10.1 Zugmeldeverfahren als Grundlage der Zugsicherung ... 194
  - 9.10.2 Gleisfreimeldung ... 195
  - 9.10.3 Grundsätze der Fahrwegsicherung in Stellwerken ... 196
  - 9.10.4 Elektronische Stellwerke ... 197
  - 9.10.5 Mechanische Stellwerke ... 198
  - 9.10.6 Elektromechanische Stellwerke ... 200

		9.10.7	Relaisstellwerke	201
		9.10.8	Betrieb bei Störungen	203
	9.11	Sicherung von Bahnübergängen		204

10 Bahnbetrieb und Fahrpläne ... 207

10.1 Sperrzeiten als Basis für konfliktfreie Fahrpläne ... 207
    10.1.1 Elemente der Sperrzeit ... 207
    10.1.2 Sonderfall: anfahrender Zug ... 209
    10.1.3 Sonderfall: haltender Zug ... 210

10.2 Mindestzugfolgezeiten ... 211

10.3 Pufferzeiten und Fahrzeitzuschläge ... 212

10.4 Fahrpläne ... 214

10.5 Betriebsqualität ... 215

11 Organisation und Richtlinien ... 217

11.1 Organisation der Bahnen in Deutschland ... 217
    11.1.1 Eisenbahnbundesamt ... 217
    11.1.2 Infrastruktur und Verkehr ... 217
    11.1.3 Deutsche Bahn ... 219

11.2 Finanzierungsfragen ... 220
    11.2.1 Eisenbahnkreuzungsgesetz ... 221
    11.2.2 Gemeindeverkehrsfinanzierungsgesetz ... 222
    11.2.3 Bundesschienenwegeausbaugesetz ... 223
    11.2.4 Regionalisierungsgesetz ... 224

11.3 Aufbau der deutschen Richtlinien ... 225
    11.3.1 Richtlinien für Eisenbahnen ... 225
    11.3.2 Bahninterne Richtlinien ... 226

11.4 Europäische Richtlinien: Technische Spezifikation Interoperabilität (TSI) ... 226

11.5 Planungsrecht ... 227

Literaturverzeichnis ... 229
Sachwortverzeichnis ... 230

1 Einleitung: Schienengebundener Verkehr

1.1 Stahlräder auf Stahlschienen

Ein charakteristisches Kennzeichen des Bahnverkehrs ist der Kontakt von Rädern aus Stahl auf Stahlschienen. Im Vergleich zu anderen Materialien, wie zum Beispiel Gummi (Reifen) auf Bitumenfahrbahn, ist die Reibung zwischen Fahrweg (Gleis) und Rädern außerordentlich gering. Die Reibungskraft wird als Produkt aus der Gewichtskraft und einer materialabhängigen Kennzahl ermittelt. Dabei werden drei Reibungsarten unterschieden:

- Haftreibung: die Reibung, die es zu überwinden gilt, um einen Körper in Bewegung zu setzen;
- Gleitreibung: die Reibung, mit der ein Körper über eine Fläche gleitet;
- Rollreibung: die Reibung rollender Räder.

Bei gleicher Gewichtskraft ist die Haftreibung am größten, die Rollreibung am kleinsten von den drei genannten Reibungsarten. Allgemein ist die Reibung im Schienenverkehr erheblich kleiner als im Straßenverkehr. Die *Bilder 1.1 und 1.2* veranschaulichen die Verhältnisse.

Die sehr kleine Rollreibung im Schienenverkehr ermöglicht die Bildung langer Züge und die Beförderung großer Lasten mit geringem Energieaufwand. Dies ist der wesentliche Systemvorteil des Schienenverkehrs gegenüber anderen Verkehrsmitteln.

Auf der anderen Seite ist aus dem gleichen Grund die Fähigkeit zu bremsen im Schienenverkehr deutlich schlechter als im Straßenverkehr. Im Eisenbahnverkehr wird deshalb ein besonderes Sicherungssystem angewendet, das große Bremswege gefahrlos ermöglicht. (Bei Straßenbahnen, die im Gegensatz zu Eisenbahnen in engem Kontakt mit Straßenverkehrsmitteln betrieben und in diesem Buch nicht behandelt werden, werden andersartige Lösungen mittels reduzierter Geschwindigkeiten und besonderer Bremseinrichtungen angewendet.)

Gleitreibung ist auch vorhanden, wenn Räder beim Bremsen blockieren. Entgegen einem verbreiteten Irrglauben ist der Bremsweg bei blockierenden Rädern daher kürzer als bei rollenden Rädern.

Das Bremsen mit blockierenden Rädern ist aus anderen Gründen unerwünscht: im Straßenverkehr, weil mit blockierenden Rädern nicht gelenkt werden kann; im Schienenverkehr, weil die Räder Flachstellen bekommen – Abweichungen von der runden Form der Räder, die den Verschleiß von Rad und Schiene stark erhöhen.

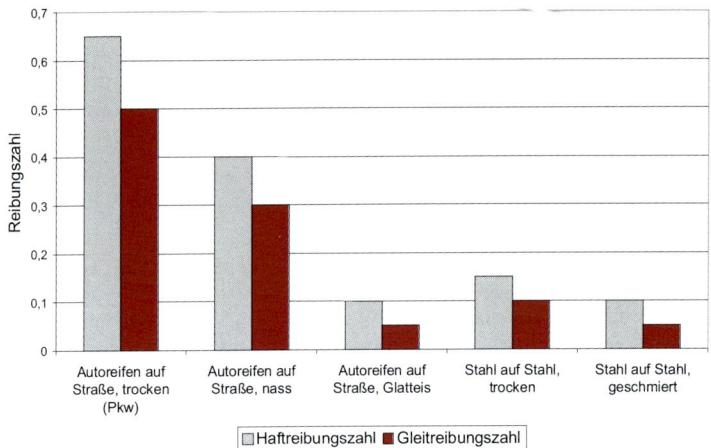

Bild 1.1 Vergleich von Reibungswerten auf Straße und Schiene

Vergleich Reibung Straße - Schiene

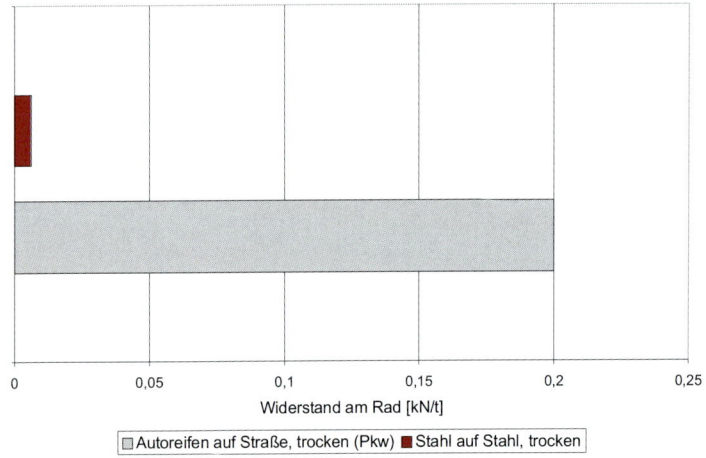

Bild 1.2 Rollwiderstand auf Straße und Schiene (kN/t Radlast)

1.2 Spurführung

Bahnen sind spurgebundene Verkehrsmittel.

Ein weiterer wesentlicher Unterschied zwischen Bahnen und anderen Verkehrsmitteln liegt in der Spurführung. Während der Fahrer eines Straßenfahrzeugs seinen Weg selbst sucht, ist dem Schienenfahrzeug durch den Verlauf des Gleises die Bewegungsrichtung zwingend vorgeschrieben. Dadurch sind Fahrwegeinstellungen und Fahrzeuglenkung als Regelaufgaben räumlich voneinander getrennt. Durch die Zwangsführung lassen

1.2 Spurführung

sich die Schienenbahnen leichter als andere, nicht spurgebundene Verkehrsmittel in den automatischen Betrieb überführen.

Das Zusammenspiel zwischen Rad und Schiene beruht im Wesentlichen auf dem Prinzip des Doppelkegels. Dadurch entsteht eine sinusförmige Wellenbewegung um die Mittelachse, der Sinuslauf. Der Doppelkegel zentriert sich selbst. Die Laufflächen des Radsatzes stellen einen Ausschnitt aus dem Doppelkegel dar. Wichtig dabei ist, dass die Räder starr mit der Achse verbunden sind.

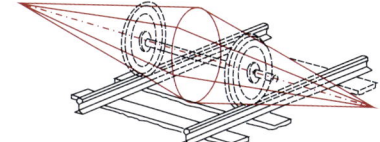

Bild 1.3 Doppelkegel als Modell für die Spurführung

Theoretisch kann man sich vorstellen, dass das Fahrzeug allein durch die Wirkungsweise des Doppelkegels sowie sein Eigengewicht in der Spur gehalten wird. Praktisch würde jedoch jede kleinste Störung des Sinuslaufes eine Entgleisung verursachen. Deshalb wird das Schienenfahrzeug durch die Spurkränze geführt, die an den Innenkanten der Schienen anlaufen können.

Um die Sinusbewegung möglich zu machen, ist der Abstand der Schienen etwas größer als der Abstand des linken und rechten Rades; die Differenz wird als Spurspiel bezeichnet. Das Anlaufen des Spurkranzes an die Schiene geschieht auf diese Weise nur punktuell, sodass Rad und Schiene wenig aneinander reiben.

Bei idealen Laufeigenschaften bewirkt die kegelähnliche Form der Radreifenlaufflächen zudem eine gleichmäßige Abnutzung über den gesamten Radreifen, weil jede Stelle des Radreifens gleich oft Kontakt mit der Schiene hat.

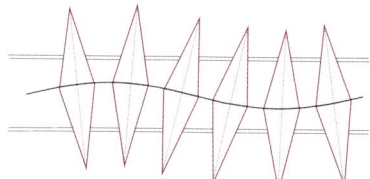

Bild 1.4 Sinuslauf

In Gleisbogen stellt sich der Fahrverlauf etwas anders dar: Die äußeren Räder laufen aufgrund der Fliehkraft an die äußere Schiene an, sodass diese stärker belastet wird als die innere Schiene und schneller verschleißt. Außerdem können sich bei starren Achsen beide Räder nur gleich schnell drehen. Da das äußere Rad einen längeren Bogen fahren muss als das innere, kommt es daher im Bogen doch zeitweise zum Gleiten der Räder an den Schienen. Durch die konische Form der Räder wird dieser Effekt aber abgemildert, da geringe Unterschiede in der Umfangsgeschwindigkeit der beiden Räder des Radsatzes möglich sind.

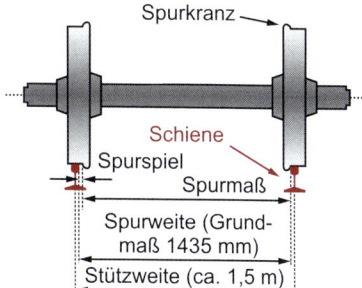

Bild 1.5 Radsatz in der Bogenfahrt (mit Bezeichnungen)

Die in diesem Abschnitt beschriebenen fahrdynamischen Zusammenhänge sind allerdings in der Realität komplizierter als in dieser idealisierten Darstellung. Entgegen der Modellvorstellung sind die Achsen in Drehgestelle eingebettet, auf denen wiederum die Wagenkästen angebracht sind. Die Wechselwirkung zwischen diesen Bauteilen sowie vor allem auch die Fahrzeugfederung führen zu sehr komplizierten dynamischen Phänomenen. Insbesondere bei hohen Geschwindigkeiten sind zahlreiche technische Kniffe erforderlich, um diese Kräfte zu beherrschen. Dank der technischen Entwicklung im Fahrzeugbereich sind Geschwindigkeiten bis etwa 350 km/h im Reisezugbetrieb mittlerweile gut beherrschbar.

2 Kinematische Planungsgrundlagen

Die ältesten Bahnstrecken wurden weitgehend geradlinig trassiert, weil man zunächst Sorge vor Entgleisungen selbst in großen Gleisbogen hatte. Später ging man dazu über, die Trassierung aus Kostengründen der Landschaft anzupassen, etwa entlang Flüssen zu trassieren. Dies hatte auch den Vorteil, dass die Steigungen gering waren – ein Aspekt, der seinerzeit eine größere Bedeutung hatte als eine kürzere Trassierung. Zuweilen sind Bahnstrecken auch deshalb in Flusstälern trassiert worden, weil man sie im Falle eines Krieges auf diese Weise vor militärischen Angriffen schützen wollte.

2.1 Geschwindigkeit als Planungsziel

Die Fahrzeit ist ein wesentliches Merkmal für die Entscheidung über die Nutzung von Verkehrsmitteln.

In ihrer Anfangszeit im 19. Jahrhundert war die Eisenbahn konkurrenzlos schnell. Mit dem Aufkommen des Straßen- und Luftverkehrs ging dieser Vorteil zum Teil verloren. Es gibt jedoch Relationen, besonders zwischen großen Städten, in denen die Fahrzeiten der Bahn niedriger liegen als die Fahrzeiten des Pkw. Etwa bis zu einer (Bahn-)Fahrzeit von 4 Stunden ist die Bahn auch gegenüber dem Luftverkehr im Vorteil.

Unglücklicherweise stammt die Trassierung der meisten Eisenbahnstrecken aus dem 19. Jahrhundert, sodass die Trassen wegen ihrer engen Kurvenradien nicht für die heutigen hohen Geschwindigkeiten geeignet sind. Um diesem Missstand zu begegnen, können neue Strecken gebaut oder vorhandene Strecken für höhere Geschwindigkeiten ausgebaut werden.

2.2 Geschwindigkeit und Beschleunigung

In der Anfangszeit der Eisenbahn äußerten Ärzte Bedenken, ob große Geschwindigkeiten – damals 40 km/h – dem menschlichen Organismus zuträglich seien. Heute können wir sagen, dass diese Sorgen unbegründet waren. Fahrten in einem Hochgeschwindigkeitszug mit 300 km/h oder Flüge mit einer dreimal so großen Geschwindigkeit haben keinen merklichen Einfluss auf das Wohlbefinden. Allerdings nur unter einer Bedingung: Die Geschwindigkeit muss konstant sein. Anfahr- und Bremsvorgänge sowie Kurvenfahrten werden nämlich in der Tat als außerordentlich unangenehm empfunden. Alle diese Vorgänge haben etwas gemeinsam: Sie sind mit Beschleunigungen verbunden.

Bewegungen auf gerader Bahn mit konstanter Geschwindigkeit werden ebenso empfunden wie Stillstand. Beschleunigte Bewegungen wirken hingegen auf das Gleichgewichtsorgan.

Eine Beschleunigung ist eine Änderung der Geschwindigkeit über die Zeit:

$$a = \frac{\Delta v}{\Delta t}.$$

Die Einheit der Beschleunigung ist somit $\frac{m/s}{s} = \frac{m}{s^2}$.

Die physikalische Beschreibung der Fahrt eines Fahrzeugs auf gekrümmter Bahn (d.h. in einer Kurve) kann auf zweierlei Weise formuliert werden:
- Aus der Sicht eines Beobachters: Eine äußere Kraft bewirkt, dass das Fahrzeug einen Bogen befährt. Die Kraft wird vom Fahrzeug an die Insassen weitergegeben. Im Straßenverkehr wird die Kraft durch die Reibung zwischen Reifen und Fahrbahn aufgebracht; im Schienenverkehr bewirkt die Biegung des Gleises die Richtungsänderung.
- Aus der Sicht eines Insassen: Der Körper möchte der Richtungsänderung des Fahrzeugs nicht folgen und wird dadurch nach außen gedrückt. Die dabei subjektiv empfundene Kraft wird als Fliehkraft oder Zentrifugalkraft bezeichnet.

Beide Beschreibungen sind physikalisch gleichwertig. Die Sicht der Insassen eines Fahrzeugs ist anschaulicher und wird daher im Weiteren bevorzugt.

Es gibt verschiedene beschleunigte Bewegungen:

Anfahren:
Geschwindigkeitserhöhung;
Bremsen:
Geschwindigkeitsverringerung;
Bogenfahrten:
Änderung des Geschwindigkeitsvektors.

Nur geradlinige Bewegungen mit konstanter Geschwindigkeit sind dem Zustand der Ruhe äquivalent. Ein Körper würde sich niemals von allein auf einer gekrümmten Bahn bewegen. Es braucht eine Kraft, um ihn dazu zu „zwingen".

2.3 Die Fliehkraft begrenzt die zulässige Geschwindigkeit

Ein Beispiel für die Kreisbewegung eines Gegenstands ist das Schleudern eines Gewichtes durch einen Hammerwerfer. Offensichtlich muss er eine Kraft aufbringen, um den Hammer in seiner Kreisbahn zu halten. Zugleich wird auch der Betrag seiner (d.h. des Hammers) Geschwindigkeit vergrößert. Nachdem der Hammer losgelassen wird, fliegt er, wie nach dem Trägheitssatz zu erwarten, in gerader Linie. Aus dem Bewegungsablauf des Hammerwerfers lässt sich schließen, dass er die maximale Kraft in dem Augenblick aufbringt, in dem er den Hammer loslässt. Zugleich hat der Hammer in diesem Augenblick die maximale Geschwindigkeit.
Offensichtlich ist die Fliehkraft also von der Bahngeschwindigkeit des Körpers, hier des Hammers, abhängig.

Die Fliehkraft ist proportional zum Quadrat der Bahngeschwindigkeit des Körpers und umgekehrt proportional zum Radius. In mathematischer Ausdrucksweise:

$$F_z = m \cdot \frac{v^2}{r} \qquad (2.1)$$

mit
F_Z = Zentrifugalkraft (Fliehkraft);
m = Masse des Körpers;
v = Geschwindigkeit des Körpers;
r = Radius der Kreisbahn.

Verdoppelt sich die Geschwindigkeit, so vervierfacht sich die Fliehkraft. Verringert sich der Radius auf die Hälfte, so verdoppelt sich die Fliehkraft.

Die Begriffe „Zentrifugalkraft" und „Fliehkraft" sind synonym, für die entsprechende Beschleunigung ist ausschließlich der Begriff „Zentrifugalbeschleunigung" gebräuchlich.

Da jede Kraft als Produkt von Masse und Beschleunigung ausgedrückt werden kann, gilt für die Zentrifugalbeschleunigung:

$$a_Z = \frac{F_Z}{m} = \frac{v^2}{r} \tag{2.2}$$

Beispiel 2.1

Eine Straßenbahn befährt einen engen Bogen mit einem Radius von 25 m mit einer Geschwindigkeit von 20 km/h. Wie groß ist die Zentrifugalbeschleunigung, die auf die Fahrgäste wirkt?

Lösung:

Durch Einbau einer Überhöhung kann die Beschleunigung verkleinert oder die Geschwindigkeit vergrößert werden. Siehe dazu Kap. 3.2.4.

Mit v = 20 km/h = 5,55 m/s und r = 25 m folgt:

$$a_Z = \frac{F_Z}{m} = \frac{5{,}55^2}{25} = 1{,}23 \, \frac{m}{s^2}$$

Beispiel 2.2

Ein ICE-Zug fährt durch einen Bogen mit dem Radius 5000 m. Er fährt mit einer Geschwindigkeit von 250 km/h. Wie groß ist die Zentrifugalbeschleunigung, die auf die Fahrgäste wirkt?

Lösung:

Mit v = 250 km/h = 69,4 m/s und r = 5000 m folgt:

$$a_Z = \frac{F_Z}{m} = \frac{69{,}4^2}{5000} = 0{,}96 \, \frac{m}{s^2}$$

2.4 Ruck

Unter einem Ruck versteht man eine Änderung der Beschleunigung.

Beispiel für einen Ruck: der Augenblick, in dem ein bremsendes Fahrzeug anhält. Vor dem Anhalten wirkt eine Verzögerung (negative Beschleunigung), die beim Stand des Fahrzeugs auf Null abfällt.
Beim Übergang von einer geradlinigen in eine Kreisbewegung tritt ebenfalls ein Ruck auf, weil eine Beschleunigung einsetzt. Dies ist der Augenblick, in dem im Speisewagen der Kaffee in der Tasse überschwappt.

Mathematisch ist der Ruck κ die Ableitung der Beschleunigung nach der Zeit:

$$\kappa = \frac{da}{dt} \qquad (2.3)$$

In einem realen Fahrzeug wird das Differenzial dt nicht infinitesimal klein, weil die Achsen den Anfangspunkt des Bogens nicht alle gleichzeitig befahren; außerdem bewirkt die Federung eine Verzögerung bei der Kraftübermittlung.
Deshalb reicht es für den praktischen Gebrauch aus, mit einem endlichen Δt zu rechnen. Bei der Eisenbahn ist es üblich, lediglich die Differenz Δa ohne expliziten Bezug auf die Zeitspanne, in welcher der Wechsel der Beschleunigungen stattfindet, anzusetzen.

Würde der ICE mit einer Geschwindigkeit von 250 km/h durch einen Bogen mit dem Radius 25 m fahren, so betrüge die Zentrifugalbeschleunigung 193 m/s²! Das wäre fast das 20-fache der Erdbeschleunigung.

In der Praxis der Trassierung wird die Beschleunigung a durch eine anschaulichere Größe ersetzt (siehe Abschn. 3.1.2).

Beispiel 2.3

Ein ICE-Zug fährt durch einen Bogen mit dem Radius 5000 m. Er fährt mit einer Geschwindigkeit von 250 km/h. Wie groß ist die Änderung der Zentrifugalbeschleunigung, die am Anfang des Bogens auf die Fahrgäste wirkt, wenn zuvor eine Gerade durchfahren wurde?

Lösung:

Mit v = 250 km/h = 69,4 m/s und r = 5000 m folgt:

$$\Delta a = a_{Bogen} - a_{Gerade} = a_{Bogen} - 0 = \frac{69{,}4^2}{5000} = 0{,}96 \frac{m}{s^2}$$

In diesem Beispiel wird noch nicht von der Möglichkeit Gebrauch gemacht, die Gleise in Querrichtung zu neigen. Siehe dazu Abschn. 2.5.2.

Die zuträglichen Grenzen für die Beschleunigungsdifferenz liegen in einer ähnlichen Größenordnung wie die Grenzen für die Beschleunigung selbst: Im Bereich um Δa = 1 m/s² schwappt das Getränk noch nicht über. Auf schnell befahrenen Strecken werden noch engere Grenzen als im obigen Beispiel gesetzt, weil Fahrgäste dort nicht mit plötzlichen Beschleunigungsänderungen rechnen. Bei großen Geschwindigkeiten wird die Ruckbeschränkung maßgebend, weil sie dann engere Grenzen setzt als die Beschränkung der Seitenbeschleunigung.

Um diesen unerwünschten Effekt zu vermeiden, gibt es unter Umständen die Möglichkeit, einen Übergangsbogen einzufügen. Diese besondere Form des Bogens beginnt mit einem unendlich großen Radius; bei Durchfahren des Übergangsbogens wird der Radius sukzessive verkleinert. Auf diese Weise wird die Beschleunigungsveränderung auf eine größere Länge und eine größere Zeit verteilt.

Die Verwendung und Bemessung von Übergangsbogen wird ausführlich in den Abschnitten 2.5.4 und 3.2.7 erläutert.

2.5 Trassierungselemente

Der Fahrweg einer Bahn wird auch als „Trasse" bezeichnet. „Trassierung" ist das Ergebnis der Planung einer Trasse oder auch der ingenieurtechnische Prozess, der zu dem Ergebnis führt. Geometrische Elemente, die in der Trasse Anwendung finden, sind Trassierungselemente. Trassierungselemente im Grundriss sind Geraden, Kreisbogen und Übergangsbogen. Zu den im Aufriss zu betrachtenden Trassierungselementen gehören Längsneigungen („Steigung/Gefälle").

Das Betriebsprogramm ist eine Vorstufe zum Fahrplan. Es enthält die wunschgemäßen Ankunfts- und Abfahrtsdaten sowie Fahrzeiten der Züge. Quelle des Betriebsprogramms sind Marktstudien der Verkehrsunternehmen.

Bei der Wahl der Trassierungselemente sind unter anderem die langfristige Nutzung der Strecke, die zum Einsatz kommenden Fahrzeuge und das Betriebsprogramm zu berücksichtigen.

Die bei den Bahnen angewendeten Trassierungselemente werden in den folgenden Abschnitten kurz vorgestellt. Konkrete Bemessungsparameter werden in Kapitel 3 behandelt.

2.5.1 Gerade und Kreisbogen

Geraden und Kreisbogen sind die Grundelemente der Trassierung im Grundriss, Längsneigungen sind die Grundelemente im Aufriss.

Die Gerade ist die kürzeste Verbindung zwischen zwei Punkten. Sie erlaubt die kürzeste Fahrzeit sowie die geringsten Baukosten. Aus diesem Grund wird die Verwendung von Geraden in der Trassierung bevorzugt. In der modernen Straßenplanung werden Geraden nicht gern gesehen, weil sie auf die Fahrer einschläfernd wirken und in Verbindung mit Übergängen von Gefälle- in Steigungsstrecken zu falschen Entfernungseinschätzungen führen. Diese Nachteile sind bei den Bahnen nicht von Bedeutung. Bei den Bahnen ist die Gerade daher das zu bevorzugende Trassierungselement.

2.5 Trassierungselemente

Ausschließlich mit Geraden zu trassieren ist in der realen Welt niemals möglich. Wenn eine Trasse von A nach B herzustellen ist, müssen die zwischen den beiden Orten liegenden Hindernisse umgangen werden. Es entsteht eine Abfolge von Geraden und Bogen, die Bogen sind dabei in der Regel Kreisbogen mit konstantem Radius. Sehr vereinfacht ist dies in *Bild 2.1* dargestellt. Kürzere Abfolgen von Geraden und Kreisbogen als hier dargestellt sind ebenfalls üblich.

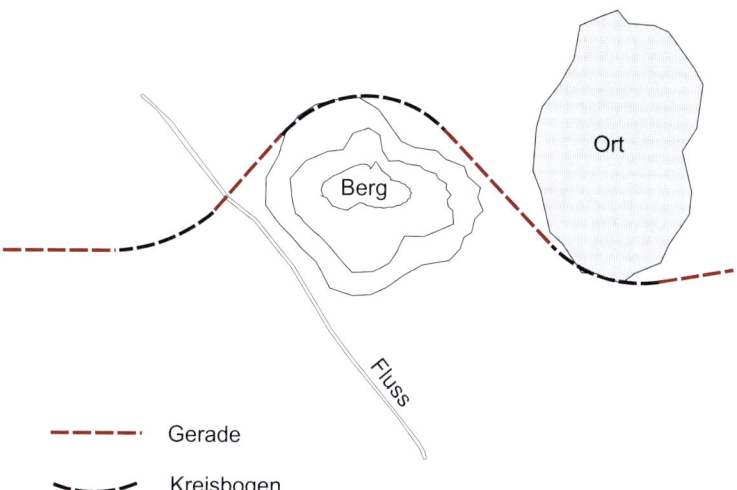

Bild 2.1 Grobtrassierung mit Geraden und Kreisbogen

In *Bild 2.1* ist die klassische wirtschaftliche Trassierung dargestellt: Die Bahnstrecke überquert den Fluss im rechten Winkel, um die Länge der Brücke zu minimieren. Die Trassierung um den Berg herum verringert die Längsneigungen und den Aufwand weiterer Kunstbauten, die Umgehung des Ortes vermeidet Konflikte mit Betroffenen und vorhandener Bausubstanz. Auf der anderen Seite führt diese Trassierung unter Umständen in den Bogen zu Einschränkungen der zusätzlichen Geschwindigkeit. Eine aufwendigere Trassierung mit längeren Brücken und Tunneln würde diesen Nachteil vermeiden. Die Entscheidung darüber ist unter wirtschaftlichen Gesichtspunkten nach einem Vergleich von Kosten und Nutzen verschiedener Varianten zu treffen.

Bei der Fahrt durch einen Kreisbogen wirkt auf die Fahrzeuge und Reisenden eine konstante Fliehkraft. Wenn diese zu groß ist, kann dies drei unangenehme Konsequenzen haben:

- Komfortbeeinträchtigung der Reisenden, Verrutschen von Ladung;
- Entgleisung;
- Kippen des Fahrzeugs.

Die Komfortbeeinträchtigung der Reisenden tritt bereits bei deutlich kleineren Kräften ein als Entgleisung und Kippen. Die übliche Komfortgrenze für die Seitenbeschleunigung (als masseunabhängiger Ausdruck für die Fliehkraft) liegt bei etwa 1 m/s². Die Grenzwerte, ab denen mit Entgleisen bzw. Kippen des Fahrzeugs zu rechnen ist, liegen wesentlich höher (siehe *Bild 2.2*).

Da die auftretende Seitenbeschleunigung im Kreisbogen von Radius und Geschwindigkeit abhängt, entscheidet das Verhältnis beider Werte über die Zulässigkeit einer Trassierung.
Der Radius steht dabei im Nenner, was mitunter für das Rechnen hinderlich ist, weil in Geraden $r = \infty$ gilt. Aus diesem Grunde wird für Rechenauf-

gaben besser die Krümmung k verwendet. Sie ist definiert als der Kehrwert des Radius. In der Geraden ist $k = 0$. $k \to \infty$ würde einen Knick darstellen und kommt daher in der Trassierung nicht vor.

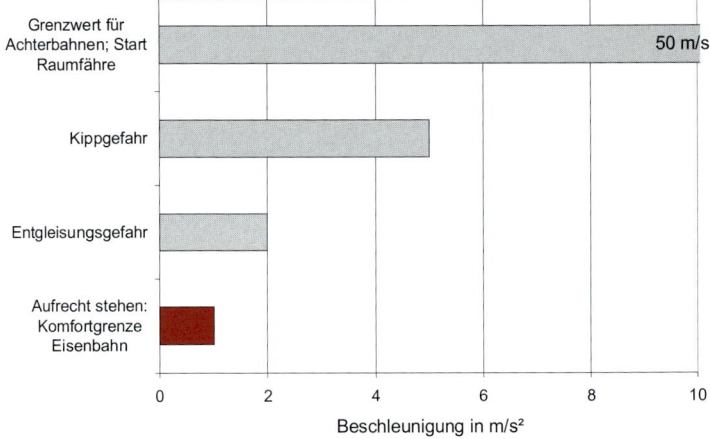

Bild 2.2 Folgen von Seitenbeschleunigungen

Weil es bei den Eisenbahnen nur große Radien > 150 m gibt, wird der Kehrwert von r mit 1000 multipliziert: $k = \dfrac{1000}{r}$. Dies hat den Vorteil, dass bei den Rechnungen nicht zu viele Nachkommastellen mitgeführt werden müssen. Zur Vermeidung von Rundungsfehlern darf bei der Planung erst nach der dritten Nachkommastelle von k gerundet werden.

2.5.2 Überhöhung und Überhöhungsrampe

Ein Radfahrer legt sich in der Kurve nach innen. Dadurch wirkt eine Komponente seiner Gewichtskraft der Zentrifugalkraft entgegen, so dass diese sich verringert und bei gleichem Radius eine höhere Kurvengeschwindigkeit erreicht werden kann.

Es gibt einige Züge, die sich selbst „in die Kurve legen" können (Neigetechnik, siehe Abschnitt 3.6). Bei diesen Zügen wird im Bogen der Wagenkasten angehoben. Die damit erreichbaren Geschwindigkeitserhöhungen sind jedoch bescheiden, und die Beschaffungskosten dieser Züge sind hoch.

Bild 2.3 Fahrt in überhöhtem Kreisbogen, Überhöhung ≤ 100 mm

Man kann die Neigung eines Zuges im Kreisbogen aber auch dadurch erreichen, dass man das Gleis entlang seiner Längsachse neigt. Dazu wird die äußere Schiene einige Zentimeter höher als die innere Schiene eingebaut. Diesen Höhenunterschied nennt man Überhöhung.

Wie groß die Überhöhung sein muss, hängt unter anderem von der Geschwindigkeit des Fahrzeugs und dem Radius des Kreisbogens ab und wird in Abschnitt 3.1.1 hergeleitet.

2.5 Trassierungselemente

Beim Übergang von einer Geraden in einen überhöhten Gleisbogen muss das äußere Gleis allmählich angehoben werden. Das Trassierungselement wird als Überhöhungsrampe (gelegentlich auch kurz als „Rampe") bezeichnet. Die einfachste Variante ist dabei, die äußere Schiene linear anzuheben. Im Aufriss ergibt sich dadurch das Höhenbild der beiden Schienen entsprechend *Bild 2.5*: Die rechte Schiene verbleibt in der Rechtskurve in ihrer ursprünglichen Höhenlage, während die linke Schiene allmählich angehoben wird. Alternativ kann auch eine nicht-lineare („geschwungene") Rampenform mit expliziter Berechnung des Ausrundungsbereiches gewählt werden. Siehe dazu Abschnitt 3.2.6.

Am Anfang und am Ende der Rampe ändert sich die Anrampungsneigung plötzlich. Der „Knick", der dadurch im Gleis entsteht, wird beim Einbau ohne rechnerischen Nachweis ausgerundet. Folgten zwei Rampen unmittelbar einanander, so würden sich die Ausrundungsbereiche überschneiden. Deshalb muss zwischen zwei Rampen, jedenfalls sofern die Anhebung des Gleises linear erfolgt, eine Zwischengerade eingefügt werden (siehe *Bilder 2.6* und *2.7*).

Bild 2.4 Überhöhung im Kreisbogen (im Bau)

In Deutschland wird die innere Schiene in konstanter Höhe belassen und die äußere Schiene angehoben. Nachteil dieser Lösung ist die fühlbare Anhebung des Wagenkastens auf der Außenseite des Gleises. Eine Drehung des Gleises um ihre Mittelachse analog dem Vorgehen beim Straßenbau vermeidet diesen Nachteil, wird in aber in Deutschland wegen des Mehraufwands bei der Absteckung und beim Einbau nicht angewendet.

Der Übergangsbogen soll mit der Überhöhungsrampe zusammenfallen, damit die Krümmung in gleicher Weise zunimmt wie die Überhöhung. Das rechnerisch kürzere der beiden Trassierungselemente wird auf die Länge des längeren gestreckt. In den meisten Fällen ist die Überhöhungsrampe rechnerisch länger (siehe dazu Abschnitt 3.2).

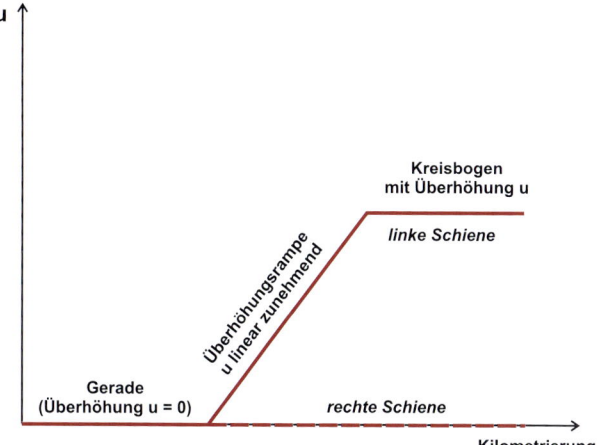

Bild 2.5 Überhöhungsdarstellung im Aufriss (Rechtskurve)

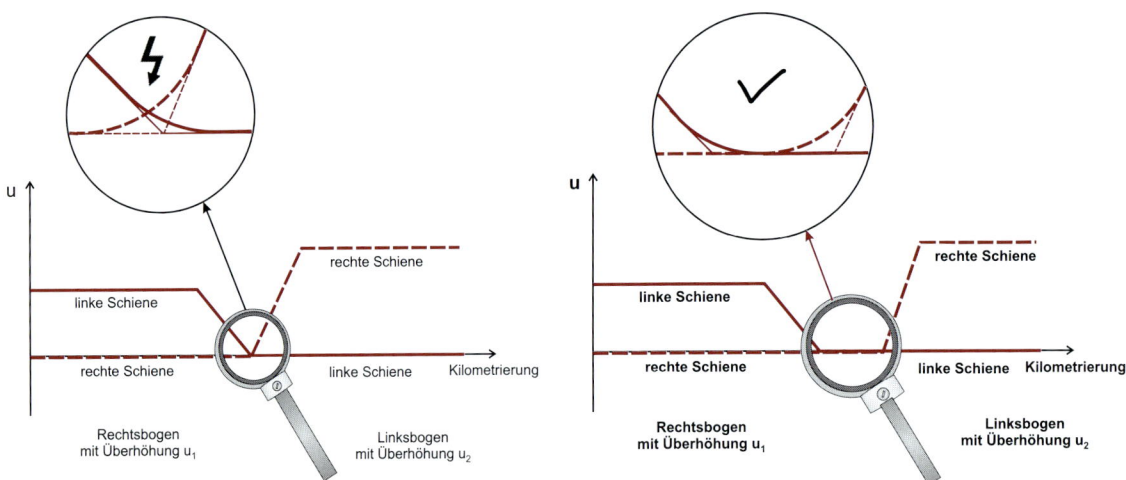

Bild 2.6 Nicht zulässig: zwei Rampen unmittelbar anschließend   **Bild 2.7** Zulässig: Rampen mit Zwischengerade

Würde der kürzere Übergangsbogen nicht auf die Länge der längeren Überhöhungsrampe gestreckt, so würde die Überhöhung schon in der Geraden beginnen. Der Beschleunigungsverlauf würde so aussehen wie in *Bild 2.9*. Die Zusammenlegung von Überhöhungsrampe und Übergangsbogen führt zu einem höheren Fahrkomfort.

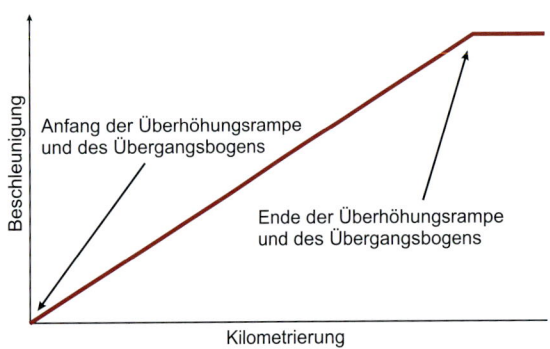

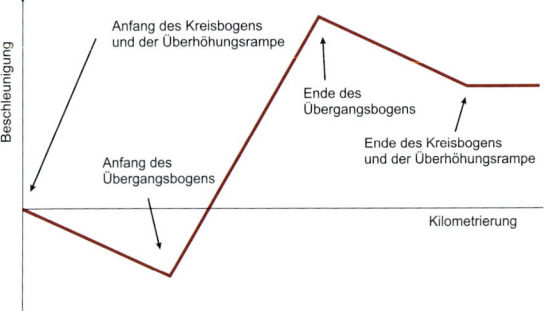

Bild 2.8 Günstigerer Beschleunigungsverlauf im Anfangsbereich eines Kreisbogens, wenn Überhöhungsrampe und Übergangsbogen gleich lang sind

Bild 2.9 Ungünstiger Beschleunigungsverlauf im Anfangsbereich eines Kreisbogens, wenn der Übergangsbogen kürzer ist als die Überhöhungsrampe

2.5.3 Übergang zwischen Geraden und Bogen

Grundsätzlich kann eine Gerade unmittelbar in einen Kreisbogen übergehen. An der Übergangsstelle darf jedoch kein Knick sein.

Wird am Anfang und am Ende eines Kreisbogens die Tangente eingezeichnet, so treffen sich die beiden Tangenten außerhalb des Kreisbogens. Der Abstand zwischen dem Tangentenschnittpunkt und dem Anfang sowie dem Ende des Kreisbogens wird als Tangentenlänge bezeichnet. Die Tangentenlänge beträgt

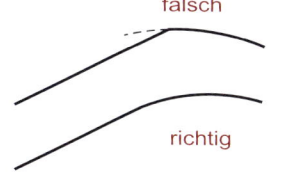

Bild 2.10 Übergang Gerade – Bogen

$$l_t = r \cdot \tan\frac{\alpha}{2} . \tag{2.4}$$

Dabei sind r der Radius des Kreisbogens und α der in *Bild 2.11* angegebene (spitze) Winkel zwischen den Tangenten.

2.5.4 Übergangsbogen

Beim unmittelbaren Übergang von der Gerade in den Kreisbogen und umgekehrt (Abschn. 2.5.3) ist die plötzliche Änderung des Radius unangenehm spürbar. Um diese Form des Rucks zu vermeiden, ist es üblich, einen Bogen einzuschalten, der am Ende der Geraden mit dem Radius $r = \infty$ ($k = 0$) beginnt und am Beginn des Bogens mit dem Bogenradius endet. Theoretisch kommen für diesen Zweck verschiedene Bogenformen in Frage. Am gebräuchlichsten ist die auch im Straßenbau verwendete Klothoide. Bei ihr wächst die Krümmung linear mit der Länge (lineare Krümmungslinie). Daneben gibt es auch geschwungene Krümmungslinien, die in Kap. 3.2.7 näher betrachtet werden.

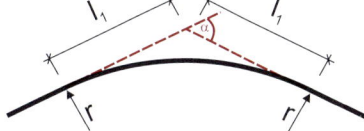

Bild 2.11 Geometrie des Kreisbogens

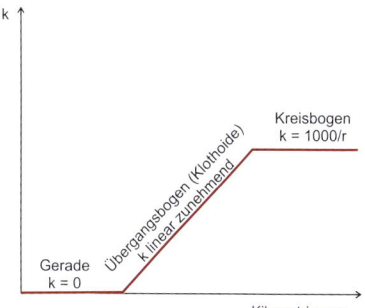

Bild 2.12 Krümmungsbild eines Übergangsbogens (Klothoide)

In *Bild 2.12* ist der Krümmungsverlauf eines Übergangsbogens, der als Klothoide ausgeführt ist, in Form eines Krümmungsbildes dargestellt. Anhand des Krümmungsbildes zeigt sich der Vorteil durch die Verwendung der Krümmung anstelle des Radius: Auf der *x*-Achse ist die Kilometrierung der Strecke dargestellt, auf der *y*-Achse wird die Krümmung abgetragen. In der Geraden ist die Krümmung Null (Radius unendlich groß), im Kreisbogen hat die Krümmung einen von Null verschiedenen, konstanten Wert (entspricht konstantem Radius); dazwischen wächst die Krümmung linear an. Wäre kein Übergangsbogen vorhanden, so würde die Krümmung sprunghaft anwachsen.

Längs jeder Bahnstrecke sind Kilometerangaben angebracht (Kilometrierung). In der Richtung wachsender Kilometerangabe gilt die Krümmung einer Rechtskurve als positiv, die Krümmung einer Linkskurve als negativ.

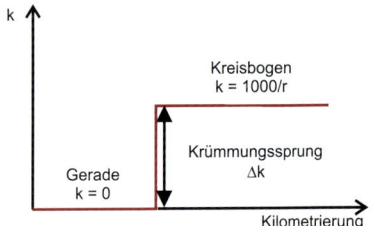

Bild 2.13 Krümmungsbild eines Krümmungswechsels ohne Übergangsbogen

Am Beginn und am Ende des Übergangsbogens tritt zwar kein Krümmungssprung und damit auch kein Ruck auf, wohl aber wegen des Knicks im Krümmungsverlauf eine plötzliche Änderung der Krümmungsänderung. Mit nichtlinearen Formen des Übergangsbogens lassen sich diese Knicke vermeiden. Für den Fahrkomfort spielt dies jedoch eine geringe Rolle.

Bild 2.14 zeigt die Anordnung einer Klothoide zwischen einer Gerade und einem Kreisbogen. Es wird deutlich, dass der Kreisbogen in einem Abstand zur Geraden liegen muss. Dieser Abstand wird Abrückmaß genannt.

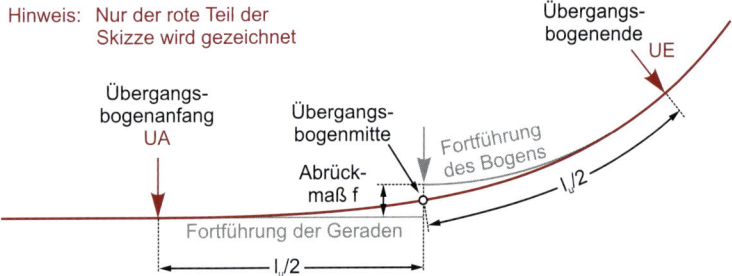

Bild 2.14 Gerade, Kreisbogen und Übergangsbogen im Grundriss

Bei den im Eisenbahnbau üblichen großen Radien beträgt das Abrückmaß nur wenige Zentimeter. In einem Lageplan mit dem üblichen Maßstab 1:1000 ist es deswegen häufig nicht sichtbar. Stattdessen werden stets Anfang und Ende des Übergangsbogens eingezeichnet (UA und UE). Aus der Länge des Übergangsbogens kann das Abrückmaß f näherungsweise berechnet werden, wenn es im späteren Verlauf der Planung benötigt wird.

Die Näherungsformeln für f beruhen auf Parabelfunktionen, die im Anfangsbereich der Klothoide eine sehr gute Näherung für diese darstellen (Formeln siehe Abschn. 3.2.7). Bei der Planung, insbesondere im Rahmen von Voruntersuchungen, ist diese Vereinfachung von Vorteil, weil sie die Benutzung von Klothoidentafeln bzw. den Einsatz von speziellen Trassierungsprogrammen erspart. Bei der Absteckung können dann die genaueren Methoden der Geodäsie angewendet werden.

2.5.5 Längsneigungen und Neigungswechsel

Die Längsneigungen (Steigung/Gefälle) bei den Bahnen müssen zwei Bedingungen erfüllen:

- Eine vorgegebene Beharrungsgeschwindigkeit muss möglich sein. Dies gilt sowohl bergauf als auch bergab. Bergab muss die Geschwindigkeit unter Umständen beschränkt werden, damit die Bremskraft ausreicht, den Zug im Gefälle zum Stehen zu bringen.

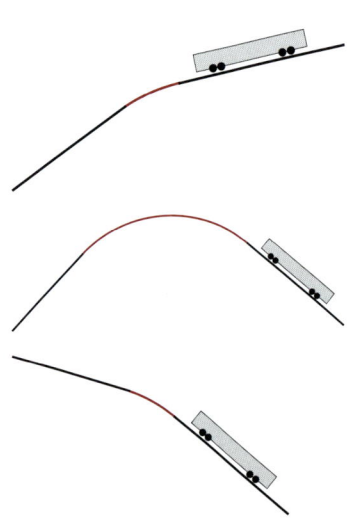

Bild 2.15 Kuppen

- Wenn der Zug in der Steigung zum Stehen kommt, muss er wieder anfahren können.

Eisenbahnstrecken sollen möglichst horizontal trassiert werden. Vor allem bei Strecken mit Güterverkehr sind die zulässigen Längsneigungen mit 12,5 ‰ gering.

Im Bereich des Neigungswechsels sollen keine Weichen und auch keine Änderungen der Überhöhung angeordnet werden, denn gleichzeitige Beschleunigungen oder Beschleunigungsänderungen um verschiedene Achsen werden als besonders unangenehm empfunden.

Bereiche, in denen die Längsneigung wechselt, werden als Kuppe bzw. Wanne bezeichnet (siehe *Bilder 2.15* und *2.16*).

In Kuppen und Wannen wirken vertikale Fliehkräfte auf Fahrzeuge und Fahrzeuginsassen: in Kuppen nach oben, in Wannen nach unten. Die Fliehkräfte bzw. die zugehörigen Beschleunigungen müssen im Interesse des Fahrkomforts nach oben beschränkt werden. Wie bei der horizontalen Kreisbewegung, so sind auch die Fliehkräfte in der vertikalen Kreisbewegung vom Quadrat der Geschwindigkeit sowie dem Kehrwert des Radius abhängig.

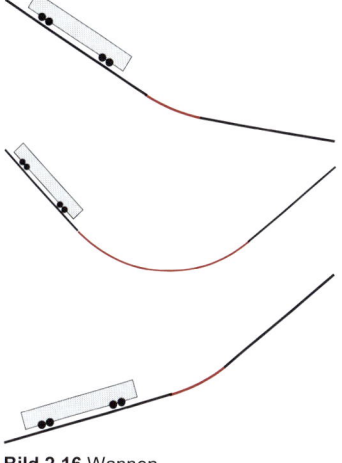

Bild 2.16 Wannen

2.6 Von der Trassenfindung zur Entwurfsplanung

Bei der Planung von Bahnanlagen wird vom Groben ins Feine gearbeitet. Zunächst muss – falls eine größere Anlage (z.B. eine Strecke) nicht schon vorhanden, sondern neu zu errichten ist – die grobe Trassenführung festgelegt werden. Die ersten konkreten technischen Planungsschritte finden in der Vorentwurfsplanung im Maßstab 1:1.000 statt. In diesem Planungsschritt werden die wesentlichen technischen und planerischen Festlegungen getroffen; auch die Betroffenheit Dritter lässt sich in diesem Maßstab erkennen. Die Vorentwurfsplanung ist daher die wichtigste Planunterlage auf dem Weg von der Trassenfindung bis zur Ausführung. Die Darstellungen dieses Buches beziehen sich daher überwiegend auf die Ebene der Vorentwurfsplanung.

Im nächsten Schritt nach der Vorentwurfsplanung wird die Entwurfsplanung erarbeitet. Diese findet im Maßstab 1:500 (oder noch größer) statt und legt die Details der Baumaßnahme fest. Schließlich folgt die Ausführungsplanung, aufgrund derer die Umsetzung der Maßnahme vorgenommen wird.

Diese umständlich erscheinende Abfolge der Planungsschritte ist notwendig, weil in der Regel mehrere Varianten überprüft werden. Auf der Ebene der Vorentwurfsplanung kann etwa die Linienführung modifiziert oder die

In der Honorarordnung für Architekten und Ingenieure (HOAI) werden für die Planungsphasen zum Teil andere Bezeichnungen verwendet. Im Eisenbahnwesen sind aber die hier verwendeten Bezeichnungen üblich.

Lage von Bahnsteigen oder Weichen verändert werden. In den späteren Planungsstufen wären solche Änderungen mit einem viel zu großen darstellerischen Aufwand verbunden. Auf der anderen Seite wäre es beispielsweise unsinnig, die genaue Bauweise eines Bahnsteiges (etwa die Entscheidung zwischen Ortbeton und Fertigteilen) bereits treffen zu müssen, ohne dass die genaue Lage des Bahnsteigs feststeht; deshalb werden diese Festlegungen nicht bereits in der Vorentwurfsplanung getroffen.

2.7 Trassierungsgrundsätze

Vorhandene Trassierungen können jedoch selbstverständlich nicht bei jeder gewünschten Änderung des Betriebsprogramms angepasst werden.

- Die Trassierung richtet sich grundsätzlich nach dem Betriebsprogramm, nicht umgekehrt.
- Es soll so trassiert werden, dass der schnelle Verkehr über die durchgehenden Gleise geleitet werden kann.
- Die Streckenlänge ist zu minimieren. Dies geschieht mittels einer Abfolge von Geraden und Bogen. Bei schnell aufeinander folgenden Geraden und Bogen ist unter Umständen ein durchgehender Bogen sinnvoller.
- Große Radien ermöglichen große Geschwindigkeiten. Daher muss die Planung immer mit den baulich größtmöglichen Radien beginnen.
- Ein gleichmäßiges Geschwindigkeitsprofil ist besser als häufig wechselnde Geschwindigkeiten. Geschwindigkeitseinbrüche, d.h. Abschnitte mit besonders niedrigen Geschwindigkeiten sind besonders zu vermeiden, weil sie die Fahrzeit erheblich vergrößern. Um den Zeitverlust durch solche Abschnitte auszugleichen, sind sehr lange Abschnitte mit großer Geschwindigkeit erforderlich.
- Weichen sind teuer – nicht nur im Bau, sondern auch in der Instandhaltung – und müssen deshalb sparsam eingesetzt werden. Für jede Weiche muss der Nachweis geführt werden, dass sie für eine Verkehrsbeziehung erforderlich ist.

3 Trassierungsparameter für Bahnen

3.1 Mathematische Behandlung von Seitenbeschleunigung und Ruck

3.1.1 Überhöhungsnachweis

Wird ein Gleis in Querrichtung geneigt, so weist eine Komponente der Gewichtskraft des Zuges der nach außen weisenden Zentrifugalkraft (Fliehkraft) entgegen. In *Bild 3.1* ist F_G die Gewichtskraft, F_{ZK} die Zentrifugalkraft. Die Komponente $F_G \cdot \sin \alpha$ ist nach innen parallel zur Querneigung des Fahrwegs gerichtet. Die Komponente $F_{ZK} \cdot \cos \alpha$ der Zentrifugalkraft weist entgegengesetzt nach außen. Die verbleibenden Komponenten beider Kräfte weisen senkrecht in die Fahrwegebene und beeinflussen den Fahrkomfort daher nicht.

Bei einer bestimmten Überhöhung u heben sich die beiden Kräfte auf. Dann gilt:

$$F_Z \cdot \cos \alpha = F_G \cdot \sin \alpha \tag{3.1}$$

Wird die Masse aus der Gleichung auf beiden Seiten eliminiert, so verbleiben die Beschleunigungen:

$$a_Z \cdot \cos \alpha = g \cdot \sin \alpha \tag{3.2}$$

Da der Reisekomfort auch beeinträchtigt wird, wenn ein Zug in einer großen Überhöhung zum Stehen kommt, sind Überhöhungen in ihrer Größe begrenzt. Die Winkel α sind praktisch nie größer als ca. 7°. Bei derartig kleinen Winkeln gilt mit sehr guter Näherung:

$$\cos \alpha = 1. \tag{3.3}$$

Für Gleichung 3.2 ergibt sich:
$$a_Z = g \cdot \sin \alpha = g \cdot \frac{u}{e} \tag{3.4}$$

und damit

$$u = u_0 = \frac{e}{g} \cdot \frac{v^2}{r} \tag{3.5}$$

Herleitung für den Sonderfall ausgleichender Überhöhung

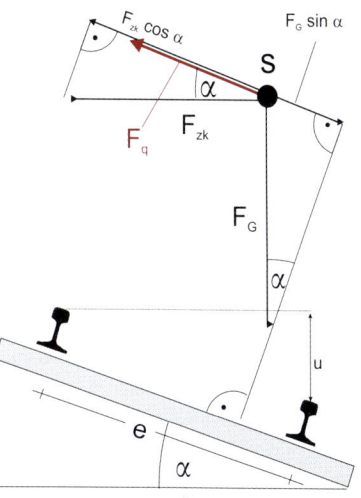

Bild 3.1 Kräfte in der Überhöhung

Bei dieser Überhöhung, ausgleichende Überhöhung u_0 genannt, wird die Zentrifugalkraft durch die Gewichtskraft ausgeglichen, d.h. der Fahrgast spürt keine Kraft mehr nach außen.

Wird hingegen eine Überhöhung eingebaut, die kleiner als u_0 ist, verbleibt eine Restbeschleunigung nach außen. Anschaulich betrachtet, „fehlt" also ein Stück Überhöhung. Ihr Betrag ist der Überhöhungsfehlbetrag u_f.

Herleitung für den allgemeinen Fall

Der Einbau einer ausgleichenden Überhöhung stellt jedoch eine seltene Ausnahme dar. Überhöhungen sind nach ihrem Einbau nicht veränderlich. Für einen Zug, der den Bogen nicht mit der nach Gleichung (3.6) berechneten Geschwindigkeit befährt, entsteht auf jeden Fall eine Querkraft. Da die meisten Bahnstrecken mit Zügen unterschiedlicher Geschwindigkeiten befahren werden, ist dies der Regelfall.

Die resultierende Querbeschleunigung beträgt also im Regelfall

$$a_q = a_z \cdot \cos\alpha - g \cdot \sin\alpha \neq 0 \tag{3.6}$$

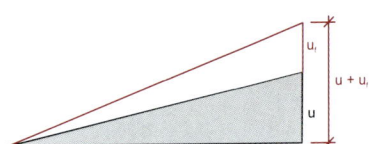

Bild 3.2 Überhöhung und Überhöhungsfehlbetrag

Mit den oben getroffenen Näherungen und Umformungen ergibt sich daraus

$$a_q = \frac{v^2}{r} - g \cdot \frac{u}{e} \tag{3.7}$$

Aufgelöst nach der Überhöhung:

$$u = \frac{e}{g} \cdot \frac{v^2}{r} - \frac{e}{g} \cdot a_q \tag{3.8}$$

Die Überhöhung ist demnach um den Überhöhungsfehlbetrag $\frac{e}{g} \cdot a_q$ kleiner als die ausgleichende Überhöhung. Da a_q und g jeweils Beschleunigungen sind, besitzt der Ausdruck $\frac{e}{g} \cdot a_q$ die Einheit [m], ist also in der Tat eine Länge.

Im Eisenbahnwesen in Deutschland werden anschauliche Einheiten bevorzugt: Geschwindigkeiten in km/h, Längen in m oder mm. Die Umrechnung in SI-Einheiten wird durch Umrechnungsfaktoren in den Formeln selbst vorgenommen.

Für den praktischen Gebrauch werden in der Gleichung noch einige Vereinfachungen vorgenommen:

- Die Erdbeschleunigung g = 9,81 m/s²;
- der Schienenabstand (Rollkreisabstand), der innerhalb eines Bahnnetzes unveränderlich ist. In Deutschland herrscht die Normalspur mit e = 1500 mm vor. Der Abstand der Schienen-Innenseiten beträgt 1435 mm.
- Geschwindigkeiten werden in der Einheit km/h eingesetzt, die Überhöhung soll in der Einheit mm ausgewiesen werden.

Damit ergibt sich schließlich die allgemeine Überhöhungsformel:

$$u + u_f = 11{,}8 \cdot \frac{v^2}{r} \qquad (3.9)$$

Die Summe aus u und u_f wird auch als ausgleichende Überhöhung u_0 bezeichnet. Bei Einbau einer Überhöhung mit der Größe u_0 würde die Seitenbeschleunigung zu Null, sofern alle Züge mit der gleichen Geschwindigkeit führen. Dies ist selten der Fall, daher wird sie praktisch nie eingebaut. Stattdessen wird die Regelüberhöhung empfohlen (siehe Abschn. 3.2.4).

3.1.2 Rucknachweis

Zwischen der ideal-mathematischen Beschreibung des Rucks als Ableitung der Beschleunigung eines Massepunktes nach der Zeit und dem physikalischen Ablauf bestehen große Unterschiede. Der physikalische Ablauf ist aufgrund der Ausdehnung und Federung der Fahrzeuge deutlich komplizierter. Aus diesem Grund werden für den Nachweis pragmatische Verfahren angewendet.

Bei der Eisenbahn wird die Differenz der Überhöhungsfehlbeträge „vor dem Ruck" und „nach dem Ruck" gebildet. Da die Überhöhungsfehlbeträge proportional zur Seitenbeschleunigung sind, entspricht diese Differenz der Differenz der beiden Beschleunigungen (abgesehen von einem Umrechnungsfaktor, der in die zulässigen Werte eingearbeitet ist).

Die Differenz der Überhöhungsfehlbeträge $u_{f,1}$ und $u_{f,2}$ zwischen zwei aufeinanderfolgenden Abschnitten mit jeweils konstanter Krümmung beträgt unter Berücksichtigung der Vorzeichen von $u_{f,1}$ und $u_{f,2}$

$$\Delta u_f = |u_{f,2} - u_{f,1}| \qquad (3.11)$$

Für Δu_f sind Grenzwerte festgelegt. Daraus ergibt sich der Nachweis der Differenz der Überhöhungsfehlbeträge, einfacher als Rucknachweis bezeichnet.

Außer der Normalspur ist in Deutschland im Wesentlichen noch die Meterspur verbreitet (bei vielen Straßenbahnnetzen). Für diese Spurweite lautet die Überhöhungsformel:

$$u + u_f = 8{,}3 \cdot \frac{v^2}{r} \qquad (3.10)$$

Für andere Spurweiten können entsprechende Formeln hergeleitet werden.

Bei der Kombination Bogen – Gegenbogen ist Δu_f besonders groß, da u_f mit Vorzeichen eingesetzt wird!

3.2 Grenzwerte für die Trassierungselemente

3.2.1 Grundsätze

Mit der Einführung konkreter Grenzwerte werden die physikalischen Grundlagen der Bemessung von Eisenbahnstrecken verlassen. Mit Hilfe der Physik können zwar Kräfte und Beschleunigungen berechnet werden, doch kann man nicht physikalisch objektiv entscheiden, welche Werte für

Planungsrichtlinien berücksichtigen physikalische Grundlagen, wirtschaftliche Überlegungen, praktische Anwendbarkeit und Erfahrung. Richtlinien werden von Ingenieuren erarbeitet und können geändert werden, wenn neue Erkenntnisse dies nahelegen.

Planung und Bau konkreter Projekte sinnvoll sind. Es gibt auch nicht eine für alle Fälle passende einheitliche Lösung. Für eine Schnellfahrstrecke im Flachland sind andere Überlegungen wichtig als für eine Nahverkehrsstrecke im Gebirge. Die Ingenieure begegnen dieser Vielfalt an Anforderungen, indem sie — aufbauend auf den physikalischen Gesetzmäßigkeiten — Richtlinien formulieren, die eine sinnvolle Planung erleichtern. Dem Planer ist es dadurch möglich, Trassierungselemente festzulegen, ohne jedes Mal auf die physikalischen Grundlagen zurückgreifen zu müssen.

Ein erstes Beispiel für eine solche pragmatische Vorgehensweise war die Herleitung der Überhöhungsformel: Aus einer physikalischen Kräftegleichung wurde eine Beziehung zwischen den Parametern hergeleitet, die für die praktische Planung wichtig sind: Geschwindigkeit, Bogenradius, Überhöhung.

In den Planungsrichtlinien ist es üblich, sinnvolle Planungsparameter durch Grenzwerte festzulegen. Die Grenzwerte können dabei verschiedene Ziele verfolgen:

- Sicherheit, z.B. vor Entgleisen oder Unfällen;
- geringe Investitionskosten;
- geringe Instandhaltungskosten;
- großer Fahrkomfort.

Da bei der Formulierung der Grenzwerte alle Aspekte berücksichtigt werden, ist in der „fertigen" Richtlinie häufig nicht mehr zu erkennen, welche Überlegung ausschlaggebend für die Festlegung eines bestimmten Grenzwertes war. Viele Grundüberlegungen aus den Richtlinien sind Jahrzehnte alt und wurden aufgrund von Erfahrungen und wissenschaftlichen Erkenntnissen immer wieder modifiziert, sodass das aktuelle Regelwerk eine relativ unübersichtliche und unsystematische Zusammenstellung von Grenzwerten meist unbekannter Herkunft darstellt.

Da in der Vergangenheit jeder Bahnbetrieb seine Richtlinien eigenständig festgelegt hat, gibt es zudem große Unterschiede zwischen den Regelwerken der Bahnen, sowohl national als auch international.

In den nächsten Kapiteln werden die in Deutschland geltenden Grenzwerte vorgestellt und soweit möglich erläutert. Im Mittelpunkt stehen dabei die Regeln für die Deutsche Bahn AG in Deutschland. Aus wissenschaftlicher Sicht ist diese Einschränkung zu bedauern, doch sie ist notwendig, um auf praktische Anwendungen überhaupt eingehen zu können.

Bei Achterbahnen werden diese Regeln nicht eingehalten. Dort sind gleichzeitig auftretende Beschleunigungen verschiedener Art gewünscht.

Allgemeine Mindestlänge

Werden Trassierungselemente sehr kurz hintereinander angeordnet, treten mehrere Beschleunigungen im Fahrzeug gleichzeitig auf und führen zu Unwohlsein. Um die Beschleunigungen jeweils einzeln abklingen zu lassen, ist für viele Trassierungselemente eine Mindestlänge vorgeschrieben, die einer Fahrzeit von 1,44 Sekunden entspricht. Wird die Geschwindigkeit in km/h angegeben, so ergibt sich der Grenzwert zu:

$$\min l = 0{,}4 \cdot v \qquad (3.12)$$

l = Mindestlänge [m].

Dieser Grenzwert gilt für
- Kreisbogen;
- Zwischengeraden zwischen Übergangsbogen;
- Zwischengeraden in Gleisverziehungen (siehe dazu Abschn. 3.4).

Bei einigen Trassierungselementen würde dieser Grenzwert zu unwirtschaftlichen Längenentwicklungen führen. Für diese Fälle können die Längen abgemindert werden. Dies betrifft
- Zwischengeraden und -bogen zwischen Überhöhungsrampen: $\min l = 0{,}1 \cdot v$;
- Zwischengeraden und -bogen zwischen Kreisbogen ohne Übergangsbogen (unvermittelte Krümmungswechsel): $\min l = 0{,}1 \cdot v$ und $\min l = 6\,m$ und $1000/r_1 + 1000/r_2 > 9$ (letzte Bedingung nur im Falle von Gegenbogen); empfohlen wird $l = 0{,}2 \cdot v$;
- Zwischengeraden und -bogen zwischen Weichen (siehe Abschn. 4.1.7)

3.2.2 Systematik der Grenzwerte

Bei der Trassierung von Bahnstrecken wird den Planungsingenieuren ein Ermessensspielraum zugestanden, innerhalb dessen er eigenverantwortlich über die Parameter von Trassierungselementen entscheiden kann. Dieses ist der Ermessensbereich. Selten gibt es Fälle, in denen innerhalb des Ermessensbereichs keine den Anforderungen entsprechende Lösung gefunden werden kann. In diesem Fall können unter Umständen Lösungen einzeln genehmigt werden. Für diesen Zweck wird ein Genehmigungsbereich definiert.

Auf der anderen Seite muss auch die Wirtschaftlichkeit der Konstruktion gewährleistet werden. Eine sanft ansteigende Überhöhungsrampe mit sehr großer Länge führt zu einem hohen Herstellungsaufwand, der nur gerechtfertigt ist, wenn der Fahrkomfort dadurch merklich beeinflusst wird.

Die unterschiedlichen und sich zum Teil widersprechenden Anforderungen werden in Form eines komplexen Systems von Grenzwerten und empfohlenen Werten geführt. Um eine übersichtliche Darstellung zu erreichen, verwendet die Richtlinie der Deutschen Bahn spezielle Begriffe, um den Verbindlichkeitsgrad der Werte zu kennzeichnen *(Bild 3.3)*:

- Regelwert
  Der Regelwert ist eine Empfehlung. Größer sollte die Überhöhung nur

sein, wenn andernfalls die geforderte Geschwindigkeit nicht erreicht werden kann.

- **Ermessensgrenzwert**
  Wenn aufgrund der zu erreichenden Geschwindigkeit notwendig, darf der planende Ingenieur den Ermessensgrenzwert ausnutzen.

- **Zustimmungswert**
  Werte, die über dem Ermessensgrenzwert liegen, verursachen einen höheren Instandhaltungsaufwand und sind tendenziell unwirtschaftlich. Daher dürfen sie von den Planern nicht in eigenem Ermessen gewählt werden, sondern müssen mit dem Eigentümer der Bahn abgestimmt werden.

- **Ausnahmewert**
  In diesem Bereich, oberhalb des Zustimmungswertes, werden die anerkannten Regeln der Technik verlassen, und es müssen gegenüber der Aufsichtsbehörde (bei der Deutschen Bahn AG das Eisenbahnbundesamt, für andere Bahnen entsprechende Landesbehörden) zusätzliche Nachweise geführt werden, zum Beispiel der Nachweis gleicher Sicherheit. Die Ausnutzung des Ausnahmewertes kommt daher im Wesentlichen nur in Frage, wenn eine neuartige technische Lösung eingeführt werden soll.

- **Herstellungsgrenze**
  Die Herstellungsgrenze beschreibt das aus wirtschaftlichen Gründen mindestens einzubauende Maß.

Ingenieure, die an einer reibungslosen Planung interessiert sind, vermeiden die Ausnutzung des Zustimmungswertes soweit möglich.

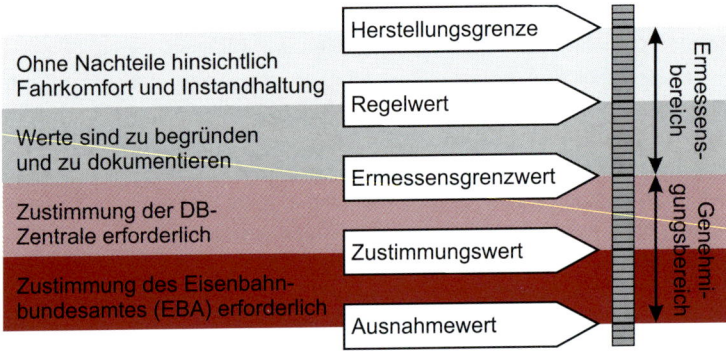

Bild 3.3 Systematik der Grenzwerte (DB AG) bei der Trassierung

3.2.3 Gerade und Kreisbogen

$\min l = 0{,}4 \cdot v \quad l\,[\text{m}],\, v\,[\text{km/h}]$

Idealerweise besteht eine Bahnstrecke aus langen Geraden und kurzen Kreisbogen. Für Geraden ist die maximale Länge daher nicht eingeschränkt. Die minimale Länge ist durch die Regelungen aus Abschnitt 3.2.1 festgelegt.

3.2 Grenzwerte für die Trassierungselemente

Für Kreisbogen besteht ebenfalls keine formale Obergrenze hinsichtlich der Länge. Die Untergrenze ist identisch mit der minimalen Länge der Geraden.

Der Radius von Kreisbogen ist aus zwei Gründen beschränkt:
- Beschränkung der Fliehkraft;
- Entgleisungssicherheit.

Die Beschränkung der Fliehkraft aus Gründen des Fahrkomforts ist durch Anwendung der Überhöhungsformel gewährleistet. Die Entgleisungssicherheit bei hohen Geschwindigkeiten ist damit ebenfalls gegeben.

Die Entgleisungsgefahr bei kleinen Geschwindigkeiten rührt von der Federung der Fahrzeuge her sowie daher, dass die Räder in einem Drehgestell starr miteinander verbunden sind. In sehr engen Bogen kann es durch das Zusammenspiel dieser beiden Faktoren vorkommen, dass auf einzelne Räder oder Radpaare keine Gewichtskraft wirkt. Dann können diese Räder an der Schiene „hochklettern" und in der Folge das Fahrzeug zur Entgleisung bringen.

Für die Wahl der Gleisbogenradien gelten daher folgende Grenzwerte:

Tabelle 3.1 Grenzwerte für Radien

Anwendungsfall	Gleisbogenradius
Herstellungsgrenze	$r_{Muss} \leq 30.000$ m
Gleise, die freizügig von allen Fahrzeugen befahren werden sollen	$r_{Muss} \geq 150$ m
Gleise mit Bahnsteigen an der Bogeninnenseite	$r_{Soll} \geq 500$ m
Gleise mit Bahnsteigen an der Bogenaußenseite	r möglichst groß wählen
Durchgehende Hauptgleise	$r_{Regel} \geq 300$ m
Übrige Gleise	$r_{Regel} \geq 180$ m

An Bahnsteigen entsteht bei kleinen Radien eine große Lücke zwischen Türstufen und Bahnsteig. An der Bogenaußenseite erschwert zudem ein kleiner Radius die Zugabfertigung. Daher bestehen für Bereiche mit Bahnsteigen strengere Grenzwerte.

Generell sollen Bahnsteige nach Möglichkeit in der Geraden liegen.

In Gleisanschlüssen sind auch kleinere Radien bis zu etwa 80 m möglich. Es können dann aber nicht mehr alle Fahrzeuge verkehren und die Kupplungen müssen lösungsbereit („langgemacht") werden. Noch kleinere Radien (bis 35 m) wurden früher mit einer so genannten Auflaufkurve (oder auch Deutschlandkurve) ermöglicht. Dabei fahren die äußeren Räder mit ihren Spurkränzen auf den Fahrflächen der Schienen und die inneren Räder werden mit einem zusätzlichen, wie ein Radlenker wirkenden Schienenprofil geführt.

3.2.4 Überhöhung

Die Überhöhung kann sowohl durch Anheben der bogenäußeren Schiene als auch durch Absenken der bogeninneren Schiene oder einer Kombination aus beidem hergestellt werden. In Deutschland ist es üblich, die bogenäußere Schiene anzuheben.

Die Größe von Überhöhungen wird durch folgende Überlegungen und Erkenntnisse bestimmt:

- Große Überhöhungen sind geeignet, ein Maximum der Geschwindigkeit bei einem Minimum für Seitenbeschleunigung (Überhöhungsfehlbetrag) und Radius zu erreichen.
- Bei Stillstand des Zuges dürfen Überhöhungen nicht groß sein. Besonders gilt dies für planmäßigen Stillstand am Bahnsteig, weil durch die Überhöhung das Aus- und Einsteigen erschwert wird.
- Große Überhöhungen führen zu großem Instandhaltungsaufwand, da besonders im Schotteroberbau die Wahrscheinlichkeit steigt, dass es zu Lageveränderungen des Gleises kommt, die korrigiert werden müssen.
- In Bereichen, in denen sich die Gleislage möglichst nicht ändern soll (Zwangspunkte wie Weichen und Bahnübergänge), sollen wegen des Instandhaltungsaufwandes möglichst kleine Überhöhungen verwendet werden.
- Überhöhungen, die für schnelle Züge „zu klein" sind, können für langsame Züge „zu groß" sein. Bei kleiner Geschwindigkeit und großer Überhöhung kann der Überhöhungsfehlbetrag negativ werden, d.h. der Zug erfährt eine „Hangabtriebskraft" zur Bogeninnenseite.
- Eine kleinere Überhöhung als 20 mm bringt keine signifikante Geschwindigkeitserhöhung und ist daher nicht wirtschaftlich. Wenn eine Überhöhung > 0 benötigt wird, müssen demnach immer mindestens 20 mm eingebaut werden.

Eine Überhöhung von 20 mm bewirkt bei maximal zulässiger Seitenbeschleunigung erst ab 140 km/h eine Vergrößerung der Geschwindigkeit um 10 km/h.

Die zulässigen Überhöhungen bei der Deutschen Bahn AG gelten nach dieser Systematik entsprechend *Tabelle 3.2*. Einige Anmerkungen:

- Die zulässigen Überhöhungen in Weichen unterscheiden sich je nach Art der Weiche.
- Überhöhungen werden auf ganze 5 mm gerundet. Damit wird verhindert, dass bei der Bauausführung eine übertriebene Genauigkeit angestrebt wird, die im Betrieb ohnehin nicht auf Dauer einzuhalten ist. Die Veränderung der Höhenlage eines Gleises ist in der Herstellung aufwendig; somit begrenzt die Rundungsvorschrift den Herstellungsaufwand.
- Zwangspunkte sind Stellen, an denen das Gleis seine Lage durch die dynamischen Kräfte der Züge möglichst nicht ändern sollte. Vorsichtshalber werden an diesen Stellen die zulässigen Überhöhungen eingeschränkt, weil dann die Auswirkungen auf die Lage des Gleises geringer sind. Die häufigsten, aber nicht die einzigen Zwangspunke sind Weichen.

3.2 Grenzwerte für die Trassierungselemente

Tabelle 3.2 Zulässige Überhöhungen in mm

	keine Zwangspunkte	Zwangspunkte
Herstellungsgrenze	20	
Regelwert	**100** an Bahnsteigen: **60**	60
Ermessensgrenzwert	Schotterbett: **160** Feste Fahrbahn: **170** an Bahnsteigen: **100** bei r < 300 m: $(r-50)/1{,}5$	ABW m. bewegl. Herzstückspitze und IBW: **120** ABW m. starrem Herzstück: **100**
Zustimmungswert	180	ABW m. bewegl. Herzstückspitze und IBW: **150** ABW m. starrem Herzstück: **130**
Ausnahmewert	>180	>180
Außerdem gilt: $u \geq \dfrac{r-50}{1{,}5}$, r in [m], u in [mm], bei r < 300 m (für Neubauten zwingend, bei vorhandenen Anlagen empfohlen)	
Beispiele für Zwangspunkte: Weichen, Schienenauszüge, Übergänge zwischen Fester Fahrbahn und Schotteroberbau, Bahnübergänge (d.h. Stellen, an denen sich das Gleis nicht in seiner Lage verändern soll)	
Rundungsvorschrift: auf ganze 5 mm runden	
ABW = Außenbogenweiche, IBW = Innenbogenweiche; siehe Abschn. 4.2	

Die Überhöhung ist auch dadurch eingeschränkt, dass die Summe aus Überhöhung und Überhöhungsfehlbetrag beschränkt ist (*Tabelle 3.3*).

Tabelle 3.3 Zulässige ausgleichende Überhöhung (u+uf)

Maximal zulässige ausgleichende Überhöhung u_0 in mm	Gleise		In Weichen, Kreuzungen, Kreuzungsweichen und Schienenauszügen
	ohne Bahnsteige	an Bahnsteigen	
Herstellungsgrenze	-		
Regelwert	170	130	120
Ermessensgrenzwert	290	230	zul u + zul u_f
Zustimmungswert	zul u + zul u_f		
Ausnahmewert			

Die Richtlinie spricht an dieser Stelle von der ausgleichenden Überhöhung u_0 als mathematische Summe aus u und u_f. Damit ist nicht gemeint, dass eine ausgleichende Überhöhung eingebaut werden soll.

Da in jeden Bogen nur eine Überhöhung eingebaut werden kann, könnte die ausgleichende Überhöhung für alle Züge nur bei gleicher Geschwindigkeit aller Züge eingebaut werden. Auf fast allen Strecken verkehren aber Züge mit unterschiedlichen Geschwindigkeiten. Es muss also ein Kompromiss zwischen den Bedürfnissen der schnellen und der langsamen Züge gefunden werden. Man strebt daher eine Überhöhung an, die zwischen den Überhöhungen für die schnellen und langsamen Züge liegt. Als Anhaltswert dafür wird die Regelüberhöhung *(reg u)* empfohlen.

Derzeit (Stand 2008) ist eine Absenkung auf $reg\ u = 6{,}5 \cdot \dfrac{v^2}{r}$ im Gespräch.

Die Regelüberhöhung beträgt

$$reg\ u = 0{,}6 \cdot u_0 = 7{,}1 \cdot \frac{v^2}{r} \qquad (3.13)$$

v in [km/h], r in [m], u in [mm]

Die Regelüberhöhung ist nicht nach oben begrenzt; es muss also zusätzlich geprüft werden, ob die zulässige Überhöhung eingehalten wird.

3.2.5 Überhöhungsfehlbetrag

Überhöhungsfehlbeträge sind fiktive Trassierungselemente; sie werden nicht eingebaut.

Überhöhungsfehlbeträge zeigen den Überhöhungsbetrag an, der fehlt, um die Seitenbeschleunigung vollständig zu eliminieren. Es handelt sich so gesehen um ein fiktives Trassierungselement. Physikalisch gesehen steht es für die verbleibende Seitenbeschleunigung bei der Bogenfahrt. Daher gibt es für Überhöhungsfehlbeträge weder Herstellungsgrenzwerte noch Rundungsvorschriften.

Die zumutbare Seitenbeschleunigung ist in erster Linie ein Komfortparameter und daher in gewisser Weise willkürlich.

Um dem Planer differenzierte Werte an die Hand zu geben, wird das bei der Überhöhung angewandte System der Grenzwerte für den Überhöhungsfehlbetrag übernommen.

Eine wichtige Unterscheidung betrifft Weichen: In Weichen liegen die Grenzwerte durchweg niedriger als außerhalb von Weichen. Für den Ermessensgrenzwert in Weichen gibt es eine gesonderte Tabelle, die in Abschnitt 4.2.4 behandelt wird.

Tabelle 3.4 Überhöhungsfehlbeträge in mm

	Gleise ohne Weichen	Weichen
Herstellungsgrenzwert	---	
Regelgrenzwert	70	60
Ermessensgrenzwert*	130 bzw. 150**	bis **130**
Zustimmungswert	170	Eg + 20
Ausnahmewert	> 170	
* komplette Darstellung der Ermessensgrenzwerte in Weichen sehe Abschn. 4.2.4		
** Der Wert 150 mm ist im Bereich des Ermessensgrenzwerts nur zulässig für Reisezüge bei Bogenradien ≥ 1000 m		

Die Grenzwerte für die Überhöhungsfehlbeträge und die Überhöhung lassen einen großen Spielraum für die Wahl beider Trassierungsparameter. Wichtig für eine „gute" Trassierung ist ein ausgewogenes Verhältnis

3.2 Grenzwerte für die Trassierungselemente

zwischen beiden Werten. Das folgende Ablaufdiagramm liefert dazu Hinweise.

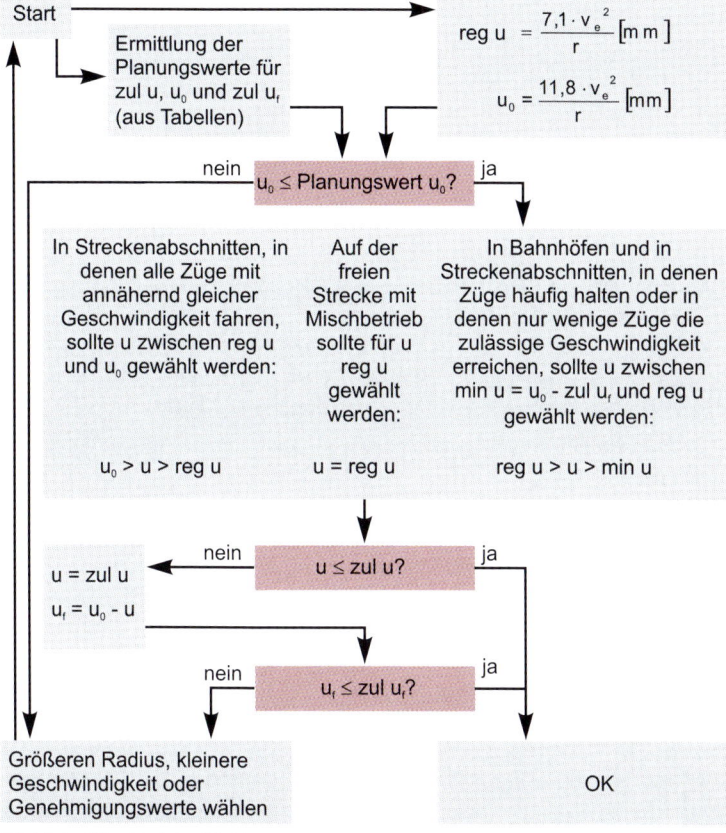

Bild 3.4 Ablauf bei der Wahl von u

Flussdiagramm

Start → Ermittlung der Planungswerte für zul u, u_0 und zul u_f (aus Tabellen)

$$\text{reg } u = \frac{7{,}1 \cdot v_e^2}{r} \; [mm]$$

$$u_0 = \frac{11{,}8 \cdot v_e^2}{r} \; [mm]$$

Entscheidung: $u_0 \leq$ Planungswert u_0?

- **nein**: In Streckenabschnitten, in denen alle Züge mit annähernd gleicher Geschwindigkeit fahren, sollte u zwischen reg u und u_0 gewählt werden: $u_0 > u >$ reg u
- **ja / Auf der freien Strecke mit Mischbetrieb** sollte für u reg u gewählt werden: u = reg u
- **In Bahnhöfen und in Streckenabschnitten, in denen Züge häufig halten oder in denen nur wenige Züge die zulässige Geschwindigkeit erreichen**, sollte u zwischen min u = u_0 – zul u_f und reg u gewählt werden: reg u > u > min u

Entscheidung: u ≤ zul u?
- nein → u = zul u; $u_f = u_0 - u$
- ja → weiter

Entscheidung: $u_f \leq$ zul u_f?
- nein → Größeren Radius, kleinere Geschwindigkeit oder Genehmigungswerte wählen
- ja → OK

Legende

Gegeben
- v_e — örtlich zulässige Geschwindigkeit [km/h]
- r — Radius [m]

Aus Tabellen (Planungswerte)
- u_0 — zulässige ausgleichende Überhöhung [mm]
- zul u_f — zulässiger Überhöhungsfehlbetrag [mm]
- zul u — zulässige Überhöhung [mm]

Berechnet
- u_0 — ausgleichende Überhöhung [mm] (tatsächlicher Wert)
- min u — Mindestüberhöhung [mm]
  min u = u_0 – zul u_f
- reg u — Regelüberhöhung [mm]

In den Richtlinien der Deutschen Bahn wird für die Bemessung der Trassierungsparameter der Begriff der Entwurfsgeschwindigkeit v_e verwendet. Dies ist die maximale Geschwindigkeit, für welche die Strecke planerisch bemessen wird – im Unterschied zu der (unter Umständen geringeren) Geschwindigkeit, mit der die Züge oder ein Teil der Züge fahrplanmäßig verkehren. Im Folgenden wird auf diese feinsinnige Unterscheidung verzichtet.

3.2.6 Überhöhungsrampe

Die Grundform der Überhöhungsrampe ist die in Abschnitt 2.5.2 erläuterte gerade Rampe. Die Höhenlage der äußeren Schiene wird linear mit der Länge angehoben, die „Knicke" am Anfang und Ende der Rampe werden ohne rechnerischen Nachweis ausgerundet.
Gerade Rampen dürfen nicht aneinanderstoßen, weil die Ausrundungen am Anfang und Ende der Rampe nicht berücksichtigt werden und sich daher sonst überschneiden können (siehe Abschn. 2.5.2).

Alternativ können auch geschwungene Überhöhungsrampen mit einer rechnerisch nachgewiesenen Ausrundung verwendet werden. Für die geschwungenen Überhöhungsrampen werden verschiedene Funktionsverläufe verwendet. In Frage kommen Parabeln, aber auch Sinuskurven.

Bei der Deutschen Bahn werden zwei geschwungene Rampenformen verwendet:

- S-förmig (mit Parabeln);
- Bloss.

Bild 3.5 zeigt die Aufrissbilder von geraden und geschwungenen Rampen im Vergleich.

- Gerade Überhöhungsrampen sind am einfachsten einzubauen und werden deshalb in der Regel bevorzugt.
- Geschwungene Rampen (S-förmige oder BLOSS-Rampen) werden eingebaut, wenn Rampen unmittelbar aneinander stoßen sollen (Einsparung des Abschnittes konstanter Überhöhung mit $l \geq 0{,}1 \cdot v$).
- BLOSS-Rampen werden eingebaut, wenn eine kürzere Entwicklungslänge erforderlich ist.

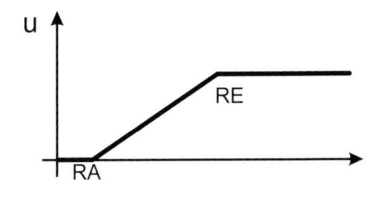

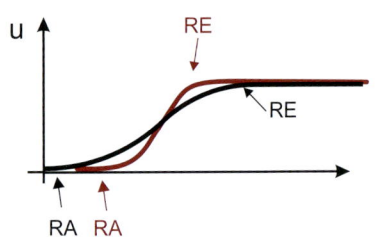

Bild 3.5 Überhöhungsrampen (geometrische Formen): oben gerade, unten S-förmig und nach BLOSS

Bei der Überhöhungsrampe nach BLOSS wird eine Kurvenform verwendet, die am Anfang und Ende stark gekrümmt ist. Im mittleren Bereich verläuft die Funktion steil mit schwacher Krümmung. Aus diesem Grunde besitzt die BLOSS-Rampe eine kürzere Entwicklungslänge als die S-förmig geschwungenen Rampen und auch als gerade Rampen. Diesem Vorteil steht ein höherer Einbauaufwand gegenüber.

Bei der Fahrt durch eine Überhöhungsrampe bewegt sich das Fahrzeug (und mit ihm die Fahrgäste) um seine Längsachse. Die Rotationsgeschwindigkeit ω um die Längsachse soll aus Komfortgründen nicht zu groß werden. Daraus leitet sich eine Mindestlänge für Überhöhungsrampen ab. Im Übergangsbereich zwischen der Überhöhungsrampe und dem Kreisbogen mit konstanter Überhöhung befindet sich eine Verwindung, durch die - ähnlich wie in einem Kreisbogen mit sehr kleinem Radius – einzelne Räder oder Drehgestelle von der Gewichtskraft entlastet werden, was zur Entgleisung führen kann. Aus diesem Grund ist die geometrische Anrampungsneigung nach oben beschränkt.

Zwischen zwei Rampenenden muss ein Abschnitt konstanter Überhöhung (Kreisbogen oder Zwischengerade) mit $l_g \geq 0{,}1 \cdot v$ liegen.

Wegen des beträchtlichen Herstellungsaufwandes sollen Überhöhungsrampen nicht beliebig lang sein. In den Richtlinien ist eine von der Geschwindigkeit abhängige minimale Rampenneigung festgelegt. Dies ist gleichbedeutend mit einer maximalen Länge der Überhöhungsrampe und kann als Herstellungsgrenze gedeutet werden.

Zusammengefasst ergeben sich für die Länge der Überhöhungsrampen die Grenzwerte laut *Tabelle 3.5* (Überhöhung in mm, Rampenlänge in m).

3.2 Grenzwerte für die Trassierungselemente

Je größer die Geschwindigkeit ist, desto wahrscheinlicher ist es, dass die erste der beiden Bedingungen aus *Tabelle 3.5* maßgebend wird. Im Fall des Ermessensgrenzwertes der geraden Rampe liegt die Grenze zum Beispiel bei 50 km/h.

Tabelle 3.5: Grenzwerte für die Länge der Überhöhungsrampe

Grenzwert	gerade Rampe	S-förmige Rampe	Bloss-Rampe
Herstellungsgrenze	max $l_R = 3 \cdot \Delta u$	max $l_R = 3 \cdot \Delta u$	max $l_R = 2{,}25 \cdot \Delta u$
Regelwert	min $l_R = 10 \cdot v \cdot \dfrac{\Delta u}{1000}$ und $l_R \geq 0{,}6 \cdot \Delta u$	min $l_R = 10 \cdot v \cdot \dfrac{\Delta u}{1000}$ und $l_R \geq 1{,}2 \cdot \Delta u$	min $l_R = 7{,}5 \cdot v \cdot \dfrac{\Delta u}{1000}$ und $l_R \geq 0{,}9 \cdot \Delta u$
Ermessensgrenzwert	min $l_R = 8 \cdot v \cdot \dfrac{\Delta u}{1000}$ und $l_R \geq 0{,}4 \cdot \Delta u$	min $l_R = 8 \cdot v \cdot \dfrac{\Delta u}{1000}$ und $l_R \geq 0{,}8 \cdot \Delta u$	min $l_R = 6 \cdot v \cdot \dfrac{\Delta u}{1000}$ und $l_R \geq 0{,}6 \cdot \Delta u$
Zustimmungswert	min $l_R = 6 \cdot v \cdot \dfrac{\Delta u}{1000}$ und $l_R \geq 0{,}4 \cdot \Delta u$	---	---
Ausnahmewert	min $l_R = 5 \cdot v \cdot \dfrac{\Delta u}{1000}$ und $l_R \geq 0{,}4 \cdot \Delta u$	---	---

In der Richtlinie sind die zulässigen Neigungen sowie die mathematischen Zusammenhänge zwischen Neigung, Überhöhung und Rampenlänge gegeben. In der obigen Darstellung wurden aus beiden Angaben direkt die Rampenlängen berechnet, weil diese bei der Trassierung am häufigsten gebraucht werden.

3.2.7 Übergangsbogen

In der Kombination von Übergangsbogen und Überhöhungsrampe sind drei Fälle zu unterscheiden:

1. Fall: Der Bogen ist nicht überhöht, der Krümmungswechsel ist klein: Ein Übergangsbogen muss nicht eingebaut werden.
2. Fall: Der Bogen ist nicht überhöht, der Krümmungswechsel ist groß. Ein Übergangsbogen muss eingebaut werden.
3. Fall: Der Bogen ist überhöht, sodass eine Überhöhungsrampe existiert. Ein Übergangsbogen identischer Länge ist unabhängig vom Krümmungsunterschied einzubauen.

Sind die Mindestlängen von Überhöhungsrampe und Übergangsbogen unterschiedlich, so ist für beide Trassierungselemente die größere Länge zu wählen, damit beide an der gleichen Stelle beginnen und enden.

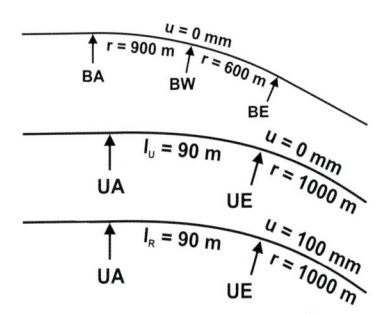

Bild 3.6 Übergangsbogen und Überhöhungsrampe (3 Anwendungsfälle)

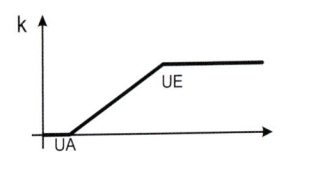

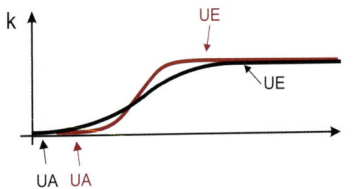

Bild 3.7 Krümmungsverläufe von Übergangsbogen: oben gerade, unten S-förmig und nach BLOSS

Der erste Fall tritt zum Beispiel in untergeordneten Gleisen ein, die ausschließlich im Güterverkehr mit geringer Geschwindigkeit befahren werden. Für diesen Fall ist festgelegt, dass die Änderung des Überhöhungsfehlbetrages die folgenden Grenzwerte einhalten muss:

- $\Delta u_f \leq 40$ mm für v ≤ 200 km/h (3.14)
- $\Delta u_f \leq 20$ mm für v > 200 km/h (3.15)

Im zweiten Fall wird eine Klothoide eingebaut, deren erforderliche Länge auf der nächsten Seite hergeleitet wird.

Im dritten Fall richten sich die geometrische Form und die Länge des Übergangsbogens nach der Überhöhungsrampe. Die Länge muss aber auf jeden Fall die im zweiten Fall gegebene Mindestlänge einhalten.

Wird eine gerade Überhöhungsrampe gewählt, so wird der Übergangsbogen als Klothoide mit gerader Krümmungslinie ausgeführt. Wenn dagegen eine geschwungene Überhöhungsrampe eingebaut wird, steigt die Überhöhung nicht linear mit der durchfahrenen Strecke an. Der Anstieg der Krümmung im Übergangsbogen soll in diesem Fall ebenfalls nicht linear verlaufen, sondern mit dem Anstieg der Überhöhung korrespondieren, damit der Überhöhungsfehlbetrag stetig ansteigt.

Passend zu den Formen der Überhöhungsrampe wurden daher

- Übergangsbogen mit S-förmiger Krümmungslinie sowie
- Übergangsbogen nach BLOSS

entwickelt.

Bild 3.7 zeigt den Verlauf der Krümmungslinien für diese Übergangsbogen.

Man beachte, dass die beiden Darstellungen in Bild 3.5 und Bild 3.7 trotz ihrer optischen Ähnlichkeit unterschiedliche Trassierungsparameter auf unterschiedliche Weise darstellen. Einem Aufrissbild auf Höhe der Schienenoberkante steht eine abstrakte Darstellung im Krümmungsbild gegenüber.

Herleitung der Mindestlänge der Übergangsbogen
Am Anfang eines Übergangsbogens mit gerader Krümmungslinie ist kein Krümmungssprung zwischen Gerade und Bogen vorhanden. Es gibt aber einen Knick im Funktionsverlauf der Krümmung, weil die Krümmung von Null aus linear zunimmt. Damit tritt auch eine allmähliche Änderung der Seitenbeschleunigung über die Zeit ein. Damit diese Änderung im Sinne des Fahrkomforts nicht zu schnell erfolgt, darf der Übergangsbogen nicht zu kurz sein.

3.2 Grenzwerte für die Trassierungselemente

Ausgangspunkt für die Bestimmung der Länge ist die Festlegung, dass die Änderung der Seitenbeschleunigung den Wert von 0,45 m/s³ nicht überschreiten soll. Für c, die Änderung der Beschleunigung a über die Zeit t, gilt also:

$$c = \frac{\Delta a}{\Delta t} \leq 0{,}45 \, \frac{m}{s^3}$$

Es gilt weiterhin bei konstanter Geschwindigkeit in der Bogenfahrt:

$$\Delta t = \frac{l_U}{v} \quad \text{und} \quad \Delta a = \frac{g}{e} \cdot \Delta u_f$$

(vgl. Herleitung der Formel für den Überhöhungsfehlbetrag)

Findet im Bogen dennoch ein Geschwindigkeitswechsel statt, so wird die höhere der beiden Geschwindigkeiten angesetzt. Da sich die Geschwindigkeit ohnehin nicht stufenweise, sondern kontinuierlich verändert, hat diese Vereinfachung keine signifikanten praktischen Konsequenzen.

Damit folgt:

$$c = \frac{g \cdot \Delta u_f}{e} \cdot \frac{v}{l_U} \leq 0{,}45 \, \frac{m}{s^3}$$

$$\Leftrightarrow l_U = \frac{g \cdot \Delta u_f \cdot v}{e \cdot c} = \frac{9{,}81 \cdot \Delta u_f \cdot v}{1500 \cdot 0{,}45 \cdot 3{,}6} \quad (v \text{ ab hier in km/h})$$

$$\approx \frac{\Delta u_f \cdot v}{250} = \frac{4 \cdot \Delta u_f \cdot v}{1000}$$

$$l_U = \frac{4 \cdot \Delta u_f \cdot v}{1000} \tag{3.16}$$

Dies ist der Grenzwert für die Mindestlänge des Übergangsbogens (mit gerader Krümmungslinie).

Die Mindestlänge verhindert nicht, dass ein sehr geringer Krümmungsunterschied, der von den Fahrgästen auch ohne Übergangsbogen kaum bemerkt würde, mittels eines Übergangsbogens überbrückt wird. Um den Aufwand zur Herstellung von Übergangsbogen in Grenzen zu halten und unnötige Übergangsbogen zu vermeiden, wird daher festgelegt, dass das Abrückmaß f mindestens 15 mm betragen soll (Herstellungsgrenze).

Mögliche Maßnahmen bei Abrückmaß < 15 mm:
- Prüfen, ob Übergangsbogen erforderlich (bei u = 0), ggf. Verzicht
- Übergangsbogen verlängern (bei u ≠ 0 oder wenn Verzicht nicht möglich)

Grenzwerte für die Länge der Übergangsbogen

In *Tabelle 3.6* sind die erforderlichen Längen der Übergangsbogen mit gerader und geschwungener Krümmungslinie zusammengestellt.

Übergangsbogen mit S-förmiger Krümmungslinie oder Krümmungslinie nach BLOSS sind länger als Übergangsbogen mit gerader Krümmungslinie. Dies steht im Gegensatz zu den Verhältnissen bei den Überhöhungsrampen, wo die Form nach BLOSS die kürzeste Länge ergibt.

Tabelle 3.6 Grenzwerte für die Länge der Übergangsbogen

	gerade Krümmungslinie	S-förmige Krümmungslinie	Krümmungslinie nach Bloss
Mindestlänge	$l_u \geq \dfrac{4 \cdot v \cdot \Delta u_f}{1000}$	$l_u \geq \dfrac{6 \cdot v \cdot \Delta u_f}{1000}$	$l_U \geq \dfrac{4{,}5 \cdot v \cdot \Delta u_f}{1000}$

Gerade Überhöhungsrampen erfordern Übergangsbogen mit gerader Krümmungslinie. S-förmige Überhöhungsrampen und BLOSS-Rampen erfordern Übergangsbogen mit entsprechenden Krümmungslinien. *Bild 3.7* stellt diesen wichtigen Grundsatz (inklusive den Formeln für Neigungen und Abrückmaße) dar.

Tabelle 3.7 Überblick über Übergangsbogen und Überhöhungsrampen

Übergangsbogen...	... mit gerader Krümmungslinie	... mit geschwungener Krümmungslinie	
Krümmungslinie	gerade	parabolisch geschwungen	kubisch geschwungen
Abrückmaß	$f = \dfrac{l^2}{24 \cdot r}$	$f = \dfrac{l^2}{48 \cdot r}$	$f = \dfrac{l^2}{40 \cdot r}$
Rampen	Gerade Rampen	Geschwungene Rampen	
Rampenform	gerade	S-förmig	BLOSS
Verwindung	$m = \dfrac{1000 \cdot l_R}{\Delta u}$	$m_M = \dfrac{1000 \cdot l_{RS}}{2 \cdot \Delta u}$	$m_M = \dfrac{1000 \cdot 2 \cdot l_{RB}}{3 \cdot \Delta u}$

3.3 Fahrdynamisch optimierter Übergangsbogen (Wiener Bogen®)

Die übliche Geometrie des Übergangsbogens beruht auf dem Gedankenmodell eines Massepunktes, der sich auf der Höhe der Schienenoberkante bewegt. Die Fahrgäste befinden sich jedoch in einer Höhe von etwa einem Meter über Schienenoberkante, und das Fahrzeug ist kein Massepunkt, sondern hat mehrere Achsen bzw. Drehgestelle und eine Federung. Zudem sitzen die Fahrgäste nicht in der Mitte des Wagens. Die übliche Geometrie des Übergangsbogens erzielt daher nicht den optimal erreichbaren Fahrkomfort. Die Verwendung der Klothoide (Übergangsbogen mit gerader Krümmungslinie) hat zudem den Nachteil, dass der Krümmungsverlauf an Beginn und Ende einen Knick aufweist.

Aus beiden Überlegungen wurde ein Übergangsbogen mit geschwungener Krümmungslinie entwickelt, der beide Parameter berücksichtigt, der Wiener Bogen®.

Nachteilig für den Einbau des Wiener Bogens ist jedoch, dass bei einer Rechtskurve der Übergangsbogen zunächst einige Zentimeter nach links ausschwenkt, bevor er nach rechts verläuft (bei einer Linkskurve analog). Die derzeit im Einsatz befindlichen Gleisbaumaschinen müssten für den Einbau des Wiener Bogens umgerüstet werden.

Unter den Fachleuten ist derzeit noch umstritten, ob die Vorteile der optimierten Übergangsbogenform den höheren Aufwand rechtfertigen. Eine erste Anwendungsstrecke wurde bei der U-Bahn in Wien gebaut.

3.4 Gleisverziehungen

Im Bereich von Weichenverbindungen muss der Gleisabstand von dem in den meisten Fällen üblichen Maß von 4,00 Metern auf 4,50 Meter – im Bereich von Mastgassen oder Bahnsteigen auf noch größere Werte – angehoben werden. Im Bereich von Bogen ist dies durch Veränderung des Radius des inneren oder äußeren Gleises ohne Einbußen am Fahrkomfort möglich. In der Geraden ist jedoch der Einbau einer S-Kurve erforderlich. Diese S-Kurve kann mittels einer regulären Abfolge von Übergangsbogen, Kreisbogen und Zwischengerade hergestellt werden.

Bei Verziehungsmaßen bis 2 m wird eine Gleisverziehung nur mit Bogen und Zwischengerade trassiert, da Übergangsbogen zu große Winkeländerungen mit sich bringen würden.

Bild 3.8 Gleisverziehung

Der Mindestradius der Kreisbogen beträgt $r \geq \dfrac{v^2}{2}$. Daraus folgt ein Unterschied der Überhöhungsfehlbeträge („Ruck") von $\Delta u_f = 27$ mm (siehe Kapitel 4.3.).

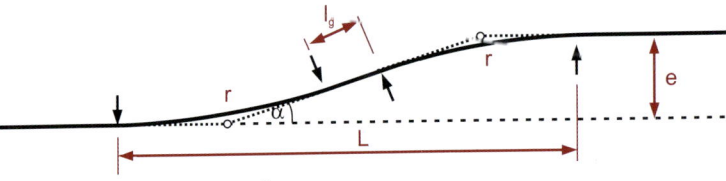

Bild 3.9 Gleisverziehung ohne Übergangsbogen

Bei Verziehungsmaßen ab 2 m ist eine Ausführung mit Kreisbogen, Übergangsbogen und Zwischengerade möglich, wenn auch nicht immer sinnvoll, z.B. bei Weichen im Bereich der Kreisbogen oder Übergangsbogen. Die Gleisverziehung kann auch mit Überhöhung gebaut werden, wenn nicht sonstige Randbedingungen, wie z.B. eine Außenbogenweiche, dagegen sprechen.

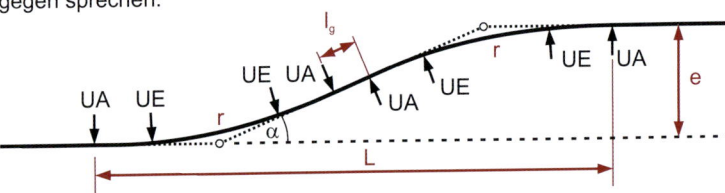

Bild 3.10 Gleisverziehung mit Übergangsbogen

Wenn sich in der Nähe der erforderlichen Änderung des Gleisabstandes ein Kreisbogen befindet, ist es nicht sinnvoll, eine Gleisverziehung in der Geraden anzuordnen. Sinnvoller ist es in diesen Fällen, die Änderung des Gleisabstandes am Übergang zwischen Gerade und Kreisbogen durch Aufweitung des Radius herzustellen.

Bei beengten Verhältnissen kann auch auf die Zwischengerade verzichtet werden. In allen Fällen muss der Radius jedoch so groß gewählt werden, dass sich für die Trassierungselemente eine ausreichende Länge ergibt; so sollten z.B. die Kreisbogen und die Zwischengerade eine Mindestlänge von $0{,}4 \cdot v$ aufweisen. Wird diese Randbedingung berücksichtigt, ergibt sich *Bild 3.11*, das die maximale Überhöhung in Abhängigkeit des Verziehungsmaßes zeigt.

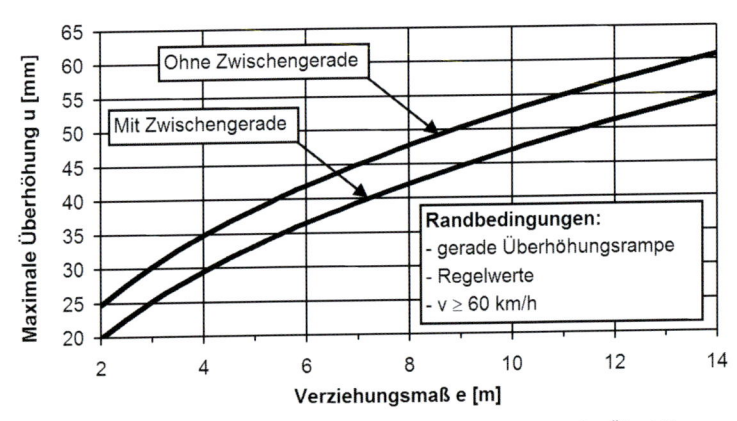

Bild 3.11 Zusammenhang zwischen Verziehungsmaß und maximaler Überhöhung

3.4 Gleisverziehungen

Mit der nach r aufgelösten Formel für die Regelüberhöhung

$$r = \frac{7{,}1 \cdot v^2}{u_{reg}} \quad (3.17)$$

mit
- r Radius [m]
- v Geschwindigkeit [km/h]
- u_{reg} Aus der Grafik abgelesene Überhöhung [mm]

kann daraus der jeweilige Mindestradius ermittelt werden.

Soll das Gleis nicht überhöht werden, kann der Mindestradius für drei Geschwindigkeiten direkt aus *Bild 3.12* abgelesen werden. Dabei ist jedoch zu beachten, dass bei großen Verziehungsmaßen auch große Überhöhungsfehlbeträge auftreten können.

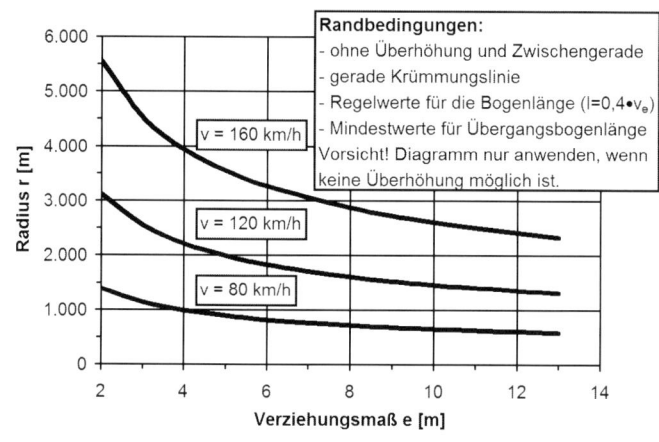

Bild 3.12 Zusammenhang zwischen Verziehungsmaß und Radius der Gleisverziehung (ohne Überhöhung)

Die Entscheidung, welche Art der Gleisverziehung bei Verziehungsmaßen ab 2 m angewendet wird, muss unter Einbeziehung der jeweiligen Randbedingungen vom planenden Ingenieur im Einzelfall getroffen werden. Dabei kann die folgende Grafik, die die jeweilige Länge der Gleisverziehung in Abhängigkeit des Verziehungsmaßes zeigt, eine Hilfe sein:

L   Gleisverziehungslänge [m]
r   Radius der Bogen [m]
l_Z Länge der Zwischengerade [m]
e   Verziehungsmaß [m]
l_U Länge der Übergangsbogen [m]
f   Abrückmaß [m]
α   Winkel in der Mitte der Gleisverziehung

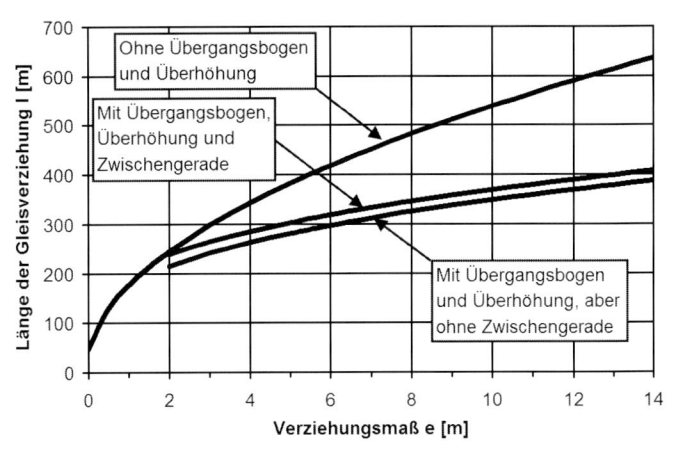

Bild 3.13 Zusammenhang zwischen Verziehungsmaß und Länge der Gleisverziehung

Bei der Verziehung mit Übergangsbogen in asymmetrischer Ausführung müssen die beiden Übergangsbogen der beiden Radien jeweils gleich lang sein.

Die Gleisverziehungslängen können mit folgenden Formeln berechnet werden:

- Verziehungen ohne Übergangsbogen in symmetrischer Ausführung

$$L = \sqrt{4 \cdot r \cdot e + l_g^2 - e^2} \tag{3.18}$$

- Verziehungen ohne Übergangsbogen in asymmetrischer Ausführung

$$L = \sqrt{2 \cdot (r_1 + r_2) \cdot e + l_g^2 - e^2} \tag{3.19}$$

- Verziehungen mit Übergangsbogen in symmetrischer Ausführung

$$L = l_U + \sqrt{4 \cdot (r + f) \cdot e + (l_g + l_U)^2 - e^2} \tag{3.20}$$

- Verziehungen mit Übergangsbogen in asymmetrischer Ausführung

$$L = \frac{l_{U1} + l_{U2}}{2} + \sqrt{2 \cdot e \cdot (r_1 + r_2 + f_1 + f_2) + (l_Z + \frac{l_{U1} + l_{U2}}{2})^2 - e^2} \tag{3.21}$$

Der Winkel in der Mitte der Gleisverziehung ergibt sich aus

$$\alpha = 2 \cdot \arctan\left(\frac{e}{L + l_g}\right) \tag{3.22}$$

3.5 Längsneigungen und Neigungswechsel

Die Längsneigung I ist definiert als

$$I = \frac{\Delta h}{\Delta l} \qquad (3.23)$$

Eine Steigung ist eine positive, ein Gefälle dementsprechend eine negative Längsneigung.

mit
Δh Höhenunterschied zweier Punkte, Δl horizontaler Abstand der Punkte
Die Neigung wird üblicherweise in ‰ angegeben.

Tabelle 3.8 Maximale Längsneigungen

	Längsneigung	Quelle
Strecken mit Güterverkehr (Beispiel: rechte Rheinstrecke)	12,5 ‰	EBO
Strecken mit reinem Personenverkehr und Nebenbahnen	40 ‰	EBO
Internationale Strecken mit reinem Personenverkehr (Beispiel: Frankfurt – Mannheim, geplant)	35 ‰	TSI
Bahnhofsgleise	2,5 ‰	EBO

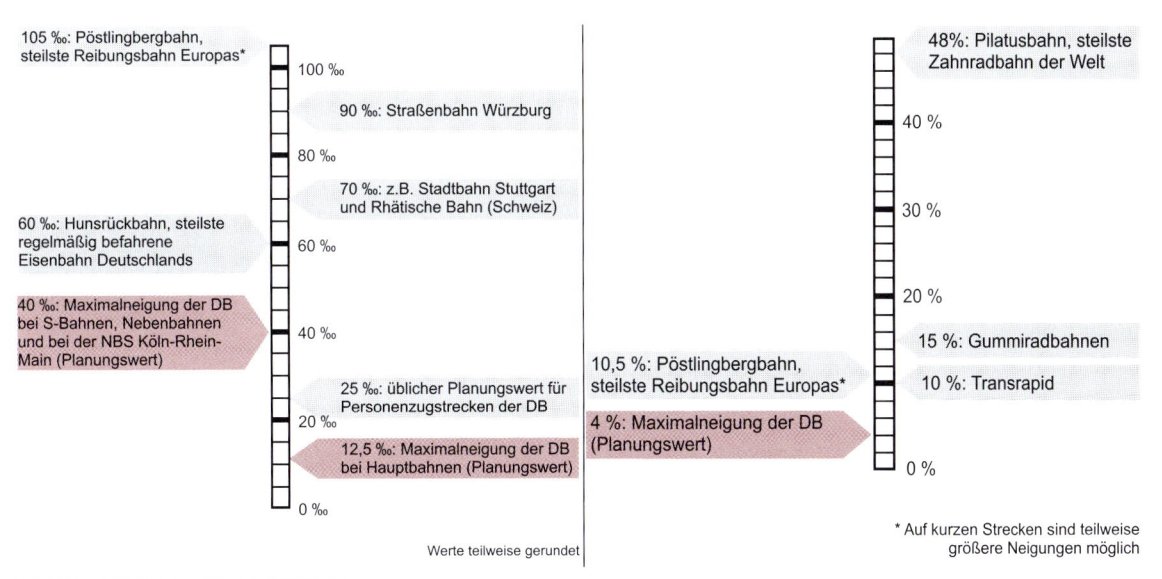

Bild 3.14 Längsneigungen bei Bahnen

Auf vorhandenen Strecken finden sich gelegentlich auch größere Längsneigungen. Diese Ausnahmen bringen fast immer besondere betriebliche Maßnahmen mit sich, welche die Betriebsführung verteuern. Bei Neubauten und Umbauten sind daher die geltenden Grenzwerte unbedingt einzuhalten.

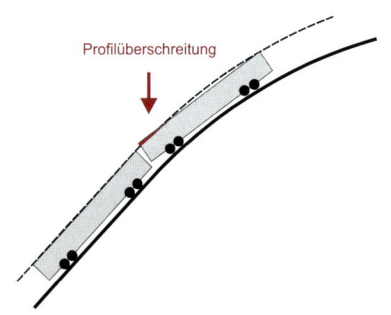

Bild 3.15 Überschreitung des Höhenprofils bei zu kleinem Ausrundungsradius!

Herleitung der Grenzwerte für den Ausrundungradius aus Beschleunigung im Kreisbogen

Zusätzlich gilt.
- $r_a \geq 2.000\ m$ (s.o.)
- $l_t \geq 10\ m$ (s.u.)

Wenn zwei unterschiedliche Längsneigungen aufeinander folgen, muss eine Ausrundung vorgesehen werden.
Die Größe des Radius für die Ausrundung wird durch zwei Überlegungen bestimmt:

- Beschränkung der unvermittelten Änderung der Vertikalbeschleunigung;
- Vermeidung einer detaillierten Analyse des Höhenprofils.

Zur zweiten Überlegung eine kurze Erläuterung (nach SCHIEMANN):
Infolge der großen Fahrzeuglänge ragen bei der Fahrt über eine Kuppe oder durch eine Wanne Teile des Fahrzeugs aus dem in der Gerade vorhandenen Höhenprofil heraus. Damit z.B. bei der Planung von Überführungen über Bahnstrecken keine detaillierte Analyse der Kuppen und Wannen erforderlich ist, wird dieser – nur bei kleinen Ausrundungsradien messbare – Effekt pauschal dadurch berücksichtigt, dass der Ausrundungsradius den Grenzwert von 2000 m überschreiten muss.

Da Kuppen- und Wannenausrundungen Kreisbogen sind, gilt für sie die allgemeine Formel für die Beschleunigung in Kreisbogen:

$$\Delta a_V = \frac{v^2}{r_a} \tag{3.24}$$

Dies ist dieselbe Gesetzmäßigkeit wie bei der Seitenbeschleunigung, doch wirkt die Beschleunigung in diesem Fall in vertikaler Richtung.
Aus (3.24) folgt:

$$r_a = \frac{v^2}{\Delta a_V}$$

Für $\Delta a_V = 0{,}2\ m/s^2$ und weil 1 m/s = 3,6 km/h gilt,

ergibt sich
$r_a = 0{,}386 \cdot v^2$,

für $\Delta a_V = 0{,}3\ m/s^2$: $r_a = 0{,}257 \cdot v^2$,

für $\Delta a_V = 0{,}5\ m/s^2$: $r_a = 0{,}154 \cdot v^2$,

für $\Delta a_V = 0{,}6\ m/s^2$: $r_a = 0{,}129 \cdot v^2$

mit den Einheiten [m] für r_a und [km/h] für v.

Aus diesen Rechenwerten für die Vertikalbeschleunigungen ergeben sich die zulässigen Ausrundungsradien:

3.5 Längsneigungen und Neigungswechsel

Tabelle 3.9 Grenzwerte für Ausrundungsradien r_a in m

Grenzwert		Radius
Herstellungsgrenze		max $r = 30.000$
Regelwert		min $r = 0{,}4 \cdot v^2$
Ermessensgrenzwert		min $r = 0{,}25 \cdot v^2$
Zustimmungswert	bei Kuppen	min $r = 0{,}16 \cdot v^2$
	bei Wannen	min $r = 0{,}13 \cdot v^2$
Ausnahmewert		—
v_e [km/h]; Begriffserklärungen der Grenzwerte siehe Abschn. 3.2.2		

Da im Bereich von Kuppen und Wannen keine Weichen und auch keine Überhöhungsrampen angeordnet werden sollen, ist für die Planung besonders die Länge der Kuppen bzw. Wannen wichtig. Sie können aus den Ausrundungsradien wie folgt berechnet werden:

Aus *Bild 3.16* ergibt sich für die Tangentenlänge l_t:

$$\tan\frac{|\Delta I|}{2} = \frac{l_t}{r_a} \Leftrightarrow l_t = r_a \cdot \tan\frac{|\Delta I|}{2}$$

Für kleine Winkel gilt $\tan|\Delta I| \approx |\Delta I|$:

$$\Rightarrow l_t = \frac{r_a \cdot |\Delta I|}{2000} \tag{3.25}$$

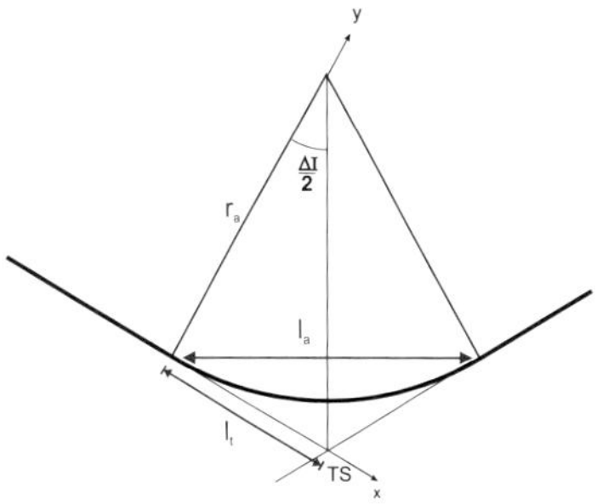

Bild 3.16 Tangentenlänge und Ausrundungslänge

Die Ausrundungslänge l_a kann beschrieben werden durch

$$\frac{l_a}{2} = r_a \cdot \sin\frac{|\Delta I|}{2}$$

und für kleine Winkel mit $\sin|\Delta I| \approx |\Delta I|$:

$$\Rightarrow l_a = \frac{r_a \cdot |\Delta I|}{1000} \tag{3.26}$$

l_t, l_a, r_a [m]; ΔI [‰]

Außerdem soll die Ausrundungslänge 20 m nicht unterschreiten.

3.6 Besonderheiten bei Neigetechnik

Bei Fahrzeugen mit Neigetechnik wird der Wagenkasten zusätzlich zur Überhöhung geneigt. Durch die zusätzliche Querneigung kann bei gleicher eingebauter Überhöhung die Geschwindigkeit vergrößert werden, da die nach außen wirkende Querkraft zum Teil durch die Wagenkastenneigung ausgeglichen wird. In den Trassierungsrichtlinien wird der Unterschied auf der linken Seite der Überhöhungsformel zum Überhöhungsfehlbetrag addiert. So entstehen nominal größere zulässige Überhöhungsfehlbeträge als bei Trassierung ohne Neigetechnik, die aber keine größere Seitenbeschleunigung mit sich bringen.

Bei Zügen mit Neigetechnik liegt der Ermessensgrenzwert für den Überhöhungsfehlbetrag bei 150 mm.

Bei der Einfahrt in einen Bogen wird die Beschleunigungsänderung elektronisch gemessen. Die Messwerte werden an eine Hydraulik übertragen, welche den Wagenkasten einseitig anhebt. Die Zeitdauer dieses Prozesses beträgt ein paar Sekunden. Eine erfolgreiche Anwendung dieser Technik erfordert daher die konsequente Anwendung von Übergangsbogen und Überhöhungsrampen bei der Trassierung. Die maximale Auslenkung des Fahrzeugs beträgt dennoch lediglich 8 Grad, sodass die Erhöhung der Geschwindigkeit mäßig ist (siehe dazu Beispiel 3.6 in Abschnitt 3.7). Der Einsatz dieser Technik ist deswegen bisher auf besonders kurvenreiche Strecken beschränkt.

Die größere Masse der Fahrzeuge im Vergleich zu gleichwertigen Fahrzeugen ohne Hydraulik erfordert unter Umständen eine Verbesserung der Tragfähigkeit von Brücken und eine bessere Instandhaltung der Gleise. Diese zusätzlichen Kosten – und auch die höheren Kosten der Fahrzeuge selbst – sind in der Anfangsphase der Einführung dieser Technik häufig unterschätzt worden.

Neben der bisher beschriebenen aktiven Neigetechnik gibt es auch die passive Neigetechnik. Bei der passiven Neigetechnik wird der Wagenkasten an einem starren Rahmen aufgehängt. Die Zentrifugalkraft lenkt den Wagenkasten aus, ohne dass dafür Hydraulik erforderlich ist. Da die Auslenkung langsamer vor sich geht und kleiner ist als bei der aktiven Neigetechnik, ist die beschleunigungsreduzierende Wirkung geringer. Die Technik wird daher derzeit lediglich zur Verbesserung des Fahrkomforts im Nachtreiseverkehr eingesetzt.

3.7 Beispielaufgaben

Beispiel 3.1

Auf französischen Strecken wird für TGV-Hochgeschwindigkeitszüge bei Geschwindigkeiten unter 220 km/h ein Überhöhungsfehlbetrag von zul u_f = 150 mm zugelassen. Die maximale Überhöhung beträgt 180 mm.

a) Welcher Mindestradius ist unter diesen Bedingungen für v = 210 km/h erforderlich?
b) Welche Geschwindigkeit wäre unter Anwendung der Richtlinien der Deutschen Bahn für den in a) berechneten Mindestradius bei Schotteroberbau maximal zulässig?

Lösung:

a) $u + u_f = 11{,}8 \cdot \dfrac{v^2}{r} \Rightarrow r = \dfrac{11{,}8 \cdot 210^2}{180 + 150} = 1577 \text{ m}$

b) zul $u_f = 150$ mm (Reisezugstrecke)
zul $u = 160$ mm (Schotteroberbau)
Aber es gilt auch: zul $(u + u_f) = 290$ mm (*Tabelle 3.3*)

zul $(u + u_f) = 290 = 11{,}8 \cdot \dfrac{v^2}{r} = 11{,}8 \cdot \dfrac{v^2}{1577} \Rightarrow v = 197 \text{ km/h}$

zul $v = 190$ km/h

Die Geschwindigkeit lässt sich in diesem Beispiel und in den anderen Beispielen auch direkt aus der äquivalenten Formel

$v = \sqrt{\dfrac{r}{11{,}8} \cdot (u + u_f)}$ ermitteln.

Beispiel 3.2

In der Skizze ist eine Abfolge von Geraden und Bogen dargestellt.

a) Berechnen Sie die mindestens erforderlichen Überhöhungen für eine durchgehende Geschwindigkeit von 140 km/h (Reisezüge) bzw. 120 km/h (Güterzüge).
b) Berechnen Sie die zugehörigen Mindestlängen von Rampen und Übergangsbogen.
c) Zeichnen Sie den Überhöhungsverlauf in einem Koordinatensystem (Länge auf *x*-Achse, Überhöhung auf *y*-Achse). Kennzeichnen Sie die wesentlichen Punkte in der Trassierung, damit der Zusammenhang zwischen den Darstellungen im Lageplan und im Koordinatensystem deutlich wird.

In der Praxis sind die Freiheitsgrade bei der Bemessung größer als in dieser Aufgabe. Anstelle mit der Mindestüberhöhung zu trassieren, wie hier zu Übungszwecken verlangt, sollte man versuchen, die Regelüberhöhung zu verwenden, sofern sie im zugelassenen Bereich liegt. Man erhält in diesem Fall andere Längen für die Rampen und Übergangsbogen.

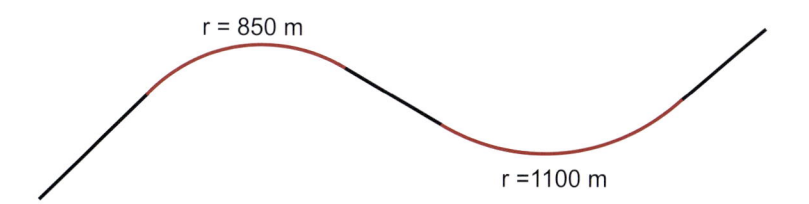

r = 850 m

r = 1100 m

Lösung:

a) Überhöhungsnachweis:

Abschnitt 1:

Bei Radien zwischen 650 m und 1000 m kann mit besonderer Genehmigung für Reisezüge zul u_f = 150 mm angesetzt werden. Dann wird in Abschnitt 1 u = 125 mm.

Güterverkehr $u = 11{,}8 \cdot \dfrac{v^2}{r} - u_f = 11{,}8 \cdot \dfrac{120^2}{850} - 130 = 70$ mm

Reiseverkehr $u = 11{,}8 \cdot \dfrac{140^2}{850} - 130 = 142$ mm

$u = 145$ mm

Abschnitt 2:

$u = 11{,}8 \cdot \dfrac{140^2}{1100} - 150 = 60{,}3$ mm

$u = 11{,}8 \cdot \dfrac{140^2}{1100} - 130 = 25$ mm

maßg $u = 65$ mm

b) Überhöhungsrampe:

Abschnitt 1:

Im Beispiel wird die mindestens erforderliche Länge der Überhöhungsrampe gesucht und daher der Ermessensgrenzwert gewählt. Selbstverständlich könnte auch eine längere Überhöhungsrampe gewählt werden, wenn der Platz ausreicht, *zum Beispiel* entsprechend dem Regelgrenzwert.

$l_R = 8 \cdot v \cdot \dfrac{\Delta u}{1000} = 8 \cdot 140 \cdot \dfrac{145}{1000} = 162{,}4$ m

$l_R = 0{,}4 \cdot 145 = 58$ m

$l_R = 0{,}4 \cdot 140 = 56$ m

Herstellungsgrenze: $l_R \leq 3 \cdot 145 = 435$ m

Abschnitt 2:

$l_R = 8 \cdot 140 \cdot \dfrac{65}{1000} = 72{,}8$ m

$l_R = 0{,}4 \cdot 65 = 26$ m

Herstellungsgrenze: $l_R \leq 3 \cdot 72{,}8 = 218{,}4$ m

Übergangsbogen 1:

$\Delta u_{f1} = 11{,}8 \cdot \dfrac{140^2}{850} - 145 = 127$ mm

$l_{U1} = 0{,}004 \cdot 140 \cdot 127 = 71{,}12$ m

3.7 Beispielaufgaben

Übergangsbogen 2:

$\Delta u_{f2} = 11{,}8 \cdot \dfrac{140^2}{1100} - 65 = 145 \text{ mm}$

$l_{U2} = 0{,}004 \cdot 140 \cdot 145 = 81{,}2 \text{ m}$

Beides > 56 m

Maßg Länge Bereich 1 = 162,4 m
Maßg Länge Bereich 2 = 81,2 m

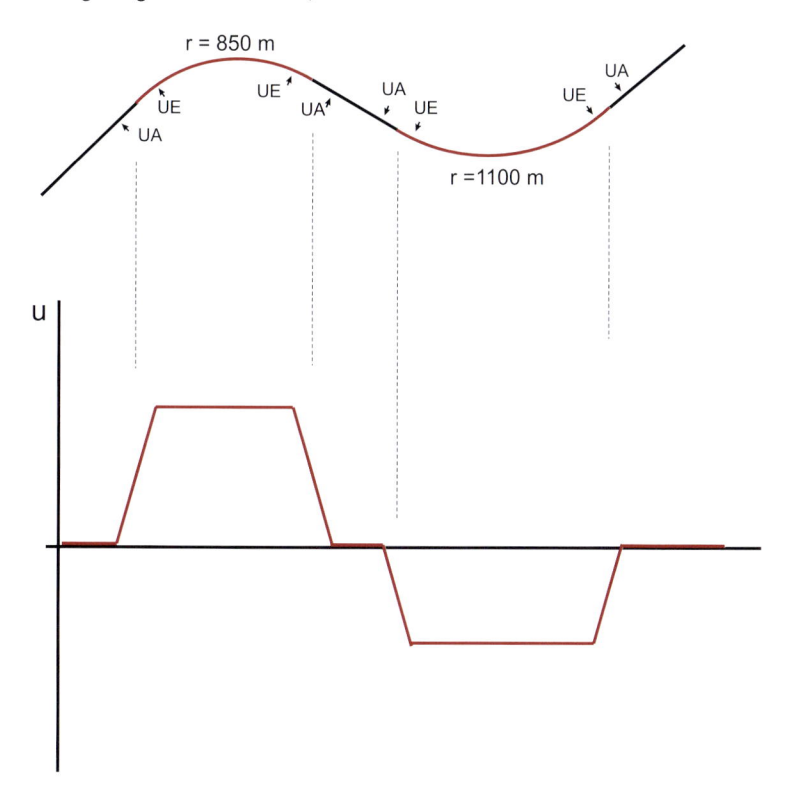

Im ersten Bogen ist die erforderliche Länge der Überhöhungsrampe größer als die des Übergangsbogens und damit maßgebend. Im zweiten Bogen, der den seltenen Fall repräsentiert, ist der Übergangsbogen länger als die Überhöhungsrampe und wird maßgebend. Für den Einbau gilt immer $l_R = l_U$.

Beispiel 3.3

Auf der „Geislinger Steige" im Zuge der Strecke Stuttgart–Ulm sind aufgrund der schwierigen Topographie einige Kurvenradien sehr klein. Der kleinste dieser Radien beträgt 278 m.

Berechnen Sie die maximal zulässige Geschwindigkeit in diesem Radius unter den folgenden Bedingungen:

- Innerhalb des Bogens liegen Weichenverbindungen;
- innerhalb des Bogens liegen Weichenverbindungen mit beweglicher Herzstückspitze;
- innerhalb des Bogens liegen keine Weichenverbindungen.

Lösung:

Weichen mit starrem Herzstück:

Überhöhung: zul u = 100 mm;

2. Bedingung (r < 300 m): $zul\ u = \dfrac{278 - 50}{1,5} = 152$ mm

Überhöhungsfehlbetrag: zul u_f = 110 mm

$$100 + 110 = 11{,}8 \cdot \dfrac{v^2}{278} \Rightarrow v = 70 \text{ km/h} \rightarrow \text{zul } v = 70 \text{ km/h}$$

Weichen mit beweglicher Herzstückspitze:

zul u = 120 mm
zul u_f = 130 mm

$$120 + 130 = 11{,}8 \cdot \dfrac{v^2}{278} \Rightarrow v = 77 \text{ km/h} \rightarrow \text{zul } v = 70 \text{ km/h}$$

Im vorliegenden Fall wird die zulässige Geschwindigkeit trotz der beweglichen Herzstückspitzen nicht erhöht, weil sie auf ganze Zehner abgerundet werden muss.

Keine Weichen:

zul u = 160 mm (170 mm),
aber 2. Bedingung aus r < 300 m: zul u = 150 mm
zul u_f = 130 mm

$$150 + 130 = 11{,}8 \cdot \dfrac{v^2}{278} \Rightarrow v = 81 \text{ km/h} \rightarrow \text{zul } v = 80 \text{ km/h}$$

3.7 Beispielaufgaben

Beispiel 3.4

Im Zuge einer Linienverbesserung wird der vorhandene Radius eines Bogens von 721 m auf 900 m vergrößert. Die Überhöhung von 60 mm wird jedoch nicht verändert.

Berechnen Sie die maximale Geschwindigkeit vor und nach der Linienverbesserung.
Bemessen Sie die Rampe sowie den Übergangsbogen nach der Linienverbesserung nach den Regelgrenzwerten, und zwar sowohl mit BLOSS als auch mit gerader Krümmungslinie. Vor und nach dem Bogen folgt jeweils eine Gerade.

Natürlich kann in der Praxis die Überhöhung im Zuge einer Linienverbesserung ebenfalls verändert werden.

Lösung:

a) Vor der Linienverbesserung:

zul u_f = 130 mm

$u + u_f = 60 + 130 = 11{,}8 \cdot \dfrac{v^2}{r} = 11{,}8 \cdot \dfrac{v^2}{721}$

$\Rightarrow v = 108$ km/h $\rightarrow$ zul v = 100 km/h

Mit Genehmigung wäre hier für Reisezüge auch u_f = 150 mm zulässig, weil r zwischen 650 m und 1000 m liegt. Die zulässige Geschwindigkeit vor der Linienverbesserung betrüge in diesem Fall 110 km/h.

Nach der Linienverbesserung:

$60 + 130 = 11{,}8 \cdot \dfrac{v^2}{900} \Rightarrow v = 120{,}3$ km/h $\rightarrow$ zul v = 120 km/h

b) Gerade Rampe:

$l_R = 10 \cdot v \cdot \dfrac{\Delta u}{1000} = 10 \cdot 120 \cdot \dfrac{60}{1000} = 72$ m

$l_R = 0{,}6 \cdot \Delta u = 0{,}6 \cdot 60 = 36$ m

Übergangsbogen gerade Krümmungslinie:

$\Delta u_f = u_f = 11{,}8 \cdot \dfrac{v^2}{r} - u_f = 11{,}8 \cdot \dfrac{120^2}{900} - 60 = 128{,}8$ mm

$l_U = \dfrac{4 \cdot v \cdot \Delta u_f}{1000} = \dfrac{4 \cdot 120 \cdot 128{,}8}{1000} = 61{,}8$ m

Es gilt $\Delta u_f = u_{f2} - u_{f1}$ mit u_{f1} = 0, wenn Abschnitt 1 eine Gerade ist.

maßg $l_R = l_U$ = 72 m

Überprüfung der Mindestlänge aller Trassierungselemente:
$l_R \geq 0{,}4 \cdot v = 0{,}4 \cdot 120 = 48$ m

Rampe nach BLOSS:

$$l_R = 7{,}5 \cdot v \cdot \frac{\Delta u}{1000} = 7{,}5 \cdot 120 \cdot \frac{60}{1000} = 54 \text{ m}$$

$$l_R = 0{,}9 \cdot \Delta u = 0{,}9 \cdot 60 = 54 \text{ m}$$

Übergangsbogen nach Bloss:′

$$l_U = \frac{4{,}5 \cdot v \cdot \Delta u_f}{1000} = \frac{4 \cdot 120 \cdot 128{,}8}{1000} = 61{,}8 \text{ m}$$

maßg $l_R = l_U = 61{,}8$ m

Beispiel 3.5

a) Berechnen Sie die Länge der Ausrundung bei einem Neigungswechsel von +5 ‰ auf −8 ‰ und einer Geschwindigkeit von 120 km/h.

b) Berechnen Sie die Länge der Ausrundung bei einem Neigungswechsel wie in a), aber bei einer Geschwindigkeit von nur 60 km/h. Welche allgemeine Schlussfolgerung lässt sich aus dem Ergebnis ziehen?

Lösung:

a) Ausrundungsradius:
$r_a = 0{,}4 \cdot v^2 = 0{,}4 \cdot 120^2 = 5760 \; m > 2000 \text{ m}$

Herstellungsgrenze: 30.000 m > 5760 m

Die Längsneigungen sind mit Vorzeichen einzusetzen!

Länge der Ausrundung:
$$l_a = \frac{r_a \cdot (l_2 - l_1)}{1000} = \frac{5760 \cdot 13}{1000} = 74{,}88 \text{ m}$$

b) Ausrundungsradius:
$r_a = 0{,}4 \cdot 60^2 = 1440 \; m < 2000 \text{ m}$

maßg $r_a = 2000$ m

Bei kleinen Geschwindigkeiten wird der Grenzwert 2000 m für den Ausrundungsradius maßgebend.

Länge der Ausrundung:
$$l_a = \frac{2000 \cdot 13}{1000} = 26{,}0 \text{ m}$$

3.7 Beispielaufgaben

Beispiel 3.6

Gegeben sind zwei Bogen mit den Radien 700 m und 1100 m. Berechnen Sie für eine Überhöhung von 100 mm die zulässige Geschwindigkeit für Züge mit und ohne Neigetechnik für beide Bogen (ohne Übergang Bogen-Bogen oder Bogen-Gerade).

Lösung:

Radius 700 m: $u + u_f = 100 + u_f = 11{,}8 \cdot \dfrac{v^2}{r} = 11{,}8 \cdot \dfrac{v^2}{700}$

Ohne Neigetechnik gilt: zul u_f = 130 mm.
Damit folgt: zul v = 110 km/h.

Mit Neigetechnik ist zul u_f = 150 mm.
Damit folgt zul v = 120 km/h.

Radius 1100 m, mit und ohne Neigetechnik gilt zul u_f = 150 mm und folglich zul v = 150 km/h.

4 Trassierung von Weichen und Weichenverbindungen

Tabelle 4.1 gibt einen systematischen Überblick über Weichen und die Fahrmöglichkeiten, die durch sie hergestellt werden. Die Einzelheiten werden in den folgenden Abschnitten des Kap. 4 erläutert.

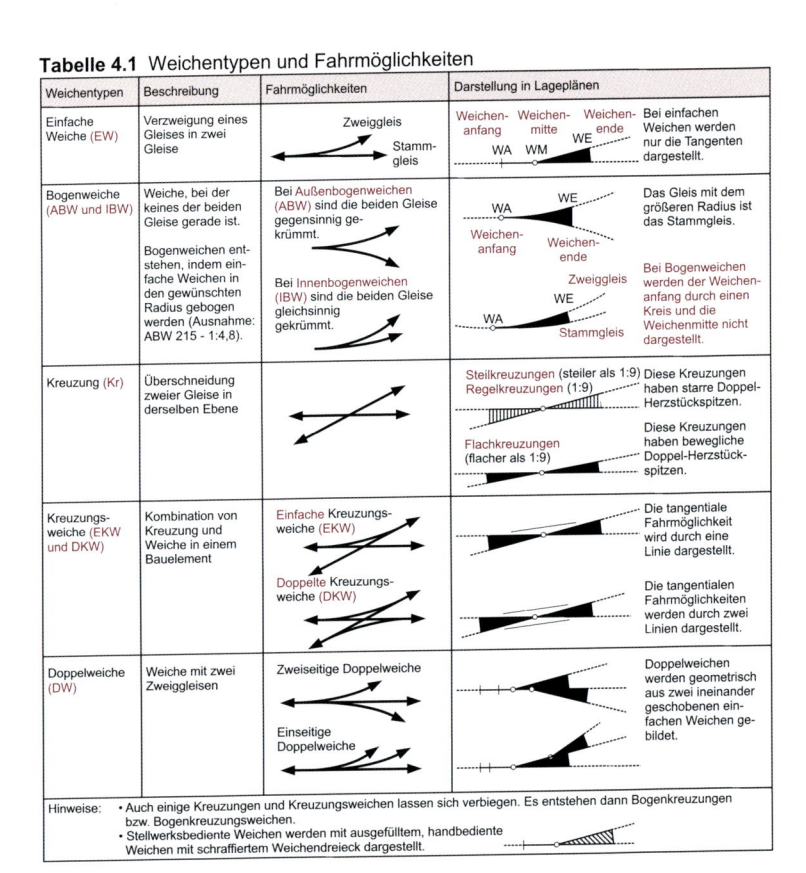

Tabelle 4.1 Weichentypen und Fahrmöglichkeiten

Weichentypen	Beschreibung	Fahrmöglichkeiten	Darstellung in Lageplänen	
Einfache Weiche (EW)	Verzweigung eines Gleises in zwei Gleise	Zweiggleis / Stammgleis	Weichenanfang (WA), Weichenmitte (WM), Weichenende (WE)	Bei einfachen Weichen werden nur die Tangenten dargestellt.
Bogenweiche (ABW und IBW)	Weiche, bei der keines der beiden Gleise gerade ist. Bogenweichen entstehen, indem einfache Weichen in den gewünschten Radius gebogen werden (Ausnahme: ABW 215 - 1:4,8).	Bei Außenbogenweichen (ABW) sind die beiden Gleise gegensinnig gekrümmt. Bei Innenbogenweichen (IBW) sind die beiden Gleise gleichsinnig gekrümmt.	WA, WE Weichenanfang, Weichenende, Zweiggleis, WE, WA Stammgleis	Das Gleis mit dem größeren Radius ist das Stammgleis. Bei Bogenweichen werden der Weichenanfang durch einen Kreis und die Weichenmitte nicht dargestellt.
Kreuzung (Kr)	Überschneidung zweier Gleise in derselben Ebene		Steilkreuzungen (steiler als 1:9) Regelkreuzungen (1:9)	Diese Kreuzungen haben starre Doppel-Herzstückspitzen.
			Flachkreuzungen (flacher als 1:9)	Diese Kreuzungen haben bewegliche Doppel-Herzstückspitzen.
Kreuzungsweiche (EKW und DKW)	Kombination von Kreuzung und Weiche in einem Bauelement	Einfache Kreuzungsweiche (EKW)		Die tangentiale Fahrmöglichkeit wird durch eine Linie dargestellt.
		Doppelte Kreuzungsweiche (DKW)		Die tangentialen Fahrmöglichkeiten werden durch zwei Linien dargestellt.
Doppelweiche (DW)	Weiche mit zwei Zweiggleisen	Zweiseitige Doppelweiche / Einseitige Doppelweiche		Doppelweichen werden geometrisch aus zwei ineinander geschobenen einfachen Weichen gebildet.

Hinweise:
- Auch einige Kreuzungen und Kreuzungsweichen lassen sich verbiegen. Es entstehen dann Bogenkreuzungen bzw. Bogenkreuzungsweichen.
- Stellwerksbediente Weichen werden mit ausgefülltem, handbediente Weichen mit schraffiertem Weichendreieck dargestellt.

Im Gegensatz zum Straßenverkehr können Schienenfahrzeuge ihre Fahrtrichtung an Abzweigungen nicht selbst bestimmen, sondern benötigen in den Fahrweg eingebaute aktive Elemente, die dem Fahrzeug die Fahrtrichtung vorgeben. Dazu werden Weichen verwendet. Die Bezeichnung stammt vom Verb „weichen" im Sinne von. „ausweichen".

In der Geschichte des spurgebundenen Verkehrs gab es verschiedene Versuche, Weichen zu konstruieren. Bei den meisten Bahnen hat sich die Zungenweiche durchgesetzt. Andere Weichenformen sind Ausnahmen, daher steht in diesem Buch die Zungenweiche im Mittelpunkt der Betrachtungen.

Neben Weichen gibt es auch Kreuzungen, Kreuzungsweichen und Dreifachweichen. Die Geometrie und Bemessung der Weichen werden in den folgenden Abschnitten näher erläutert; die konstruktiven Einzelheiten folgen in Abschnitt 5.5.

4.1 Geometrie der einfachen Weichen

Eine einfache Weiche besteht aus einem geradeaus führenden Stammgleis und einem abzweigenden Gleis, dem Zweiggleis, das ab dem Weichenanfang (WA) im Kreisbogen geführt wird. Weichen, bei denen auch das Stammgleis im Bogen liegt, werden hingegen als Bogenweichen bezeichnet (siehe Abschn. 4.2).

Das Weichenende (WE) ergibt sich aus den konstruktiven und geometrischen Vorgaben und führt dementsprechend zu unterschiedlichen Weichenformen. Die Weichenmitte (WM) liegt im Tangentenschnittpunkt der Gleisachsen von Stamm- und Zweiggleis. Der Tangens des Winkels zwischen den Tangenten (Weichenwinkel) ist definiert als die Neigung der Weiche und wird als Verhältnis 1:n angegeben.

Als Stammgleis wird in den Regelwerken der Deutschen Bahn das Gleis mit dem größeren Radius bezeichnet. In anderer Literatur wird als Stammgleis

- das betrieblich wichtigere Gleis oder
- das Gleis ohne Krümmungsänderung am Weichenanfang

bezeichnet. Bei einfachen Weichen führen diese Definitionen immer zum gleichen Ergebnis, bei Bogenweichen nicht in jedem Fall.

Wenn vom Weichenende einer einfachen Weiche eine Tangente auf das Stammgleis gelegt wird, lässt sich am Tangentenschnittpunkt **T** der Winkel α messen. Der Abstand zwischen **T** und Bogenanfang (= Weichenanfang) ist genauso groß wie der Abstand zwischen **T** und Bogenende. Beide Abstände werden als Tangentenlänge l_t bezeichnet (siehe auch Abschn. 2.5.3). Stammgleis und Zweiggleis schließen am Bogenende den Weichenwinkel α ein.

Eine Weiche beginnt definitionsgemäß immer am Bogenanfang (Bogenanfang BA = Weichenanfang WA) und endet hinter dem Herzstück. In vielen Fällen liegen Bogenende und Weichenende ebenfalls an derselben Stelle (BE = WE). Dies ist aber nicht immer der Fall (siehe Abschn. 4.1.1).

In diesem und den folgenden Abschnitten wird schwerpunktmäßig die Geometrie der Weichen betrachtet. Die Ausbildung einzelner Bauteile wird in Abschnitt 5.5 vertiefend behandelt.

Allgemein handelt es sich bei den meisten Weichen um Zungenweichen. Das Verstellen der Zungen, zweier in horizontaler Richtung biegsamer Schienenstücke, führt zur Einstellung des Fahrwegs. Eine untergeordnete Rolle spielen Schleppweichen. Bei ihnen wird der gesamte Fahrweg einschließlich Schwellen verschoben bzw. gebogen. Energie- und Zeitaufwand beim Verstellen dieser Weichen sind höher, sodass sie nur in Ausnahmefällen zum Einsatz kommen, so bei Zahnradbahnen und der Magnetbahn.

Bild 4.1 Starres Herzstück, Flügelschienen und Radlenker

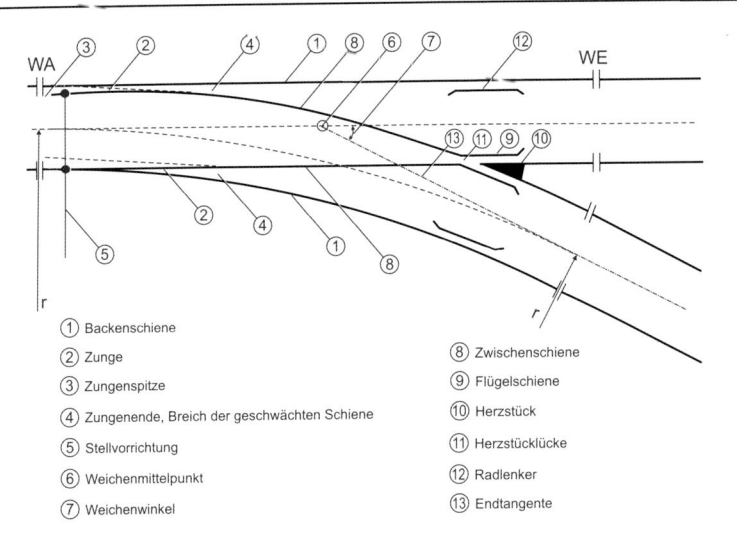

① Backenschiene
② Zunge
③ Zungenspitze
④ Zungenende, Breich der geschwächten Schiene
⑤ Stellvorrichtung
⑥ Weichenmittelpunkt
⑦ Weichenwinkel
⑧ Zwischenschiene
⑨ Flügelschiene
⑩ Herzstück
⑪ Herzstücklücke
⑫ Radlenker
⑬ Endtangente

Bild 4.2 Konstruktionselemente einer Weiche

Bild 4.3 Einfache Weiche

4.1.1 Darstellung von einfachen Weichen im Lageplan

Um Bauteile von Gleisen und Weichen darzustellen, wird das Fahrkantenbild verwendet. In dieser Darstellung werden die Schienen einzeln gezeichnet. Zusätzlich können geometrische Zusammenhänge dargestellt werden (wie in den unten dargestellten Beispielen) oder die Lage der Schwellen angedeutet werden (siehe *Bild 4.4*).

Für einen Lageplan, der im Maßstab 1:1000 oder im Maßstab 1:500 angefertigt wird, ist diese Darstellung zu aufwendig. Aufgrund des konstanten Abstandes der Schienen voneinander kann das Gleis ohne Verlust an Informationen durch eine einzige Linie symbolisiert werden.

Auch auf das Zeichnen der Bogen wird in der Lageplandarstellung verzichtet. Stattdessen werden nur die Tangenten gezeichnet, Weichenanfang und Weichenende markiert sowie der Radius angegeben.

Zwischen dem Tangentenschnittpunkt (auch Weichenmittelpunkt genannt) und dem Weichenende ergibt sich auf diese Weise zeichnerisch ein Dreieck. Der Weichenanfang einer einfachen Weiche wird mit einem kurzen Strich markiert, der Tangentenschnittpunkt mit einem kleinen Kreis.

4.1 Geometrie der einfachen Weichen

Weiche mit durchgehendem Bogen, d.h. gebogenem Herzstück

Weichenanfang = Bogenanfang WA
Weichenmitte WM
Weichenende = Bogenende WE
Herzstück

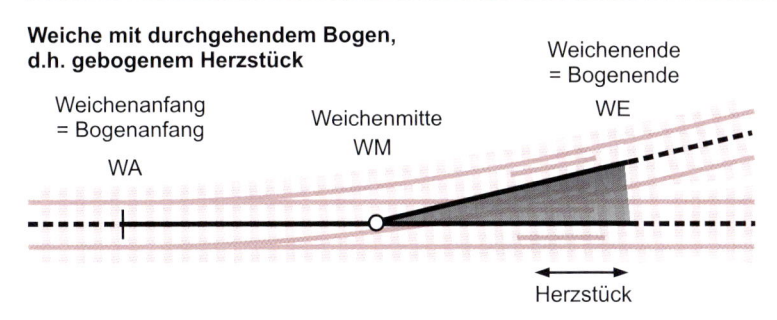

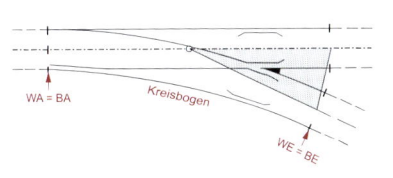

Bild 4.5 Einfache Weiche mit gebogenem Herzstück (z.B. 54-300-1:9)

Weiche mit geradem Herzstück

Weichenanfang = Bogenanfang WA
Weichenmitte WM
Bogenende
Weichenende WE
Herzstück

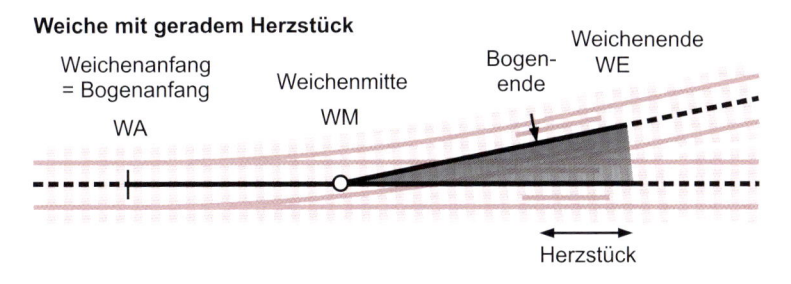

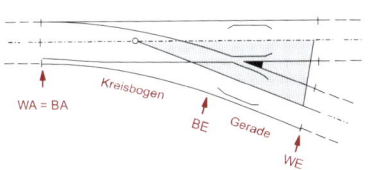

Bild 4.6 Einfache Weiche mit geradem Herzstück (z.B. 54-190-1:9)

Außenbogenweiche mit durchgehendem Bogen, d.h. gebogenem Herzstück

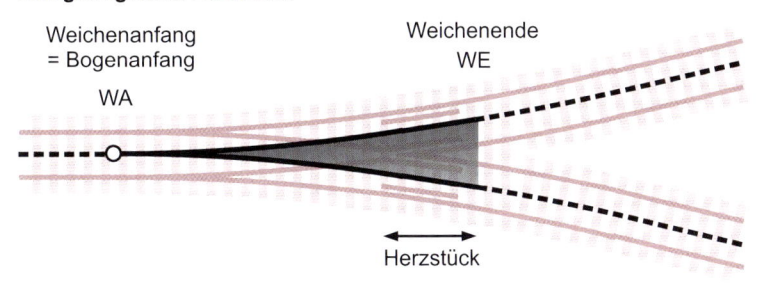

Weichenanfang = Bogenanfang WA
Weichenende WE
Herzstück

Bild 4.7 Einfache Weiche mit Bogenherzstück und gerader Fortführung des Zweiggleises (z.B.49-190-1:7,5)

Bild 4.4 Weichen in naturalistischer und symbolhafter Darstellung

Was die Beziehung zwischen Bogenende und Weichenende angeht, sind drei Fälle zu unterscheiden:

- Der Zweiggleisbogen wird bis zum Weichenende weitergeführt (Bogenende = Weichenende). Das Zweiggleis besteht also nur aus einem Bogen ohne ein gerades Stück. Das Herzstück liegt im Bogen (Bogenherzstück).
- Der Zweiggleisbogen endet vom Weichenanfang gesehen vor dem Herzstück und wird bis zum Weichenende tangential verlängert. Das Herzstück ist gerade (gerades Herzstück).

- Der Zweiggleisbogen endet zwischen Herzstück und Weichenende, von hier erfolgt eine tangentiale Verlängerung bis zum Weichenende (Bogenherzstück mit gerader Fortführung des Zweiggleises).

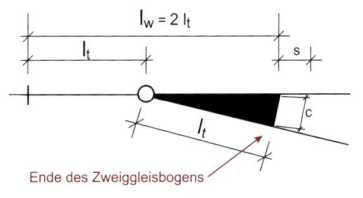

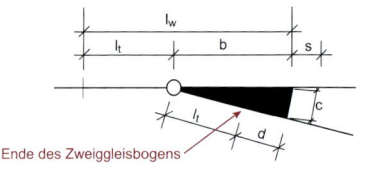

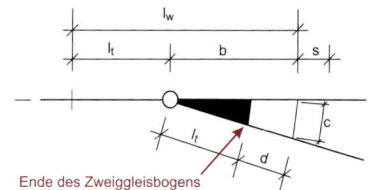

Bild 4.8 Weiche mit gebogenem Herzstück

Bild 4.9 Weiche mit geradem Herzstück

Bild 4.10 Weiche mit Bogenherzstück und gerader Fortführung des Zweiggleises

Bei der Bezeichnung der Weiche wird auch das Profil der verwendeten Schienenform angegeben. Schienenprofile werden in Abschn. 5.2.1 behandelt.

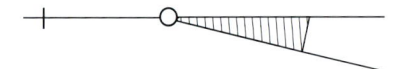

Bild 4.11 Ortsbediente Weiche

In den Abbildungen werden nur Weichen mit starrem Herzstück dargestellt. Weichen mit beweglichen Herzstücken werden in Abschn. 5.5.1 behandelt.

Bezeichnungen:
- l_t Tangentenlänge;
- d Abstand zwischen Bogenende und Weichenende;
- c Abstand zwischen den Gleisachsen am Weichenende;
- s Länge des Bereichs der durchgehenden Schwellen hinter dem Weichenende;
- l_W Weichenlänge.

Bei der Darstellung von einfachen Weichen werden die Dreiecke zwischen dem Weichenmittelpunkt, den Weichenendpunkten bzw. den Endpunkten der Zweiggleise für ortsbediente Weichen schraffiert bzw. für ferngestellte Weichen ausgemalt. Ortsbediente Weichen findet man vor allem in selten benutzten Neben- und Abstellgleisen; häufig benutzte Weichen werden bei der Eisenbahn und auch bei U-Bahnen vom Stellwerk ferngestellt.

Mit s wird der Bereich durchgehender Schwellen bezeichnet. In diesem Bereich hinter dem Weichenende ist der Abstand der Schienen noch so gering, dass die Schwellen von Stamm- und Zweiggleis nicht getrennt werden können.

4.1.2 Radien der einfachen Weichen

Da das Stammgleis einer einfachen Weiche gerade ist, tritt bei der Fahrt durch dieses Gleis keine Seitenbeschleunigung auf. Die Geschwindigkeit in diesem Gleis unterliegt daher im Allgemeinen keinen Beschränkungen.

Für die Fahrt durch das Zweiggleis einer einfachen Weiche sowie durch beide Gleise einer Bogenweiche gilt die gleiche Überhöhungsformel wie für die Fahrt durch Kreisbogen allgemein:

$$11{,}8 \cdot \frac{v^2}{r} = u + u_f \tag{4.1}$$

4.1 Geometrie der einfachen Weichen

In Weichen sind die Überhöhungen von Stamm- und Zweiggleis immer gleich! Dies muss so sein, weil die Schienen von Stamm- und Zweiggleis am Herzstück die gleiche Höhe haben müssen und weil es keine geknickten Schwellen gibt. In einfachen Weichen ist zudem die Überhöhung immer Null, weil das Stammgleis gerade ist.

Die zugelassenen Überhöhungsfehlbeträge sind in Weichen kleiner als in weichenlosen Kreisbogen. Im Zweiggleis liegen die zulässigen Werte für u_f in der Regel zwischen 90 und 130 mm.
Bei einem zulässigen Überhöhungsfehlbetrag von 100 mm kann man für alle Geschwindigkeiten in Zweiggleisen einfacher Weichen die Radien der Zweiggleise berechnen.
Für v = 40 km/h ergibt sich zum Beispiel:

$$r = \frac{11{,}8 \cdot v^2}{u + u_f} = \frac{11{,}8 \cdot 40^2}{0 + 100} = 188{,}8 \text{ m}$$

Allgemein wurde festgelegt: Alle einfachen Weichen, die mit 40 km/h im Zweiggleis befahren werden, erhalten einen Zweiggleisradius von 190 m.

Da am Weichenanfang ein Radiuswechsel auftritt, muss auch der Ruck betrachtet werden. Der Unterschied der Überhöhungsfehlbeträge Δu_f ist gleich dem Überhöhungsfehlbetrag u_f des Zweiggleises, weil u_f im Stammgleis Null ist. Mit zul Δu_f = 106 mm ergibt sich für r:

$$r = \frac{11{,}8 \cdot v^2}{\Delta u_f} = \frac{11{,}8 \cdot 40^2}{106} = 178{,}1 \text{ m} < 190 \text{ m}$$

Auf diese Weise lässt sich durch Überhöhungs- und Rucknachweise die Liste der Radien einfacher Weichen entwickeln:

Ausnahme: Bei v > 160 km/h werden die konventionellen „starren" Herzstücke stark verschlissen. In diesen Fällen soll ein bewegliches Herzstück eingebaut werden, das über einen Verstellmechanismus wie bei einer Weichenzunge verfügt (siehe Kapitel 5.5.1).

Am Weichenanfang wird kein Übergangsbogen eingebaut, weil er die Weiche deutlich verlängern würde. Der außerhalb von Weichen geltende Grenzwert für den Verzicht auf Übergangsbogen von 20 bzw. 40 mm für Δu_f würde Weichen ebenfalls verlängern und damit verteuern. Deshalb liegt der Grenzwert bei Weichen höher. (Für alle Grenzwerte in Weichen siehe Abschn. 4.2.)

Tabelle 4.2 Zweiggleisgeschwindigkeiten in einfachen Weichen

r_Z [m]	190	300	500	760	1200	2500
zul. v_Z [km/h]	40	50	60	80	100	130

4.1.3 Weichenneigungen

Bei gegebenem Radius und fester Bogenlänge ergibt sich aus der Geometrie ein Winkel zwischen Haupt- und Zweiggleis am Ende des Zweiggleisbogens. Dieser Winkel wird als Weichenneigung bezeichnet und in der Form 1:n angegeben. In der Grundform mit durchgehendem Bogen wird der Bogen bis hinter das Herzstück geführt. Bei den meisten Weichen gibt es alternativ die Möglichkeit, den Bogen zu verkürzen, sodass er vor

Die Weichenneigung steht für den Tangens des Winkels zwischen den beiden Gleisen einer Weiche.

dem Herzstück endet. Dies hat Vorteile bei der Bemessung von Weichenverbindungen im Bogen (siehe Abschn. 4.2.5). Daneben gibt es Sonderformen mit verkürzten oder verlängerten Bogen bzw. Geraden.

Zwischen zwei parallelen Gleisen können entweder identische Weichen oder Weichen mit unterschiedlichen Radien, aber übereinstimmenden Neigungen miteinander kombiniert werden. Aufgrund der *Tabelle 4.3* ergeben sich bei unterschiedlichen Radien folgende Kombinationsmöglichkeiten:
- 190 - 1:9 und 300 - 1:9
- 300 - 1:14 und 500 - 1:14 und 760 - 1:14
- 760 - 1:18,5 und 1200 – 1:18,5

Tabelle 4.3 Grundformen der Weichen mit Neigungen

Radius	Verkürzter Bogen mit geradem Herzstück	Verkürzter Bogen mit Bogenherzstück	Durchgehender Bogen	Verlängert mit.. Gerade	Bogen
190	1:9			1:7,5	1:7,5/1:6,6
300	1:14	1:9/1:9,4	1:9		
500	1:14		1:12		1:12/1:9
760	1:18,5	1:14/1:15	1:14		
1200		1:18,5/1:19,277	1:18,5		
2500			1:26,5*		

*nur mit beweglicher Herzstückspitze

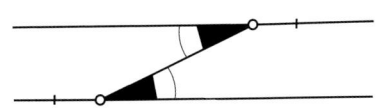

Bild 4.12 Weichen zwischen parallelen Gleisen mit identischen Weichenneigungen

4.1.4 Standardisierung der Weichen, Weichentabelle

Wie in Abschnitt 4.1.2 gezeigt wurde, ergeben sich für festlegende Abzweiggeschwindigkeiten stets jeweils dieselben Zweiggleisradien. Man hat daher vereinbart, dass immer nur diese Zweiggleisradien verwendet werden. Ebenso ist man bei der Festlegung der Weichenneigungen verfahren. Daraus ergeben sich Standardweichen, die ohne individuelle Berechnung aus einer Tabelle entnommen werden können.

Der wichtigste Unterscheidungsparameter ist dabei der Zweiggleisradius, weil er über die Zweiggleisgeschwindigkeit entscheidet. Die Neigung entscheidet darüber, welche Weichen miteinander kombiniert werden können. Zusätzlich wird bei der Angabe des Weichentyps auch die Bezeichnung des Schienenprofils mit angegeben, weil nicht alle Weichentypen mit allen Schienenprofilen hergestellt werden.

Tabelle 4.4 stellt die Grundformen der Eisenbahnweichen in Deutschland dar. Die ersten drei Spalten beziehen sich auf Schienenprofil, Radius und Neigung; in dieser Reihenfolge wird eine Weiche bezeichnet. Es folgen die Angaben über die Geometrie und über das Herzstück.

Die gesamte Länge einer Weiche ergibt sich nach der Geometrie zu
$l_W = 2 \cdot l_t + d$.

4.1 Geometrie der einfachen Weichen

Tabelle 4.4 Grundformen von Weichen

Profil	Radius	Neigung	Herzstück	l_t	d	c	s
49	190	1:7,5	st	12,611	4,817	2,308	0
54	190	1:7,5	st	12,611	0,604	1,755	3,348
49	190	1:9	st	10,523	6,092	1,838	4,051
54	190	1:9	st	10,523	6,092	1,838	3,940
49	300	1:9	st	16,615	0	1,838	4,051
54/60	300	1:9	st/gb	16,615	0	1,838	3,940
49	300	1:14	st	10,701	13,836	1,749	6,602
54/60	300	1:14	st	10,701	16,407	1,933	5,125
49	500	1:12	st	20,797	0	1,729	5,850
54/60	500	1:12	st/gb	20,797	0	1,729	6,334
60	500	1:12	fb	20,797	3,767	2,042	2,730
49	500	1:14	st	17,834	6,703	1,749	6,602
54/60	500	1:14	st/fb	17,834	9,274	1,933	5,125
49	760	1:14	st	27,108	0	1,933	4,037
54/60	760	1:14	st/gb/fb	27,108	0	1,933	5,125
49	760	1:18,5	st	20,526	11,883	1,750	9,217
54/60	760	1:18,5	st	20,526	11,883	1,750	9,920
60	760	1:18,5	fb	20,526	13,749	1,851	8,048
49	1200	1:18,5	st	32,409	0	1,750	9,217
54/60	1200	1:18,5	st/gb	32,409	0	1,750	9,920
60	1200	1:18,5	fb	32,409	1,797	1,847	8,123
60	2500	1:26,5	fb	47,153	0	1,778	13,514

Bewegliche Herzstückspitzen

Bewegliche Herzstückspitzen sorgen für einen ruhigeren Fahrtverlauf, weil das Rad ohne Unterbrechung durch die Weiche geführt wird. Bei Weichen mit beweglichen Herzstückspitzen dürfen daher größere Überhöhungsfehlbeträge angesetzt werden (siehe Abschn. 4.2.4). *Bild 4.12* zeigt ein Beispiel für eine bewegliche Herzstückspitze.

Auf die Bauformen der beweglichen Herzstückspitzen (federnd beweglich und gelenkig beweglich) wird in Abschnitt 5.5.1 näher eingegangen.

Formen des Herzstücks:
- starr (st);
- gelenkig beweglich (gb);
- federnd beweglich (fb).

Bild 4.13 Bewegliche Herzstückspitze

Bild 4.14 Weichenfeld Bahnhof

Abgeleitete Weichenformen und Sonderbauarten

Diese Bauarten werden anstelle der Grundbauarten bei besonderen geometrischen Verhältnissen eingesetzt. Zum Beispiel:
- Verkürzte Zweiggleisbogen zum platzsparenden Anschluss einer weiteren Weiche an das Zweiggleis;
- verlängerte Zweiggleisbogen zum Erreichen von nicht den Standardwerten entsprechenden Neigungen;
- Weichen mit vertauschter Zungenvorrichtung: Am Tangentenschnittpunkt werden die Krümmungsverläufe zwischen Haupt- und Zweiggleis vertauscht. Dadurch werden Weichenstraßen insgesamt kürzer.

4.1.5 Weichenverbindungen

Werden Gleise mit Weichen verbunden, so spricht man von Gleisverbindungen oder auch von Weichenverbindungen. Gleisverbindungen bestehen aus Weichen und Geraden bzw. Gleisbogen. Die geometrische Ausgestaltung kann sehr vielfältig sein und richtet sich nach den betrieblichen Anforderungen sowie den räumlichen Möglichkeiten.

Die Geometrie der Längen und Radien der Gleisstücke kann dabei sehr kompliziert sein. Häufig ist die Berechnung von Kreisbogenstücken erforderlich. Mit Hilfe von Spezialsoftware ist aber die genaue Berechnung der Geometrie mit erträglichem Aufwand möglich. Komplizierte Handrechnungen und aufwendige geometrische Hilfskonstruktionen sind dadurch bei der Durchführung der Planung entbehrlich geworden.

Es gibt aber einen Sonderfall, der mathematisch leicht zu beherrschen ist und in der Praxis häufig vorkommt: die Verbindung paralleler Gleise. Eine solche Verbindung wird auch Gleiswechsel genannt. Gerade im Weichenbereich von Bahnhöfen ist diese Art von Weichenverbindungen häufig anzutreffen.

Bei Gleiswechseln führt auch eine Handrechnung zu hinreichend genauen Ergebnissen. Variantenvergleiche im Vorfeld der Vorentwurfsplanung können aufgrund einer solchen Rechnung auch per Hand oder mit benutzerfreundlichen CAD-Programmen grafisch dargestellt werden.

Im folgenden Abschnitt wird die Methode der Handrechnung zunächst für parallele, gerade Gleise erläutert. Gebogene Gleise einschließlich ihrer Verbindungen werden in Abschnitt 4.2 behandelt.

4.1.6 Bemessung einer Weichenverbindung mit einfachen Weichen

Eine Verbindung gerader, paralleler Gleise besteht aus zwei sich gegenüberliegenden einfachen Weichen und einer Zwischengeraden (*Bild 4.15*).

Schließen die beiden Weichen nicht denselben Weichenwinkel ein (Weichen unterschiedlicher Neigung), so muss anstelle der Zwischengerade ein Zwischenbogen eingefügt werden (*Bild 4.16*).

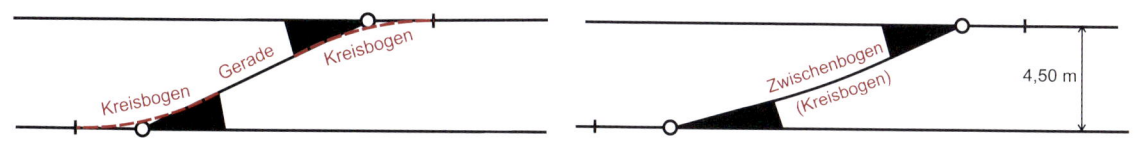

Bild 4.15 Weichenverbindung mit einfachen Weichen (gleiche Neigungen)

Bild 4.16 Weichenverbindung mit unterschiedlichen Neigungen

Bei geraden Gleisen wäre es unsinnig, verschiedene Weichenneigungen zu verwenden. Bei gebogenen Gleisen kann es aber unter gewissen Umständen sinnvoll sein (siehe Abschn. 4.2).

Schiebt man zwei Weichen, die keinen geraden Abschnitt im Zweiggleis haben, unmittelbar aneinander, so wird die Länge der Zwischengerade zu Null. Dies hat aber zwei Nachteile:

- Konstruktive Elemente der beiden Weichen (insbesondere der „Bereich durchgehender Schwellen", siehe dazu Abschn. 5.5) überschneiden sich, was den isolierten Ausbau nur einer der beiden Weichen erschwert.
- Der Linksbogen des einen Zweiggleises schließt unmittelbar an den Rechtsbogen des anderen Zweiggleises an. Der Ruck zwischen den Weichen ist aufgrund der S-Kurve doppelt so groß wie der Ruck am Anfang der Weiche. Die Grenzwerte für den Ruck sind nur mit geringeren Geschwindigkeiten oder größeren Weichenradien einzuhalten.

Aus diesen beiden Gründen sollte nach Möglichkeit eine Zwischengerade eingefügt werden.

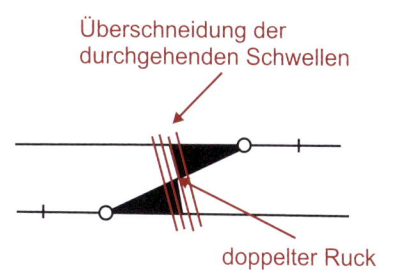

Bild 4.17 Weichenverbindung bei kleinem Gleisabstand

Die Konstruktion mit einer Zwischengeraden führt dazu, dass der Ruck am Ende des Zweiggleisbogens die gleiche Größe hat wie der Ruck am Weichenanfang. Der Rucknachweis muss somit nur einmal geführt werden. Dies setzt aber voraus, dass die beiden Rucke am Anfang und Ende der Zwischengeraden zeitlich so weit auseinander liegen, dass sie auch als zwei getrennte Rucke wahrgenommen werden. Um dies sicherzustellen, ist die Länge der Zwischengerade in Abhängigkeit von der Geschwindigkeit folgendermaßen festgelegt:

Die Zwischengeraden dürfen kürzer sein als andere Trassierungselemente, für die *min l* = 0,4*v* gilt.
Dies ist die in Abschn. 3.2.1 angekündigte Ausnahme.
Der Grund für die Ausnahme liegt in dem Bestreben, Weichenverbindungen möglichst kurz zu gestalten.

$l \geq 0{,}1 \cdot v$ bei $v \leq 70$ km/h;
$l \geq 0{,}15 \cdot v$ bei 70 km/h $< v \leq 130$ km/h. v [km/h], l [m]

4.1.7 Länge von Weichenverbindungen

Weichen und Weichenverbindungen sollen aus wirtschaftlichen Gründen möglichst kurz sein. Große Geschwindigkeiten im Zweigleis erfordern aber häufig große Radien und lange Weichen bzw. Weichenverbindungen.

Die Länge der Weichenverbindungen gehört zu den für die Planung sehr wichtigen Parametern, weil sie die Länge der Ein- und Ausfahrbereiche der Bahnhöfe bestimmt. Grundsätzlich führt die Wahl größerer Weichen für hohe Geschwindigkeiten im Zweigleis zu längeren Weichenverbindungen, längere Weichenverbindungen wiederum zu größeren Gleisabständen. Der Abstand zwischen Gleisen wiederum ist nicht-nutzbarer Raum, sofern er nicht für Bahnsteige, Zwischenwege, Masten oder Entwässerungen benötigt wird. Für den Zielkonflikt zwischen hohen Geschwindigkeiten auch in Zweiggleisen und platzsparender (wirtschaftlicher) Trassierung muss durch sorgfältige Planung für jeden Einzelfall ein Kompromiss gefunden werden.

Die Länge von Weichenverbindungen hängt ab von

- Wahl des Weichenradius,
- Wahl der Weichenneigung,
- Zwischengeraden und Zwischenbogen zwischen Weichen,
- Länge des Bereichs der durchgehenden Schwellen,
- ggf. Länge einer Überhöhungsrampe.

Die Gesamtlänge der Weichenverbindung beträgt nach *Bild 4.17*
$$l_{WV} = 2 \cdot l_t + n \cdot a \tag{4.2}$$
mit dem Gleisabstand a.

Für die erforderliche Länge der Zwischengeraden l_g gilt nicht die allgemeine Mindestlänge aller Trassierungselemente von $0{,}4\ v$, sondern ein reduzierter Wert entsprechend *Tabelle 4.5*.

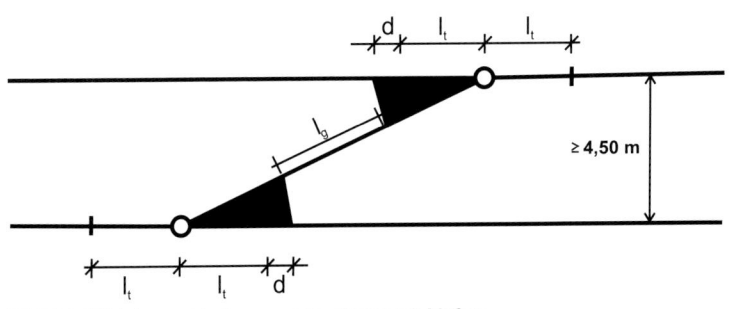

Bild 4.18 Weichenverbindung gerader Gleise mit Maßen

4.1 Geometrie der einfachen Weichen

Der Zusammenhang zwischen Gleisabstand a und Zwischengerade l_g in Weichenverbindungen ergibt sich aus dem Weichenwinkel und der Gesamtlänge der Weichenverbindung:

$$\sin \alpha = \frac{a}{l_{t1} + d_1 + l_g + l_{t2} + d_2} \quad (4.3)$$

Der größte bei den serienmäßigen Weichen vorkommende Weichenwinkel beträgt 7,6° (entsprechend der Neigung 1:7,5). Für diesen Winkel gilt:

$\sin 7{,}6° = 0{,}132$, $\tan 7{,}6° = 0{,}133$.

Bei $r < 175$ m muss nach TSI (siehe Abschn. 11.4) noch ein weiterer Nachweis geführt werden, der aber in der Regel zu einer Mindestlänge der Zwischengeraden von 6 m führt.

Tabelle 4.5 Längen von Zwischengeraden in Weichenverbindungen

Grenzwert	Geschwindigkeit	Länge der Zwischengeraden [m]
Regelwert	Alle	0,2 v
Ermessensgrenzwert	$v \leq 70$ km/h	0,1 v
	70 km/h $< v \leq 130$ km/h	0,15 v
	$v > 130$ km/h	0,2 v
v [km/h]		

Bei kleineren Winkeln ist der Unterschied zwischen Sinus und Tangens noch geringer. Allgemein gilt für Winkel in Weichen daher:

$$\sin \alpha \approx \tan \alpha = \frac{1}{n} \quad (4.4)$$

Damit wird l_g näherungsweise zu

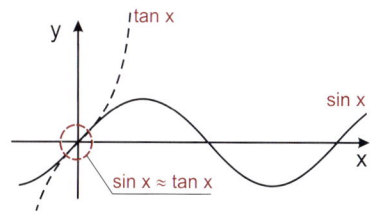

$$l_g = n \cdot a - (l_{t1} + d_1 + l_{t2} + d_2) \quad (4.5)$$

Bild 4.19 Sinus- und Tangensfunktion

Bei Weichen mit gerader Verlängerung des Zweiggleises kann der gerade Teil des Zweiggleises d in die Länge der Zwischengeraden oder des Zwischenbogens einbezogen werden.

Um Weichen ohne Sperrung des Nachbargleises aus- und einbauen zu können, muss weiterhin dafür gesorgt werden, dass die durchgehenden Schwellen (Langschwellen) einer Weiche jeweils nur unter dieser Weiche liegen und nicht unter beiden Weichen hindurchgehen. Die letzte durchgehende Schwelle (ldS) liegt mehrere Meter hinter dem Weichenende im Bereich der Zwischengerade. Bei Weichen mit Betonschwellen werden anstelle von Langschwellen auch geteilte Schwellen verwendet, die mit einer Schwellenkupplung verbunden werden. In *Bild 4.19* wird dafür eine mittige Längsschiene verwendet.

Bild 4.20 Weichenverbindung mit geteilten Schwellen

Je nachdem, welche Weichen miteinander kombiniert werden, ergeben sich durch die Beachtung beider Bedingungen unterschiedliche Gleisabstände. Der dabei häufig vorkommende Gleisabstand von 4,50 m ist in der Richtlinie als allgemeiner Mindest-Gleisabstand in Bahnhöfen festgelegt.

Die Langschwellen liegen nur unter einer Weiche

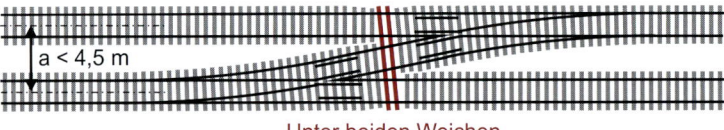

Unter beiden Weichen durchgehende Langschwellen

Bild 4.21 Durchgehende Schwellen

Bei den Gleisabständen im Regelfall ist gewährleistet, dass die Langschwellen nicht unter beiden Weichen hindurchgehen. Bei beengten Verhältnissen und innerhalb bestehender Anlagen müssen häufig von diesem Ideal Abstriche hingenommen und kleinere Abstände in Kauf genommen werden.

Tabelle 4.6 Gleisabstände bei Standardweichen

Zulässige Geschwindigkeit	Radius [m]	Weichenneigung 1:n [-]	Gleisabstand a [m]		
			im Regelfall	bei örtlich beengten Verhältnissen	bei bestehenden Anlagen
40 km/h	190	1:9	-		
		1:7,5	4,4	4,2	
		1:7,5/1:6,6	5,5	5,2	
50 km/h	300	1:14	-		
		1:9/1:9,4	4,5	4,1	
		1:9	4,8	4,4	
60 km/h	500	1:14	-		
		1:12	4,5	4,0	
80 km/h	760	1:18,5	-		
		1:14/1:15	4,5	4,2	3,9
		1:14	5,1	4,8	4,5
100 km/h	1200	1:18,5/1:19,277	4,3	4,0	3,8
		1:18,5	4,6	4,4	4,1
120 km/h	2500	1:26,5	4,5	4,3	4,1

Bei Gleisabständen, die größer sind als die erforderlichen – zum Beispiel wenn Bahnsteige zwischen den Gleisen liegen – würden die Weichenverbindungen bei Ausführung der Regellösung sehr lang werden. Die Länge kann aber verkürzt werden, wenn der Kreisbogen über das Weichenende hinaus verlängert wird (siehe *Bild 4.22*). Zudem sollte in diesen Fällen stets die größtmögliche Weichenneigung verwendet werden.

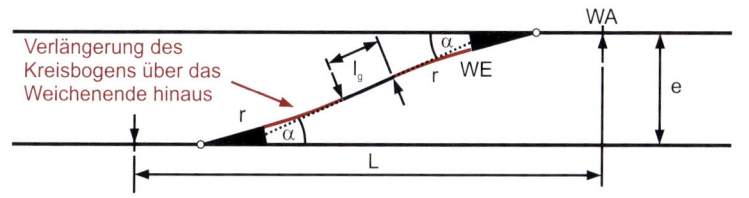

Bild 4.22 Weichenverbindung mit verlängertem Zweiggleisbogen

4.2 Bogenweichen

Bogenweichen sind Weichen, bei denen beide Gleise (Stamm- und Zweiggleis) im Bogen liegen.

Bei Bogenweichen ist die Darstellungsweise im Lageplan anders als bei einfachen Weichen. Der Tangentenschnittpunkt wird nicht gekennzeichnet, sondern nur Weichenanfang und -ende. Im Gegensatz zu einfachen Weichen wird bei Bogenweichen der Weichenanfang nicht mit einem Strich, sondern mit einem kleinen Kreis markiert.

Bild 4.23 Innenbogenweiche (IBW)

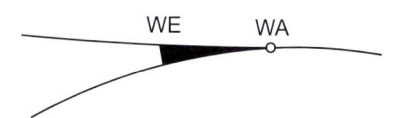

Bild 4.24 Außenbogenweiche (ABW)

4.2.1 Radien der Bogenweichen

In Bogenweichen gilt für die Fahrt durch beide Gleise der Überhöhungsnachweis.

Im Unterschied zu einfachen Weichen liegen in Bogenweichen beide Gleise im Bogen und können zudem überhöht sein. Daher gibt es keine eindeutige Zuordnung von zulässigen Geschwindigkeiten zu bestimmten Weichenradien. Zur Minimierung der Herstellungskosten der Bogenweichen ist es jedoch sinnvoll und üblich, die standardisierten einfachen Weichen als „Muster" zu verwenden. Jede Bogenweiche wird aus einer einfachen Weiche gefertigt.

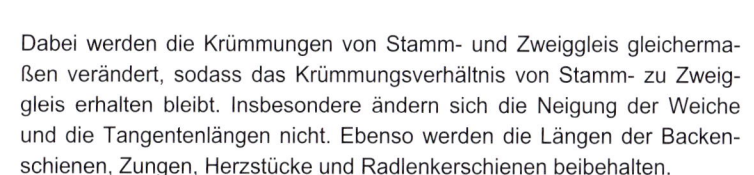

Dabei werden die Krümmungen von Stamm- und Zweiggleis gleichermaßen verändert, sodass das Krümmungsverhältnis von Stamm- zu Zweiggleis erhalten bleibt. Insbesondere ändern sich die Neigung der Weiche und die Tangentenlängen nicht. Ebenso werden die Längen der Backenschienen, Zungen, Herzstücke und Radlenkerschienen beibehalten.

In der Regel werden Innenbogenweichen in vorhandene Kreisbogen so eingepasst, dass das äußere Gleis der Weiche – in diesem Fall das Stammgleis – dem vorhandenen durchgehenden Bogen folgt. Das Zweig-

Unter Krümmung versteht man den Kehrwert des Radius.

Bezeichnung der Radien in Bogen und Weichen

r_{neu} neuer Radius
r_{vorh} vorhandener Radius

r_0 Radius des Zweiggleises der Weichengrundform
r_S Radius des Stammgleises (schwächer gekrümmtes Gleis) der Bogenweiche
r_Z Radius des Zweiggleises (schwächer gekrümmtes Gleis) der Bogenweiche

Bei Weichen im Übergangsbogen ist für die Unterscheidung zwischen Stamm- und Zweiggleis die Krümmung am Tangentenschnittpunkt der Weichengrundform maßgebend.

gleis ist dann nach innen gebogen. Soll der Abzweig nach außen erfolgen, so ergibt sich durch Biegung nach außen eine Außenbogenweiche.

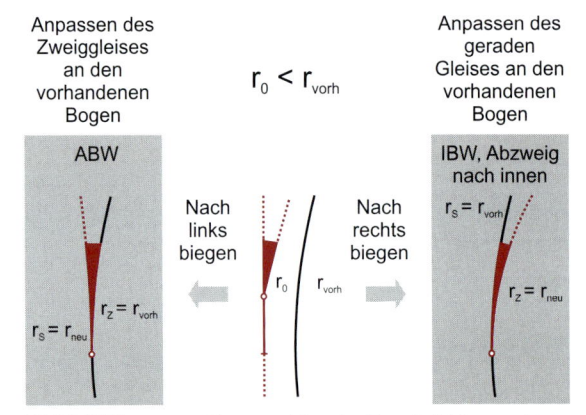

Bild 4.25 Biegen von Bogenweichen im Regelfall ($r_0 < r_{vorh}$)

Die in *Bild 4.25* gezeigten Biegemöglichkeiten gelten für den Fall, dass der Grundradius der verwendeten einfachen Weiche kleiner ist als der vorhandene Bogenradius. Ist der Grundradius der einfachen Weiche dagegen größer als der vorhandene Radius, so kann das Zweiggleis nicht nach außen gebogen werden, weil sonst die Regel verletzt würde, dass der Krümmungsunterschied zwischen Stamm- und Zweiggleis beim Biegen nicht verändert wird. An Stelle der Außenbogenweiche entsteht eine Innenbogenweiche, bei der das Zweiggleis zwar außen liegt, jedoch ohne Vorzeichenwechsel der Krümmung abzweigt (*Bild 4.26*).

Tabelle 4.7 Grenzwerte für Zweiggleisradien bei Innenbogenweichen

Radius der Grundform r_0 [m]	minimaler Zweiggleisradius r_Z [m]
190	175
300	175
500	200
760	300
1200	442

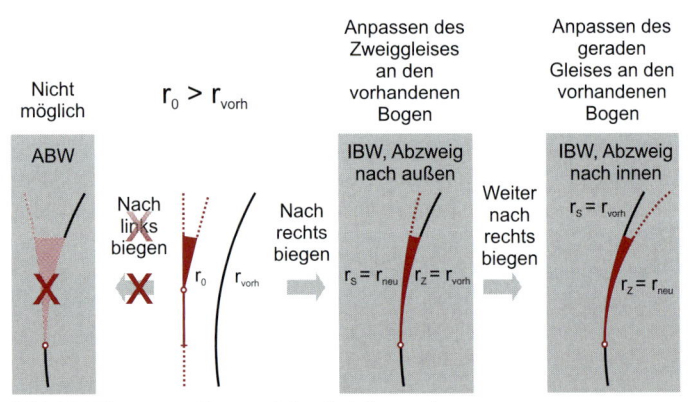

Bild 4.26 Biegen von Bogenweichen bei $r_0 > r_{vorh}$

Die Weichen dürfen jedoch nicht beliebig nach innen gebogen werden, weil bei sehr kleinen Bogen auch bei niedrigen Geschwindigkeiten Entgleisungsgefahr besteht (siehe auch Abschn. 2.5.1). Auch die Vereinfachung, dass die Längen der Weichenelemente gegenüber der einfachen Weiche unverändert bleiben, lässt sich bei sehr kleinen Zweiggleisradien nicht mehr verwirklichen. Aus diesen beiden Gründen sind Grenzwerte für den minimalen Zweiggleisradius festgelegt.

Als Außenbogenweiche wird außerdem die symmetrische Außenbogenweiche 215-1:4,8 angeboten. Da die große Weichenneigung die Anordnung vieler Weichen hintereinander auf engstem Raum ermöglicht, wird sie in Rangierbahnhöfen eingesetzt (siehe Abschn. 8.8.1). Ansonsten sind ihre Anwendungsgebiete beschränkt, weil sie im Zweiggleis wie die EW 190 – 1:7,5 nur eine Geschwindigkeit von 40 km/h zulässt.

Tabelle 4.8: Symmetrische Außenbogenweiche 215 – 1:4,8 st

Profil	Radius	Neigung	Herzstück	l_t	b	d	l_w	c	s
49/54	215	1:4,8	st	11,050	11,050	0	22,100	2,266	0

4.2.2 Bemessung von Bogenweichen

Die Geometrie von Bogenweichen kann am besten beschrieben werden, wenn nicht der Radius des Zweiggleises verwendet wird, sondern dessen Kehrwert, die **Krümmung**. Um einprägsamere Werte zu erhalten, wird die Krümmung bei der Eisenbahn mit dem Faktor 1000 multipliziert:

$$k = \frac{1000}{r} \tag{4.6}$$

Bei Bogenweichen sind beide Gleise gekrümmt. Zur Unterscheidung werden die Indizes Z für Zweiggleis und S für Stammgleis verwendet. Es gilt dann:

$$k_Z = \frac{1000}{r_Z} \quad \text{und} \quad k_S = \frac{1000}{r_S}. \tag{4.7}$$

Die Beschreibung der Geometrie mit der Krümmung hat den Vorteil, dass in der Geraden die Krümmung null ist; Berechnungen sind dann einfacher durchzuführen als mit $r = \infty$.

Bild 4.27 Außenbogenweiche

Zwischen r_Z und r_S besteht kein allgemeiner geometrischer Zusammenhang. Theoretisch lassen sich Bogenweichen in beliebigen Kombinationen von r_Z und r_S herstellen. In der Praxis werden jedoch einheitliche Weichenbauformen eingesetzt. Die einfachen Weichen werden dabei als Grundformen für die Herstellung der Bogenweichen verwendet. Bei der Herstellung einer Bogenweiche aus einer Weichengrundform wird die Differenz der Krümmungen zwischen Stamm- und Zweiggleis beibehalten. Damit entsteht eine mathematische Beziehung zwischen den Radien bzw. Krümmungen von Weichengrundform sowie Stamm- und Zweiggleis der Bogenweiche. Es gilt dann:

Die Gleichung $k_0 = k_Z - k_S$ gilt auch für Außenbogenweichen, wenn die Krümmungen mit Vorzeichen eingesetzt werden. k_Z und k_S haben in Außenbogenweichen immer entgegengesetzte Vorzeichen.

$$k_0 = k_Z - k_S \text{ für Innenbogenweichen} \tag{4.8}$$

$$k_0 = |k_Z| + |k_S| \text{ für Außenbogenweichen.} \tag{4.9}$$

Hierbei sind

- k_0 Krümmung der Grundform der Weiche (= 1000 dividiert durch den Zweiggleisradius der Grundform),
- k_S Krümmung des Stammgleises der Bogenweiche (= 1000 dividiert durch den Stammgleisradius, wobei der Stammgleisradius in der Regel gleich dem Bogenradius ist, in dem die Weiche liegt),
- k_Z Krümmung des Zweiggleises der Bogenweiche (= 1000 dividiert durch den Zweiggleisradius).

Mit Hilfe dieser Beziehungen lassen sich die zulässigen Geschwindigkeiten der Zweiggleise bestimmen, wenn der Radius des durchgehenden Gleises und die Weichengrundform bekannt sind. Umgekehrt lässt sich die Weichengrundform bestimmen, wenn die (Soll-) Geschwindigkeit im Zweiggleis und der Radius des durchgehenden Gleises (Stammgleis) bekannt sind.

In *Bild 4.28* und *4.29* werden die mathematischen Beziehungen veranschaulicht. Dazu wird die Krümmung vorzeichenecht über der Länge aufgetragen. Bei der Innenbogenweiche haben die Krümmungen in beiden Gleisen das gleiche Vorzeichen, bei der Außenbogenweiche unterschiedliche Vorzeichen.

Beispiel: Die Strecke Köln – Aachen beginnt in Köln bei km 0 und endet in Aachen bei km 71. Damit haben alle Rechtsbogen in Richtung Aachen ein positives, alle Linksbogen ein negatives Vorzeichen.

Es ist vereinbart, dass ein positives Vorzeichen einen Rechtsbogen beschreibt, ein negatives Vorzeichen einen Linksbogen. „Rechts" und „links" sind dabei in der Richtung der festgelegten Streckenkilometrierung zu verstehen. Bei der isolierten Darstellung einer Weiche, wie in *Bild 4.28* und *4.29*, ist diese Konvention nicht von Bedeutung.

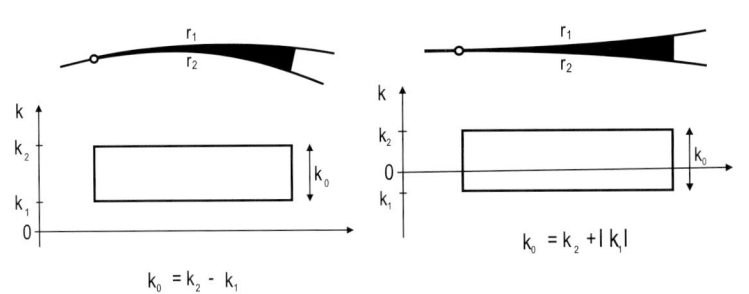

$$k_0 = k_2 - k_1$$

Bild 4.28 Innenbogenweiche

$$k_0 = k_2 + |k_1|$$

Bild 4.29 Außenbogenweiche

4.2 Bogenweichen

Beispiel 4.1

Es ist ein Bogen mit dem Radius 1000 m vorhanden. In diesen Bogen ist einzubauen

- eine IBW 760 – 1:14,
- eine ABW 760 – 1:14,
- eine IBW 1200 – 1:18,5,
- eine ABW 1200 – 1:18,5.

Welchen Radius haben jeweils die Zweiggleise?

Aufgabentyp: Radius des Stammgleises und Weichengrundformen vorgegeben, Zweiggleisradien gesucht.

Lösung:

IBW 760:
$$k_Z = k_0 + k_S = \frac{1000}{760} + \frac{1000}{1000} = 2{,}316 \ , \ r_Z = 432 \text{ m}$$

ABW 760
$$k_Z = k_0 - k_S = \frac{1000}{760} - \frac{1000}{1000} = 0{,}316 \ , \ r_Z = 3165 \text{ m}$$

IBW 1200:
$$k_Z = k_0 + k_S = \frac{1000}{1200} + \frac{1000}{1000} = 1{,}833 \ , \ r_Z = 546 \text{ m}$$

ABW 1200:
$$k_Z = k_0 - k_S = \frac{1000}{1200} - \frac{1000}{1000} = -0{,}167$$

Die Krümmung ist negativ, d.h. nicht wie erwartet nach außen gerichtet. Der Einbau einer Außenbogenweiche 1200 – 1:18,5 ist nicht möglich, weil der vorhandene Radius des Bogens zu klein ist.

Alternativ – ohne Verwendung der Krümmung als Hilfswert – können die Radien auch unmittelbar nach folgenden Formeln berechnet werden:

$$r_0 = \frac{r_S \cdot r_Z}{r_S - r_Z} \ \text{(IBW)}, \ r_0 = \frac{r_S \cdot r_Z}{r_S + r_Z} \ \text{(ABW)} \qquad (4.10)$$

Unter Berücksichtigung der Sonderfälle aus Abschn. 4.2.1 ergibt sich die Berechnung entsprechend *Bild 4.30*.

Die Gleichungen 4.8 bis 4.10 sind Näherungsformeln. Die genauen Formeln lauten:

$$r_Z = \frac{r_0 \cdot r_S - l_t^2}{r_0 + r_S} \ \text{(IBW)}$$

und $r_Z = \dfrac{r_0 \cdot r_S + l_t^2}{r_S - r_0}$ (ABW).

Die Näherung ist möglich, weil $l_t^2 \ll r_0$ gilt.

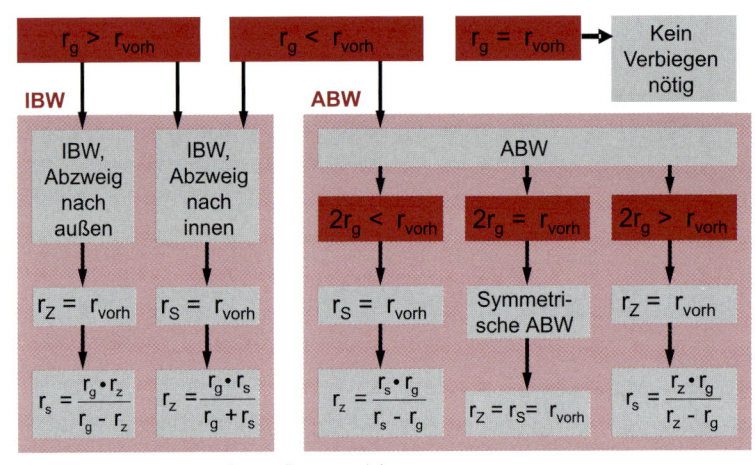

Bild 4.30 Berechungsschema Bogenweichen

4.2.3 Rucknachweis

Am Weichenanfang und – je nach Fortführung des Gleises – meist auch am Weichenende tritt eine Änderung des Radius ein. Damit einher geht eine Änderung der Querbeschleunigung, die als Ruck bezeichnet wird (siehe Abschn. 2.4).

In Zweiggleisen von Weichen gibt es in der Regel keine Übergangsbogen.

Man kann den Ruck vermeiden, wenn ein Übergangsbogen eingebaut wird. Der dafür notwendige Bogen würde aber die Weiche stark verlängern und damit verteuern.

Aus diesem Grunde wird – mit einer Ausnahme (Klothoidenweichen, siehe Abschn. 4.3) – auf Übergangsbogen in Weichen verzichtet. Der Fahrkomfort wird stattdessen durch eine Begrenzung des Rucks sichergestellt.

Bei der Eisenbahn wird die Differenz der Überhöhungsfehlbeträge – entspricht der Änderung der Querbeschleunigung – als Maß für den Ruck verwendet (siehe Abschn. 3.1.2).

Die Differenz der Überhöhungsfehlbeträge $u_{f,1}$ und $u_{f,2}$ zwischen zwei aufeinanderfolgenden Abschnitten mit jeweils konstanter Krümmung beträgt unter Berücksichtigung der Vorzeichen von $u_{f,1}$ und $u_{f,2}$

$$\Delta u_f = \left| u_{f,2} - u_{f,1} \right|.$$

Bei einfachen Weichen vereinfacht sich der Nachweis dadurch, dass der Abschnitt vor dem Weichenanfang gerade ist und somit $u_{f,1} = 0$ wird.

4.2 Bogenweichen

Bei Bogenweichen ist dies nicht der Fall. Dort kann die Berechnung folgendermaßen durchgeführt werden:

$$u_{f,1} = 11{,}8 \cdot \frac{v_z^2}{r_1} - u_1, \quad u_{f,2} = 11{,}8 \cdot \frac{v_z^2}{r_2} - u_2 \tag{4.11}$$

$$\Delta u_f = u_{f,2} - u_{f,1}$$
$$= 11{,}8 \cdot \frac{v_z^2}{r_2} - u_1 - \left(11{,}8 \cdot \frac{v_z^2}{r_2} - u_2\right) = 11{,}8 \cdot \left(\frac{v_z^2}{r_2} - \frac{v_z^2}{r_1}\right) - u_1 + u_2 \tag{4.12}$$

u_1 und r_1 bezeichnen Überhöhung und Radius vor der Weiche, u_2 und r_2 sind die entsprechenden Größen im Zweiggleis der Weiche. Überhöhung und Radius vor der Weiche sind gleich den entsprechenden Größen im Stammgleis der Weiche. Es gilt also: $r_2 = r_Z$, $r_1 = r_S$.

Da es keine abgeknickten Schwellen gibt, sind außerdem die Überhöhungen in Stamm- und Zweiggleis einander gleich und heben sich in der Formel gegenseitig auf. Daraus folgt:

$$\Delta u_f = 11{,}8 \cdot v_z^2 \cdot \left(\frac{1}{r_2} - \frac{1}{r_1}\right) \tag{4.13}$$

Die Krümmungen $\frac{1}{r_2}$ und $\frac{1}{r_1}$ sind in der Herleitung mit Berücksichtigung des Vorzeichens eingesetzt. Bei Außenbogenweichen hat eine der beiden Krümmungen ein negatives Vorzeichen. Damit ist

$$\frac{1}{r_2} - \frac{1}{r_1} = \frac{1}{r_2} + \frac{1}{|r_1|} \tag{4.14}$$

Da es üblich ist, von Radien immer die Beträge einzusetzen, gilt also für Außenbogenweichen und damit auch allgemein für S-Kurven (Bogen-Gegenbogen):

$$\Delta u_f = 11{,}8 \cdot v_z^2 \cdot \left(\frac{1}{r_2} + \frac{1}{r_1}\right) \tag{4.15}$$

Mit

$$\frac{1}{r_0} = \frac{k_0}{1000} = \frac{k_Z - k_S}{1000} = \frac{1}{r_Z} - \frac{1}{r_S} \tag{4.16}$$

ergibt sich für alle Rucknachweise in Innenbogenweichen:

$$\Delta u_f = 11{,}8 \cdot v_z^2 \cdot \frac{1}{r_0} \tag{4.17}$$

Bei der Überprüfung der Notwendigkeit von Übergangsbogen ist ebenfalls Δu_f zu berechnen. Im allgemeinen Fall gelten jedoch die in der Herleitung verwendeten Vereinfachungen nicht. Es müssen dann die Überhöhungsfehlbeträge u_f für beide Abschnitte einzeln berechnet und unter Beachtung der Vorzeichen subtrahiert werden.

In Außenbogenweichen gilt entsprechend:

$$\frac{1}{r_0} = \frac{k_0}{1000} = \frac{k_Z + k_S}{1000} = \frac{1}{r_Z} + \frac{1}{r_S} \quad (4.18)$$

$$\Delta u_f = 11{,}8 \cdot v_Z^2 \cdot \frac{1}{r_0} \quad (4.19)$$

Tabelle 4.9 Zulässige Werte für die Änderung des Überhöhungsfehlbetrages in Zweiggleisen von Weichen

Geschwindigkeit v	Δuf [mm]
v = 100 km/h	106
v = 130 km/h	83
v = 200 km/h	47
v = 300 km/h	24
Zwischenwerte sind zu interpolieren.	

Das Ergebnis des Rucknachweises am Weichenanfang hängt also nur von der Geschwindigkeit und dem Radius der Weichengrundform ab. In Zweiggleisen von Weichen ist bis zu einer Geschwindigkeit von 100 km/h ein Grenzwert für Δu_f von 106 mm zulässig.

Damit lässt sich prüfen, ob die Weichengrundformen auch nach dem Rucknachweis zulässig sind.

Beispielsweise ergibt sich für v = 40 km/h und $r_Z = r_0$ = 190 m:

$$\Delta u_f = 11{,}8 \cdot \frac{40^2}{190} = 99 \text{ mm} < 106 \text{ mm}$$

Die zulässigen Weichengrundformen der *Tabelle 4.1* werden auf diese Weise bestätigt.

Der Grenzwert von 106 mm liegt bedeutend höher als der in Abschnitt 3.2.7 besprochene Grenzwert für den Verzicht auf Übergangsbogen. Am Weichenanfang treten somit viel größere Rucke auf als auf Gleisabschnitten außerhalb von Weichen. Dies hat wirtschaftliche Gründe: Wäre der Grenzwert niedriger, so würden die Grundformen der einfachen Weichen in dieser Form nicht mehr zulässig. Die Weichen müssten größere Zweiggleisradien haben, würden damit länger und teurer.

Bei Geschwindigkeiten über 100 km/h ist der Grenzwert für Δu_f auch im Zweiggleis von Weichen geringer als 106 mm. Für Zweiggleisgeschwindigkeiten über 100 km/h wurde die einfache Weiche mit dem Radius 2500 m entwickelt. In dieser Weiche tritt im Zweiggleis bei einer Geschwindigkeit von 130 km/h ein Δu_f von 83 mm auf. Eine höhere Geschwindigkeit ist in dieser Weiche nicht zugelassen, obwohl dies nach dem Überhöhungsnachweis möglich wäre.

Aus der in *Tabelle 4.9* vorgegebenen Interpolationsvorschrift folgt die Diagrammdarstellung in *Bild 4.31*. Die farbigen Linien in *Bild 4.31* markieren die Grenze von 20 bzw. 40 mm für Δu_f (siehe Abschn. 3.2.7). Unterhalb dieser Grenze muss außerhalb von Weichen ein Übergangsbogen eingebaut werden. Man erkennt, dass in Weichen größere „Rucke" zulässig sind als außerhalb von ihnen.

4.2 Bogenweichen

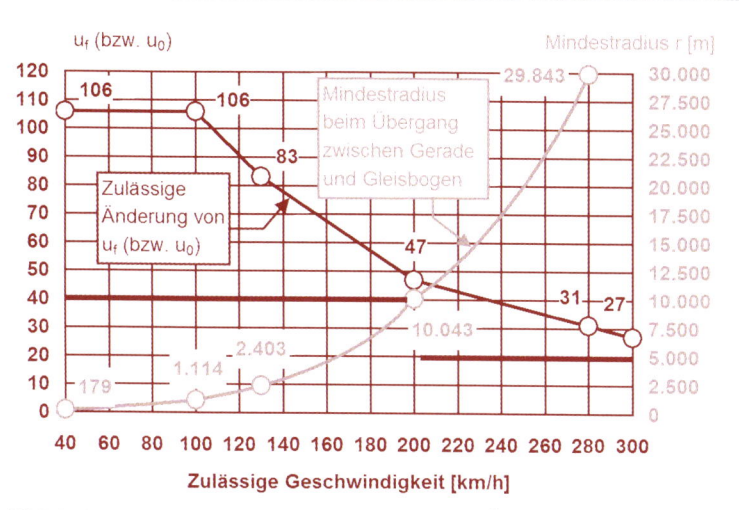

Bild 4.31 Zusammenhang zwischen Geschwindigkeit, Änderung des Überhöhungsfehlbetrages und Radius nach dem Rucknachweis

Tabelle 4.10 Zulässige Überhöhungen in Weichen (und anderen Zwangspunkten)

Herstellungsgrenze	20
Regelwert	60
Ermessensgrenzwert	**120** (ABW m. bewegl. Herzstückspitze und IBW) **100** (ABW m. starrem Herzstück)
Zustimmungswert	**150** (ABW m. bewegl. Herzstückspitze und IBW) **130** (ABW m. starrem Herzstück)
Ausnahmewert	>180

(Werte in mm)

4.2.4 Überhöhung und Überhöhungsfehlbetrag

Die zulässigen Überhöhungen in Bogenweichen sind bereits im Kapitel 3.2.4 dargestellt worden. Da sich in Weichen die Gleislage nicht ändern soll, werden sie zu den „Zwangspunkten" gezählt mit der Folge, dass die Grenzwerte für die Überhöhung durchweg kleiner als die zulässigen Überhöhungen außerhalb von Zwangspunkten sind.

Die Überhöhungen im Stammgleis und Zweiggleis sind immer gleich. Sie werden in aller Regel entsprechend den Bedürfnissen der wichtigeren und schnelleren Züge – welche wiederum meist die Stammgleise der Weichen befahren sollen – bestimmt. Die Überhöhung im Zweiggleis ist dann ein „Abfallprodukt" der Überhöhung im Stammgleis.

Die Parameter für Bogenradius und Überhöhung ergeben sich normalerweise aus den Bedürfnissen der durchfahrenden Züge in den Stammgleisen. Der Grenzwert für den Überhöhungsfehlbetrag in Bogenweichen beschränkt dann die Geschwindigkeit für die Stammgleise. Je nachdem, wie die Stammgleise bemessen worden sind, sind die entsprechenden Grenzwerte aus Abschnitt 3.2.5 anzuwenden (Regelwert oder Ermessensgrenzwert).

Sobald die Geometrie des durchgehenden Gleises (Stammgleises) festgelegt ist, steht auch die Geometrie des Zweiggleises fest: Die Überhöhung ist identisch mit der Überhöhung im Stammgleis, der Radius ergibt sich über den Krümmungszusammenhang zwischen Stamm- und Zweiggleis der Standardweichen. Die Zweiggleisgeschwindigkeit ergibt sich dann aus der Überhöhungsformel zu

In einfachen Weichen liegt das Stammgleis in der Geraden, es treten keine Zentrifugalbeschleunigungen auf, $u_f = 0$.

$$v_z = \sqrt{\frac{r}{11{,}8} \cdot (u + u_f)} \qquad (4.20)$$

Bei einfachen Weichen wirkt sich die Anhebung von 100 mm auf 110 mm nicht aus, weil die Standardweichen unverändert beibehalten worden sind. Bei Bogenweichen können sich durch die größeren Überhöhungsfehlbeträge jedoch in Stammgleis und Zweiggleis größere zulässige Geschwindigkeiten ergeben.

Der zulässige Überhöhungsfehlbetrag u_f spielt im Zweiggleis eine wichtige Rolle für die zulässige Geschwindigkeit, weil die anderen Parameter durch Stammgleis und Weichenauswahl festgelegt sind. Um auch in „kleinen" Weichen mit geringen Zweiggleisradien akzeptable Geschwindigkeiten erzielen zu können, müssen daher die Überhöhungsfehlbeträge stets so groß wie möglich gewählt werden. Die Empfehlung, Regelwerte zu verwenden, gilt daher für die Überhöhungsfehlbeträge in Zweiggleisen nicht; es muss der Ermessensgrenzwert angewendet werden.

Der ursprünglich einheitliche Ermessensgrenzwert von u_f = 100 mm ist im Laufe der Zeit durch ein differenziertes System ersetzt worden. Wo es ohne negative Folgen für die Instandhaltungskosten möglich war, wurde der Wert auf 110 mm angehoben. Andererseits wurde für große Zweiggleisgeschwindigkeiten der Wert herabgesetzt. Selbstverständlich können die Ermessensgrenzwerte bei Bedarf auch in den Stammgleisen angewendet werden.

Die Ermessensgrenzwerte für u_f in Weichen sind in Tabelle 4.11 zusammengestellt:

Tabelle 4.11 Ermessensgrenzwerte für die Überhöhungsfehlbeträge in Weichen [mm]

	$v_e \leq$ 120 km/h	$v_e \leq$ 160 km/h	$v_e \leq$ 200 km/h
Fahrt durch das Stammgleis von IBW (starre Herzstücke)	110		90
Fahrt durch ABW oder das Zweiggleis von IBW (starre Herzstücke)	110	100	60
Fahrt durch Weichen mit beweglicher Herzstückspitze	130		
Bogenkreuzungen und Bogenkreuzungsweichen	100		nicht zulässig
Schienenauszüge im Bogen	100		

4.2 Bogenweichen

Erläuterungen:
Unter Bogenkreuzungen und Bogenkreuzungsweichen versteht man Kreuzungen bzw. Kreuzungsweichen, die im Bogen liegen (vgl. Abschn. 5.5).
Schienenauszüge ermöglichen die temperaturbedingte Ausdehnung der Schienen, vor allem am Anfang und Ende langer Brücken. Die Schiene wird dort auseinandergeschnitten – aber in einem schleifenden Schnitt in der Weise, dass die beiden Teile aneinander gleiten können und kein Stoß entsteht.

Für Geschwindigkeiten über 200 km/h gibt es derzeit keine allgemeine Regelung. Auf den wenigen Strecken, die mit Geschwindigkeiten > 200 km/h befahren werden, sind in Bogenweichen jeweils individuelle Regelungen nach dem Stand der Technik gewählt worden, zum Beispiel mit dem Einsatz von Klothoidenweichen (siehe Abschn. 4.3).

Die derzeit geltende Richtlinie wählt für die Differenzierung der zulässigen Überhöhungsfehlbeträge teilweise eine andere Formulierungsweise, die inhaltlich aber der *Tabelle 4.11* entspricht.

Bild 4.32 Schienenauszug

4.2.5 Praktische Bemessung von Bogenweichen

Um wirtschaftliche Vorteile durch Serienfertigung im Weichenbau zu erzielen, sind wesentliche Parameter der Weichen genormt. In der Planung hat dies den Vorteil, dass wenige Angaben genügen, um die Charakteristika einer Weiche zu beschreiben. Im Folgenden wird die Berechnung von Bogenweichen im Allgemeinen und anhand von Beispielen durchgeführt.

Weitere Beispiele siehe in Abschnitt 4.6.

4.2.5.1 Stammgleis

Für das Stammgleis ist der übliche Überhöhungsnachweis entsprechend der Formel

$$u + u_f = 11{,}8 \cdot \frac{v_S^2}{r_S} \tag{4.21}$$

zu führen.

In aller Regel findet im durchgehenden Gleis am Weichenanfang kein Radiuswechsel und somit auch kein Ruck statt. Ein Rucknachweis ist somit nicht zu führen.

4.2.5.2 Zweiggleis in Innenbogenweichen (IBW)

1. Fall: Gegeben sind der Stammgleisradius, die Überhöhung und die zulässige Sollgeschwindigkeit im Zweiggleis v_Z; gesucht ist die Weichengrundform.

Aufgabentyp: Radius des Stammgleises, Überhöhung und Zweiggleisgeschwindigkeit vorgegeben, Weichengrundform gesucht.

Der Überhöhungsnachweis ergibt

$$\text{erf } r_z = 11{,}8 \cdot \frac{\text{zul } v_z^2}{\text{zul } u_f + u}.$$

zul u_f erhält man aus Tab. 4.10. In der Mehrzahl der in der Praxis vorkommenden Fälle gilt zul u_f = 110 mm. Damit erhält man den mindestens erforderlichen Zweiggleisradius:
Für die Krümmung in IBW gilt: $k_0 = k_z - k_s$.
Daraus folgt die Krümmung der Weichengrundform:

$$\text{erf } k_0 = \frac{1000}{\text{erf } r_z} - \frac{1000}{r_s}$$

Der Radius der Weichengrundform ergibt sich demnach zu

$$\text{erf } r_0 = \frac{1000}{\text{erf } k_0}$$

Der Radius der Weichengrundform muss also mindestens r_0 betragen.
Da es aufgrund der Vereinheitlichung der Weichen nur eine eingeschränkte Auswahl von festgelegten r_0 gibt, muss das nächstgrößere r_0 gewählt werden: vorh $r_0 \geq$ erf r_0

Der Rucknachweis erfordert

$$\Delta u_f = 11{,}8 \cdot \frac{v_z^2}{r_0}.$$

Aufgabentyp: Radius des Stammgleises und Weichengrundformen vorgegeben, Zweiggleisradien und Zweiggleisgeschwindigkeit gesucht.

2. Fall: Gegeben sind der Stammgleisradius, die Überhöhung und die Weichengrundform; gesucht ist die zulässige Sollgeschwindigkeit im Zweiggleis v_Z.

Aus dem Überhöhungsnachweis folgt:

$$v_z = \sqrt{\frac{r_z \cdot (u + u_f)}{11{,}8}}.$$

Darin ist r_z noch nicht bekannt. Lediglich der Radius der Weichengrundform, r_0, ist bekannt. r_z und r_0 hängen aber zusammen:

$$k_0 = \frac{1000}{r_0} = k_z - k_s = \frac{1000}{r_z} - \frac{1000}{r_s}.$$

4.2 Bogenweichen

Daraus folgt für den Zweigleisradius:

$$\frac{1000}{r_z} = \frac{1000}{r_0} + \frac{1000}{r_S} \Leftrightarrow r_z = \frac{r_S \cdot r_0}{r_S + r_0}.$$

Eingesetzt in die Überhöhungsformel, lässt sich v_z berechnen.

Rucknachweis:
Mit

$$\Delta u_f = 11{,}8 \cdot \frac{v_z^2}{r_0}$$

lässt sich aus r_0 und v_z überprüfen, ob der Rucknachweis erfüllt ist. Umgekehrt kann durch Umstellung der Formel auch die zulässige Geschwindigkeit ermittelt werden:

$$v_z = \sqrt{\frac{r_0 \cdot zul\ \Delta u_f}{11{,}8}}$$

4.2.5.3 Zweiggleis in Außenbogenweichen (ABW)

1. Fall: Gegeben sind der Stammgleisradius, die Überhöhung und die zulässige Sollgeschwindigkeit im Zweiggleis v_z; gesucht ist die Weichengrundform.

Aufgabentyp: Radius des Stammgleises, Überhöhung und Zweiggleisgeschwindigkeit vorgegeben, Weichengrundform gesucht.

Überhöhungsnachweis:

$$erf\ r_z = 11{,}8 \cdot \frac{zul\ v_z^2}{zul\ u_f - u}$$

Man beachte das negative Vorzeichen der Überhöhung! Für $zul\ u_f$ gilt in den meisten Fällen $zul\ u_f$ = 110 mm. Damit erhält man den mindestens erforderlichen Zweiggleisradius.

Für die Krümmung in ABW gilt: $k_0 = k_z + k_s$. Daraus folgt die Krümmung der Weichengrundform:

$$erf\ k_0 = \frac{1000}{erf\ r_z} + \frac{1000}{r_s}$$

Im Zweiggleis einer überhöhten Außenbogenweiche liegt die äußere Schiene tiefer als die innere, weil die Überhöhung sich nach dem Stammgleis richtet, dieses aber entgegengesetzt gebogen ist. Die Überhöhung vergrößert die Seitenbeschleunigung im Zweiggleis und muss daher mit negativem Vorzeichen eingesetzt werden.

Der Radius der Weichengrundform ergibt sich demnach zu

$$\text{erf } r_0 = \frac{1000}{\text{erf } k_0}.$$

Der Radius der Weichengrundform muss also mindestens r_0 betragen.

Da es aufgrund der Vereinheitlichung der Weichen nur eine eingeschränkte Auswahl von festgelegten r_0 gibt, muss das nächstgrößere r_0 gewählt werden: vorh $r_0 \geq$ erf r_0.

Zusätzlich ist der Rucknachweis zu führen:

$$\Delta u_f = 11{,}8 \cdot \frac{v_Z^2}{r_0}$$

Wird er nicht eingehalten, muss eine andere Weiche gewählt (oder die Sollgeschwindigkeit herabgesetzt) werden.

Aufgabentyp: Radius des Stammgleises, Überhöhung und Weichengrundformen vorgegeben, Zweiggleisgeschwindigkeit gesucht.

2. Fall: Gegeben sind der Stammgleisradius, die Überhöhung und die Weichengrundform; gesucht ist die zulässige Sollgeschwindigkeit im Zweiggleis v_Z.

Überhöhungsnachweis:

$$v_Z = \sqrt{\frac{r_Z \cdot (-u + u_f)}{11{,}8}}$$

Darin ist r_Z noch nicht bekannt. Lediglich der Radius der Weichengrundform, r_0, ist bekannt. r_Z und r_0 hängen aber zusammen:

$$k_0 = \frac{1000}{r_0} = k_Z + k_S = \frac{1000}{r_Z} + \frac{1000}{r_S}$$

Daraus folgt für den Zweiggleisradius:

$$\frac{1000}{r_Z} = \frac{1000}{r_0} - \frac{1000}{r_S} \Leftrightarrow r_Z = \frac{r_S \cdot r_0}{r_S - r_0}.$$

Eingesetzt in die Überhöhungsformel, lässt sich v_Z berechnen.

Rucknachweis:
Mit

$$\Delta u_f = 11{,}8 \cdot \frac{v_Z^2}{r_0}$$

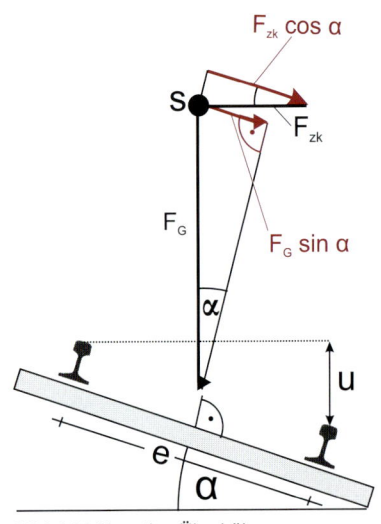

Bild 4.33 Negative Überhöhung

lässt sich aus r_0 und v_z und durch Vergleich des Ergebnisses mit den zulässigen Werten für Δu_f überprüfen, ob der Rucknachweis erfüllt ist. Umgekehrt kann durch Umstellung der Formel auch die zulässige Geschwindigkeit ermittelt werden:

$$v_z = \sqrt{\frac{r_0 \cdot zul\ \Delta u_f}{11{,}8}}$$

4.2.6 Länge von Weichenverbindungen im Bogen

In gebogenen Gleisen besteht die Weichenverbindung in der Regel aus einer Außen- und einer Innenbogenweiche; sie kann aber auch aus zwei Innenbogenweichen bestehen.

Verbindungen paralleler, gebogener Gleise, die aus IBW und ABW bestehen, lassen sich geometrisch auf die Verbindung paralleler, gerader Gleise zurückführen. Bei großen Radien sind die Unterschiede in der Geometrie im Rahmen einer Vorentwurfsplanung vernachlässigbar.
Bei Verbindungen aus zwei IBW ist dies nicht möglich. Diese sind daher für eine Handrechnung nicht geeignet. Im Folgenden wird die Handrechnung für eine Weichenverbindung aus IBW und ABW erläutert.

Wie bei einfachen Weichen, so werden auch bei Verbindungen mit Bogenweichen nach Möglichkeit Weichen gleicher Neigung verwendet (nicht notwendigerweise gleiche Grundform!). Die Bogenweichenverbindung entsteht gedanklich, indem alle Elemente der Weichenverbindung mit geraden Weichen um einen geringen Betrag gebogen werden. Für die Beziehungen zwischen Länge der Weichenverbindung und Gleisabstand gelten dann angenähert die gleichen mathematischen Beziehungen. Die Zwischengerade zwischen den Weichen wird durch das Biegen zu einem Zwischenbogen, der dieselbe Krümmung hat wie die durchgehenden Gleise.
Genau genommen haben die beiden durchgehenden Gleise nicht genau den gleichen Radius. Der Radius des äußeren Gleises ist um den Gleisabstand größer als der Radius des inneren Gleises.
Bei einem Radius von 175 m (kleinster zulässiger Radius bei Eisenbahnen) und einem Gleisabstand von 4,50 m ergibt sich dadurch eine Abweichung von $\frac{4{,}50}{175} = 0{,}026 = 2{,}6\ \%$.

Der Radius des Zwischenbogens beträgt bei genauer Betrachtung

$$r_b = \frac{r_i + r_a}{2} \qquad (4.22)$$

mit r_i = Radius des inneren Gleises und r_a = Radius des äußeren Gleises. Für die Vorentwurfsplanung ist die Ungenauigkeit häufig vernachlässigbar.

Bild 4.34 Weichenverbindung mit IBW (hinten) und ABW (vorn)

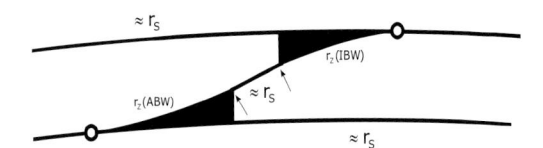

Bild 4.35 Bogenweichenverbindung mit Weichen gleicher Grundform

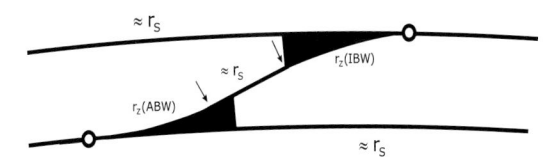

Bild 4.36 Bogenweichenverbindung mit Weichen unterschiedlicher Grundform

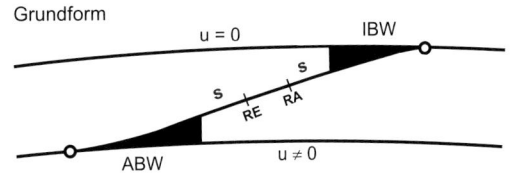

Bild 4.37 Bogenweichenverbindung mit Überhöhungsrampe

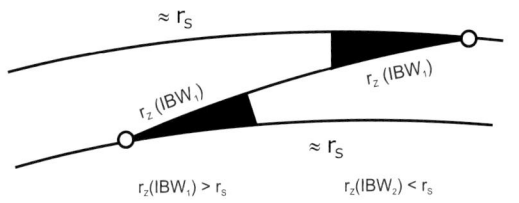

Bild 4.38 Weichenverbindung mit zwei Innenbogenweichen

Wenn die Gleise unterschiedliche Überhöhung aufweisen, muss zwischen den Gleisen eine Überhöhungsrampe eingebaut werden. Der Rampenanfang kann dabei nicht im Bereich der durchgehenden Schwellen angeordnet werden, ansonsten müssten die Schwellen vertikal geknickt werden. Da der Bereich durchgehender Schwellen erst einige Meter hinter dem Weichenende aufhört, kann sich der Gleisabstand durch eine Überhöhungsrampe unter Umständen erheblich vergrößern.

In überhöhten Gleisbogen sollen nach Möglichkeit keine Außenbogenweichen eingebaut werden, weil, wie im vorangegangenen Kapitel gezeigt wurde, die Überhöhung in diesem Fall negativ wirkt. Bei Weichenverbindungen (Gleiswechseln) ist die Verbindung zweier Innenbogenweichen ist in diesen Fällen häufig eleganter, allerdings geometrisch komplizierter. Die Länge der Weichenverbindung ist bei zwei Innenbogenweichen größer als die Länge der Weichenverbindung bei einfachen Weichen. Die exakte geometrische Betrachtung ist recht kompliziert und in der Literatur schlecht dokumentiert. In der Praxis hilft hier der Einsatz geeigneter Planungssoftware.

Beispiel 4.2

Aufgabentyp:
Stammgleisradius und Weichengrundformen gegeben, Zweiggleisradien und Zweiggleisgeschwindigkeit gesucht.

Die Weiche mit dem Grundradius 760 m soll

a) als Innenbogenweiche
b) als Außenbogenweiche

in einen Bogen mit dem Radius 5000 m gelegt werden. Wie groß sind die Radien und zulässigen Geschwindigkeiten im Zweiggleis?

4.2 Bogenweichen

a) IBW

Krümmung des Zweiggleises:

$$k_Z = k_0 + k_S = \frac{1000}{760} + \frac{1000}{5000} = 1{,}316 + 0{,}200 = 1{,}516$$

Radius des Zweiggleises:

$$r_Z = \frac{1000}{k_Z} = \frac{1000}{1{,}516} = 659{,}6 \text{ m}$$

Überhöhungsnachweis:

Aufgrund des kleineren Radius als IBW wird die Geschwindigkeit von 80 km/h nicht mehr erreicht.

$$v_Z = \sqrt{\frac{659{,}6 \cdot 110}{11{,}8}} = 78 \text{ km/h}$$

Rucknachweis:
Die Differenz der Krümmungen bleibt bei der Biegung von EW in IBW konstant, daher ist der Nachweis identisch mit dem Nachweis der einfachen Weiche.

$$v_Z = \sqrt{\frac{r_0 \cdot zul\ \Delta u_f}{11{,}8}} = \sqrt{\frac{760 \cdot 106}{11{,}8}} = 83 \text{ km/h}$$

Ergebnis: zul v_Z = 70 km/h

b) ABW:

Krümmung des Zweiggleises:

$$k_Z = k_0 - k_S = \frac{1000}{760} - \frac{1000}{5000} = 1{,}316 - 0{,}200 = 1{,}116$$

Radius des Zweiggleises:

$$r_Z = \frac{1000}{k_Z} = \frac{1000}{1{,}116} = 896{,}1 \text{ m}$$

Überhöhungsnachweis:

Da die Weiche nach außen gebogen wird, wird der Zweiggleisradius größer als in der einfachen Weiche und würde eine höhere Geschwindigkeit erlauben. In diesem Fall wird aber der Rucknachweis maßgebend und beschränkt die Geschwindigkeit auf 80 km/h.

$$v_z = \sqrt{\frac{896{,}1 \cdot 110}{11{,}8}} = 91 \text{ km/h}$$

Rucknachweis:

$$v_z = \sqrt{\frac{r_0 \cdot zul\, \Delta u_f}{11{,}8}} = \sqrt{\frac{760 \cdot 106}{11{,}8}} = 83 \text{ km/h}$$

Ergebnis: zul v_z = 80 km/h.

4.3 Klothoidenweichen

Herleitung einer fiktiven Weiche mit Kreisbogen für große Abzweiggeschwindigkeiten führt zu Weichen mit Übergangsbogen (Klothoidenweichen).

Bei großen Zweiggleisgeschwindigkeiten in Weichen sind die zulässigen Grenzwerte für Δu_f klein (siehe Abschn. 4.2.3, *Tabelle 4.9*). Für die größte konventionelle Weiche, die 60-2500-1:26,5, ergibt damit der Rucknachweis:

$$zul\, \Delta u_f = 83 = 11{,}8 \cdot \frac{v_z^2}{2500} \Rightarrow v_z = 130 \text{ km/h}.$$

Nach dem Überhöhungsnachweis wären 150 bis 160 km/h zulässig.

Soll zum Beispiel eine Weiche für v_z = 160 km/h konstruiert werden, so ist nach *Tabelle 4.9* nur noch ein Δu_f von

$$\Delta u_f = 83 - (83 - 47) \cdot \frac{160 - 130}{200 - 130} = 68 \text{ mm zulässig.}$$

Daraus folgt: $r_z = 11{,}8 \cdot \frac{160^2}{68} = 4442 \text{ m}$.

Dieser extrem große Radius lässt sich etwas verkleinern, wenn der Ruck am Weichenanfang durch Einfügung eines Übergangsbogenelements vermindert wird.

Für das Beispiel mit v_z = 160 km/h wurde eine Weiche entwickelt, deren Radius am Weichenanfang 10.000 m beträgt. Am Weichenanfang beginnt jedoch kein Kreisbogen, sondern eine Klothoide, deren Radius sich bis auf 4.000 m verkleinert. Anschließend folgt ein Kreisbogen mit r = 4000 m. Die Klothoide beginnt am Weichenanfang nicht bei $r = \infty$, damit die Länge der Weiche nicht zu groß wird. Somit wird am Weichenanfang auch bei dieser Weichenform ein Ruck in Kauf genommen, jedoch ein wesentlich kleinerer als bei einer vergleichbaren Weiche ohne Übergangsbogen.

Klothoidenweichen sind aufgrund ihrer großen Länge und der großen Zahl von Antriebsmotoren für die Weichenzunge teuer. Wirtschaftlich denkende Planer setzen diesen Weichentyp nur dort ein, wo Zweiggleise mit Ge-

4.3 Klothoidenweichen

schwindigkeiten > 130 km/h befahren werden sollen, zum Beispiel in Abzweigstellen von Schnellfahrstrecken.

Klothoidenweichen für Abzweigstellen (*Bild 4.39*) besitzen nach der Klothoide einen Kreisbogen mit konstantem Radius r_0, der bis zum Weichenende geführt wird. Werden Klothoidenweichen in Gleisverbindungen eingesetzt (*Bild 4.39*), so würde danach ein Ruck wie in „normalen" Weichen folgen. Dies soll durch die Klothoide gerade vermieden werden; deshalb wird der Radius mit einer weiteren Klothoide noch in der Weiche wieder auf $r = \infty$ vergrößert. Die Zwischengerade kann auf diese Weise ohne Ruck angeschlossen werden.

Dadurch ergibt sich aber auch eine Veränderung der Geometrie gegenüber den bisher behandelten Weichen: Aufgrund der Länge der Klothoide ist bei drei der vier zur Verfügung stehenden Weichentypen der Bogen im Zweiggleis länger als im Stammgleis. Außerdem gibt es zwei Tangenten: vom Ende des Kreisbogens und vom Weichenende (Anfang der Klothoide) aus. Beide Tangentenschnittpunkte werden im Lageplan eingezeichnet, weil sie für die Bestimmung der Tangentenlängen benötigt werden. Die ersten beiden Zahlen hinter der Schienenform bezeichnen den Radius am Weichenanfang bzw. am Ende der Klothoide.

An Abzweigstellen zweigen zwei Strecken voneinander ab, ohne dass sich dort ein Bahnhof befindet.

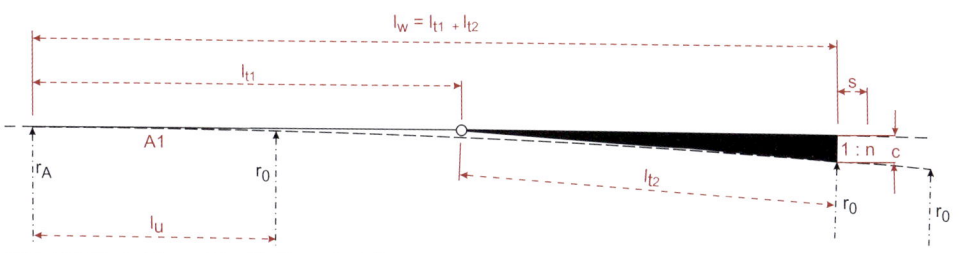

Bild 4.39 Klothoidenweiche für Abzweigstellen

Tabelle 4.12 Klothoidenweichen für Abzweigstellen

Weiche	l_{t1} [m]	l_{t2} [m]	l_w [m]	l_U [m]	A1 [m]	c [m]	s [m]	v [km/h]
60-3000/1500-1:18,132-fb	47,624	41,792	89,416	27,000	284,605	2,302	3,300	100
60-4800/2450-1:24,257-fb	59,672	51,344	111,016	41,075	453,375	2,115	8,700	130
60-10000/4000-1:32,050-fb	73,018	63,008	136,026	37,500	500,000	1,965	14,713	160
60-16000/6100-1:40,154-fb	92,129	77,087	169,216	56,000	743,021	1,919	21,300	200

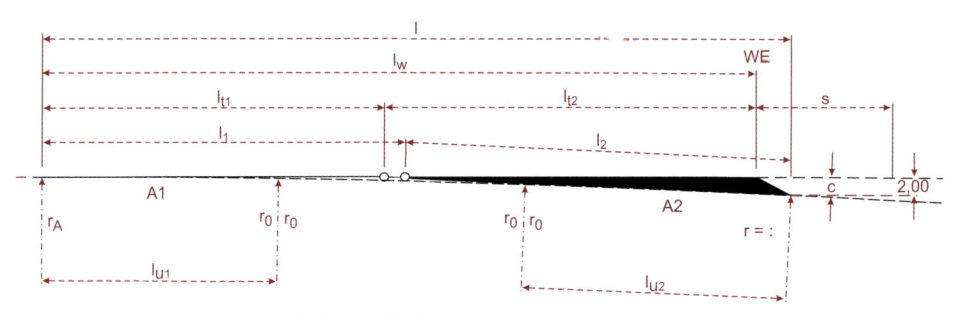

Bild 4.40 Klothoidenweiche für Weichenverbindungen

Tabelle 4.13 Klothoidenweichen für Weichenverbindungen

Weiche	l_1 [m]	l_2 [m]	l_{t1} [m]	l_{t2} [m]	l_W [m]	l_{U1} [m]	A1 [m]	l_{U2} [m]	A2 [m]	c [m]	s [m]	v [km/h]
60-3000/ 1500/∞-fb	38,410	47,469	38,410	51,075	89,485	27,000	284,605	32,000	219,089	2,150	9,221	100
60-4800/ 2450/∞-fb	49,827	61,402	49,824	60,806	110,630	41,075	453,375	42,700	323,442	1,981	16,429	130
60-10000/ 4000/∞-fb	62,862	78,252	62,746	74,199	136,945	37,500	500,000	55,225	470,000	1,894	24,124	160
60-16000/ 6100/∞-fb	81,239	95,329	80,899	87,924	168,823	56,000	743,021	62,500	617,454	1,838	32,479	200

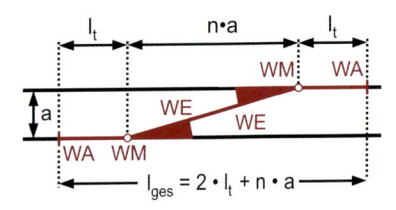

4.4 Zeichnung von Weichenverbindungen

Für die professionelle Erarbeitung von Lageplänen gibt es mehrere Softwareprodukte, mit denen auch Teile der Berechnung automatisiert werden können. Die Lagepläne können dann exakt im üblichen Maßstab 1:1.000 gezeichnet werden. Dies ist insbesondere von Vorteil, wenn die geometrischen Verhältnisse komplizierter sind als in den hier behandelten Fällen, zum Beispiel, wenn die Gleise, die mit einer Weichenverbindung verbunden werden sollen, nicht parallel sind.

In frühen Planungsstadien – etwa wenn aus mehreren Varianten zunächst erst noch eine begrenzte Anzahl sinnvoller Planungsvarianten ausgewählt werden soll – ist ein Einsatz der Spezialsoftware jedoch oftmals zu aufwendig. Der Einsatz einer Standard-Zeichensoftware oder sogar Zeichnungen per Hand nach vorheriger Handrechnung sind unter solchen Randbedingungen unter Umständen sinnvoller.

Bei Weichenverbindungen mit einfachen Weichen sind lediglich die Maße aus *Bild 4.41* zu verwenden.

Legende
WA Weichenanfang
WM Weichenmitte
WE Weichenende
l_t Tangentenlänge (Abstand WA-WM)
n aus Weichenneigung 1/n
a Gleisabstand
l_{ges} horizontale Gesamtlänge der Weichenverbindung

Bild 4.41 Zeichnung von Weichenverbindungen

$l_{ges} = 2 \cdot l_t + n \cdot a$

Bei der Zeichnung einer Bogenweichenverbindung per Hand werden die Radien der durchgehenden Gleise mit Radienschablonen gezeichnet. Da es nicht für jeden denkbaren Radius eine Schablone gibt, muss mit gerundeten Radien gearbeitet werden.

Auch bei der Zeichnung einer Weichenverbindung im Bogen wird die Länge der Weichenverbindung entsprechend *Bild 4.40* verwendet. Sie kann mit guter Näherung der Länge der entsprechenden Weichenverbindung aus einfachen Weichen gleichgesetzt werden und ist in einer Handzeichnung das Maß mit der größten Genauigkeit. Gleisabstände und Weichenwinkel sind dagegen klein und aufgrund der Bogen und schleifenden Schnitte schwer zu messen.

Die Weichen selbst können anhand ihrer Maße eingezeichnet werden. Das kurze Stück zwischen den beiden Weichenenden ist ein Bogen mit dem (bekannten) Radius des durchgehenden Bogens.

In einer Handzeichnung, in welcher der vorhandene (meist unrunde) Zweiggleisradius aufgrund fehlender Radienschablonen nicht eingezeichnet werden kann, kann das in den Weichentabellen angegebene Maß c, das den Abstand zwischen den beiden Gleisen am Weichenende darstellt, als Orientierungspunkt verwendet werden, um das die Weiche bestimmende Dreieck auch im Falle von Bogenweichen mit hinreichender Genauigkeit zu zeichnen.

Hinweise zur Zeichnung mit Hand oder mit Standard-Zeichenprogrammen

4.5 Kreuzungen, Kreuzungsweichen und Doppelweichen

4.5.1 Kreuzungen

Die Konstruktionselemente einer Kreuzung sind die gleichen wie bei einfachen Weichen. Jede Kreuzung hat zwei einfache und zwei doppelte Herzstücke. Es fehlen die Zungen, so dass in Kreuzungen keine Abbiegemöglichkeit besteht. Kreuzungen sind daher überall dort sinnvoll, wo keine Abbiegemöglichkeit gefordert ist, zum Beispiel beim Kreuzen des Gegengleises an Abzweigstellen.

Die Darstellung von Kreuzungen in Gleisplänen (Linienbild) erfolgt maßstäblich durch die sich kreuzenden Gleisachsen. Die Dreiecke werden schraffiert (bei Regel- und Steilkreuzungen) bzw. ausgemalt (bei Flachkreuzungen). Flachkreuzungen haben wegen ihrer kleinen Weichenwinkel bewegliche Herzstückspitzen.

Bild 4.42 Kreuzung

Müssen Kreuzungen in gebogene Gleise eingebaut werden, werden sie zu Bogenkreuzungen gebogen. Für Fälle, in denen nur eines der beiden Gleise gebogen, das andere gerade ist, gibt es vormontierte Bogenkreuzungen.

Bild 4.43 Steilkreuzung / Regelkreuzung und Flachkreuzung

Tabelle 4.14 Kreuzungen

Schienenform	Neigung		l_t	l_{Kr}	c	s	
49	1:3,683	(= 2:7,5)	9,881	19,762	2,612	0	Steilkreuzung
54	1:3,683	(= 21:7,5)	9,448	18,896	2,497	0	Steilkreuzung
49	1:4,444	(= 2 1:9)	10,907	21,814	2,409	0	Steilkreuzung
54	1:4,444	(= 2 1:9)	10,904	21,808	2,408	0	Steilkreuzung
54	1:6,964	(= 2 1:14)	10,690	25,380	1,808	3,351	Steilkreuzung
49	1:7,5		18,512	37,024	2,452	0	Steilkreuzung
54	1:7,5		13,251	26,502	1,755	0	Steilkreuzung
49	1:9		16,615	33,230	1,838	4,051	Regelkreuzung
54	1:9		16,615	33,230	1,838	3,940	Regelkreuzung
49	1:14		24,537	49,074	1,749	6,602	Flachkreuzung
54/60	1:14		27,108	54,216	1,933	5,125	Flachkreuzung
49	1:18,5		32,409	64,818	1,750	9,217	Flachkreuzung
54/60	1:18,5		32,409	64,818	1,750	9,920	Flachkreuzung

Bild 4.44 Einfache Kreuzungsweiche und doppelte Kreuzungsweiche

4.5.2 Kreuzungsweichen

Kreuzungsweichen unterscheiden sich von Kreuzungen dadurch, dass sie zusätzlich über Bogenstücke und verstellbare Zungen verfügen, die einen Wechsel auf das gekreuzte Gleis ermöglichen. Je nach Erfordernis werden die Zungen nur einseitig oder an beiden Seiten angebracht (einfache bzw. doppelte Kreuzungsweiche). Eine doppelte Kreuzungsweiche erlaubt dieselben Fahrmöglichkeiten wie zwei einfache Weichen.

Die Kreuzungsweichen werden in Gleisplänen ähnlich dargestellt wie Kreuzungen. Die möglichen Gleisübergänge werden durch gerade Striche an den entsprechenden Seiten dargestellt. Die gleichschenkligen Dreiecke werden schraffiert (ortsbedient) bzw. ausgemalt (ferngestellt).

4.5.2.1 Kreuzungsweichen mit innenliegenden Zungen

Kreuzungsweichen sind eine Kombination von Weichen und Kreuzungen. Durch die Durchdringung mehrerer Schienen entstehen kompliziertere Herzstücke als bei einfachen Weichen. Bei Kreuzungsweichen mit innenliegenden Zungen sind zwei einfache und zwei doppelte Herzstücke eingebaut. Die Angabe „innenliegende Zungen" bedeutet, dass die Zungen innerhalb der einfachen Herzstücke liegen.

4.5 Kreuzungen, Kreuzungsweichen und Doppelweichen

Als Beispiel ist in *Bild 4.46* und *4.47* die EKW mit dem Zweigleisradius r = 190 m mit innenliegenden Zungen dargestellt.

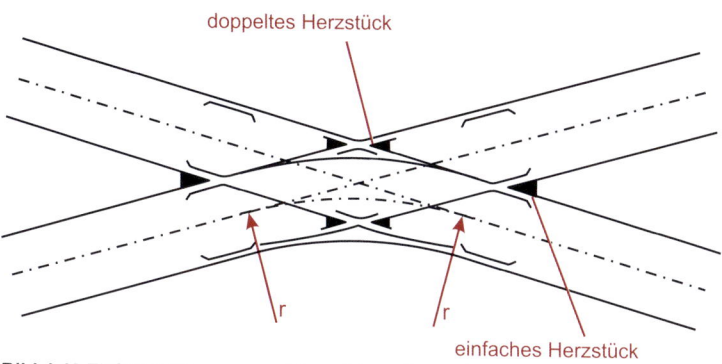

Bild 4.45 Doppelte Kreuzungsweiche mit innenliegenden Zungen

Bild 4.46 Einfache Kreuzungsweiche mit innenliegenden Zungen

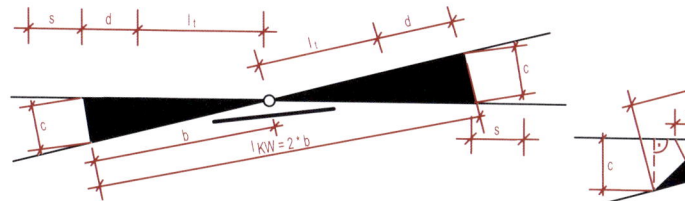

Bild 4.47 Einfache Kreuzungsweiche r = 190m

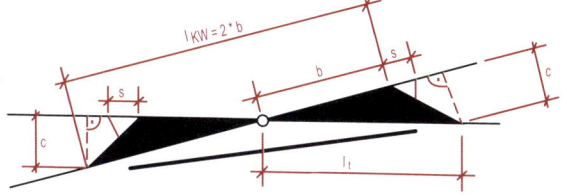

Bild 4.48 Einfache Kreuzungsweiche r = 500

4.5.2.2 Kreuzungsweichen mit außenliegenden Zungen

Als Beispiel für eine Kreuzungsweiche mit außenliegenden Zungen ist in *Bild 4.49* und *4.51* die doppelte Kreuzungsweiche mit dem Zweiggleisradius r = 500 m dargestellt. Diese DKW hat zwei doppelte und zwei dreifache Herzstücke.

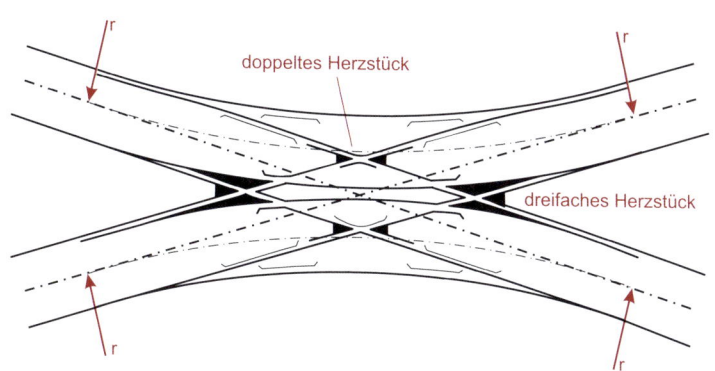

Bild 4.49 Doppelte Kreuzungsweiche mit außenliegenden Zungen: Die Fahrkantenbilder der abzweigenden Richtungen überschneiden sich.

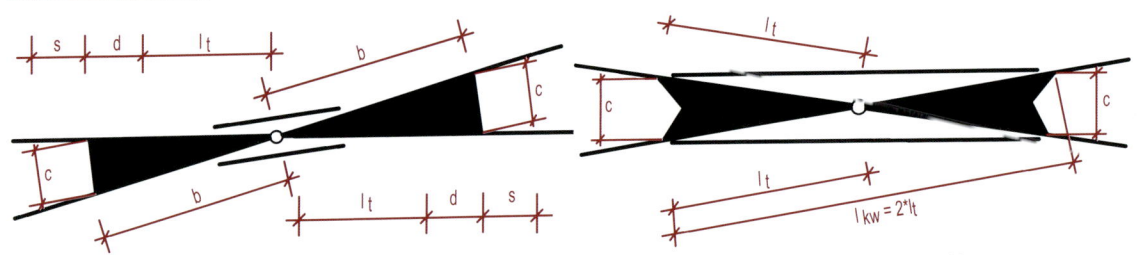

Bild 4.50 Doppelte Kreuzungsweiche r = 190m

Bild 4.51 Doppelte Kreuzungsweiche r = 500m

Tabelle 4.15 Einfache und doppelte Kreuzungsweichen

EKW / DKW	SForm	Radius	Neigung	l_t	b	d	l_{kw}	c	s
EKW/DKW	49	190	1:9	10,523	16,615	6,092	33,230	1,838	4,051
EKW/DKW	54	190	1:9	10,523	16,615	6,092	33,230	1,838	3,940
EKW	49	500	1:9	27,692		0	55,386	3,063	0
EKW	54	500	1:9	27,692		0	55,386	3,063	0
DKW	49	500	1:9	27,693	16,615	0	44,308	3,058	3,197
DKW	54	500	1:9	27,693	16,615	0	44,308	3,058	3,438

Kreuzungsweichen erfordern wegen der großen Anzahl von Herzstücken und Zungen einen großen Instandhaltungsaufwand. Sie bieten jedoch zwei Vorteile gegenüber zwei hintereinander gestaffelten Weichenverbindungen:

- Sie benötigen weniger Platz; dies ist in Weichenstraßen im Bahnhofsbereich von Vorteil.
- Gleise werden immer geradlinig gekreuzt, während Züge bei der Durchfahrt durch zwei Weichen in den Zweiggleisen eine S-Kurve durchfahren müssen.

4.5.3 Doppelweichen

Bei Platzmangel können zwei Weichen ineinander zu Doppelweichen verschränkt werden. Wegen der über alle drei Gleise durchgehenden Schwellen und des zusätzlichen Herzstücks sollte diese Lösung nur in Ausnahmefällen angewendet werden.

Bild 4.52 Doppelweiche

4.6 Beispiele

Beispiel 4.3

a) Berechnen Sie die zulässige Geschwindigkeit in der in der Skizze dargestellten, nicht überhöhten Weichenstraße. Der Radius des durchgehenden Bogens beträgt 1.100 m.
b) Überprüfen Sie, ob durch den Einbau einer Überhöhung eine Vergrößerung der Geschwindigkeit erreicht werden kann.
c) Durch Veränderung der Geometrie der Schutzweiche kann eine geringfügige Erhöhung der Geschwindigkeit erreicht werden. Skizzieren Sie diese Lösung (grafisch, ohne rechnerischen Nachweis).

Aufgabentyp:
Radius des Stammgleises, Überhöhung und Weichengrundformen gegeben, Zweiggleisgeschwindigkeit gesucht.

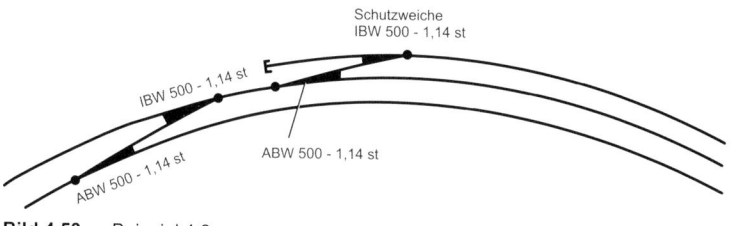

Bild 4.53 zu Beispiel 4.3

Eine Schutzweiche dient dem Schutz durchfahrender Züge vor Zügen aus dem Nachbargleis (siehe Abschn. 9.4). Das Stumpfgleis (Schutzgleis) wird planmäßig nie befahren und daher nicht für eine definierte Geschwindigkeit ausgelegt.

Lösung:

a) IBW 500:

$$k_0 = \frac{1000}{500} = k_z - \frac{1000}{1100} \Rightarrow k_z = 2{,}000 + 0{,}909 = 2{,}909 \Rightarrow r_z = 344 \text{ m}$$

$$u + u_f = 0 + 110 = 11{,}8 \cdot \frac{v^2}{r_z} \Rightarrow v = 57 \text{ km/h} \Rightarrow \text{zul } v = 50 \text{ km/h}$$

Rucknachweis:

$$\Delta u_f = 11{,}8 \cdot \frac{v^2}{r_0} = 11{,}8 \cdot \frac{40^2}{300} = 62{,}9 \text{ mm} < 106 \text{ mm}$$

ABW 500:

$$k_0 = \frac{1000}{500} = k_z + \frac{1000}{1100} \Rightarrow k_z = 2{,}000 - 0{,}909 = 1{,}091 \Rightarrow r_z = 917 \text{ m}$$

$$0 + 110 = 11{,}8 \cdot \frac{v^2}{r_z} \Rightarrow v = 92 \text{ km/h} \Rightarrow \text{zul } v = 90 \text{ km/h}$$

Rucknachweise sind identisch für IBW und ABW.
Zulässige Geschwindigkeit in der Weichenverbindung: 50 km/h

b) Der Einbau einer Überhöhung würde die Geschwindigkeit in den IBW erhöhen, in der ABW aber verringern.

Alternativ kann auch probeweise die gegenüber 50 km/h nächstgrößere Geschwindigkeit von 60 km/h eingesetzt und daraus die Überhöhung ermittelt werden. Im vorliegenden Fall würde dies schneller zur Lösung führen, da 60 km/h in der Tat die richtige Lösung ist und aufgrund des Rucknachweises ohnehin nicht überschritten werden kann. In anderen Fällen können die Verhältnisse anders liegen; die im Beipsiel dargestellte Lösung würde dann unter Umständen mehrere Iterationsschritte ersparen.

Um zu entscheiden, ob eine Überhöhung sinnvoll ist, muss geprüft werden, wie groß die negative Überhöhung in der ABW sein darf, ohne dass eine Verringerung der Geschwindigkeit eintritt.

$$-u + u_f = -u + 110 = 11{,}8 \cdot \frac{50^2}{917} \Rightarrow u = 110 - 32 = 78 \text{ mm}$$

Mit einer Überhöhung von 75 mm ergibt sich für die IBW:

$$75 + 110 = 11{,}8 \cdot \frac{v^2}{344} \Rightarrow v = 73 \text{ km/h}$$

Mit 75 mm Überhöhung kann die Geschwindigkeit in der IBW auf 70 km/h angehoben werden. Nach dem Ergebnis des Rucknachweises sind jedoch höchstens 60 km/h zugelassen.

Um die Überhöhung nicht größer anzuordnen als notwendig, wird die Mindestüberhöhung in der IBW für 60 km/h berechnet:

$$u + 110 = 11{,}8 \cdot \frac{60^2}{344} \Rightarrow u = 13 \text{ mm}$$

Diese Überhöhung ist kleiner als die Mindestüberhöhung (Herstellungsgrenzwert). Es ist also die Mindestüberhöhung von 20 mm einzubauen. Die zulässige Geschwindigkeit in der Weichenverbindung beträgt dann maximal 60 km/h.

Der Radius des Zweiggleises einer Schutzweiche ist beliebig, da es nicht planmäßig befahren wird.

c) Die Schutzweiche IBW 300 ist als Außenbogenweiche einzubauen. Dann kann der Bogen des Stammgleises so bemessen werden, dass eine Geschwindigkeit von 50 km/h möglich ist. Der Bogen des Zweiggleises ist nicht zu bemessen.

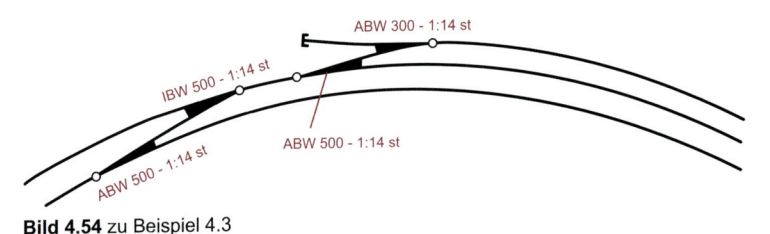

Bild 4.54 zu Beispiel 4.3

Beispiel 4.4

Gegeben sind die in *Bild 4.55* skizzierten Weichenverbindungen.
Radius beider Stammgleise: 600 m; keine Überhöhung
Innenbogenweichen: IBW 500 – 1:14 st
Außenbogenweichen: ABW 500 – 1:14 st

Berechnen Sie die Geschwindigkeit für die Fahrt durch eine der Weichenverbindungen.

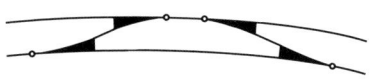

Bild 4.55 zu Beispiel 4.4

Lösung:

Nachweis IBW:

$$k_z = k_0 + k_s = \frac{1000}{600} + \frac{1000}{500} = 3{,}667$$

$$r_z = \frac{1000}{3{,}667} = 273 \text{ m}$$

u_f = 100 mm

$$u + u_f = 0 + 100 = 11{,}8 \cdot \frac{v^2}{273} \Rightarrow v = 48 \text{ km/h}$$

Nachweis ABW:

$$k_z = k_0 - k_s = \frac{1000}{500} - \frac{1000}{600} = 0{,}333$$

$$r_z = \frac{1000}{0{,}333} = 3000 \text{ m}$$

u_f = 100 mm

$$0 + 100 = 11{,}8 \cdot \frac{v^2}{3000} \Rightarrow v = 159{,}4 \text{ km/h}$$

Rucknachweis:

$$\Delta u_f = 11{,}8 \cdot \frac{v^2}{500} = 106 \text{ mm} \Rightarrow v = 67 \text{ km/h} > 40 \text{ km/h}$$

Maßgebend: v = 40 km/h

Aufgabentyp:
Radius des Stammgleises, Überhöhung und Weichengrundformen gegeben, Zweiggleisgeschwindigkeit gesucht.

Beide Weichenverbindungen sind identisch; ein Nachweis genügt.

In der ABW wäre eine Geschwindigkeit von 60 km/h zulässig, maßgebend für die Fahrt durch die Weichenverbindung ist aber die IBW. Die Weichenverbindung kann ohne Verringerung der Geschwindigkeit wirtschaftlicher gestaltet werden, wenn für die ABW eine ABW 300 – 1:14 verwendet wird. Der Nachweis ist aber in der Aufgabenstellung nicht verlangt.

Beispiel 4.5

Aufgabentyp:
Radius des Stammgleises, Überhöhung und Zweiggleisgeschwindigkeit gegeben, Weichengrundformen gesucht.

Zwei parallele, in einem Bogen mit dem Radius 3000 m und mit der Überhöhung 60 mm geführte Gleise sind durch eine Außenbogenweiche und eine Innenbogenweiche miteinander verbunden. Die Weichenstraße soll mit 80 km/h befahren werden.

- Welche Weichengrundformen müssen eingebaut werden?
- Skizzieren Sie das Krümmungsbild dieser Weichenverbindung (unmaßstäblich, aber mit Angabe der maßgebenden Werte).

Lösung:

IBW:
$$u + u_f = 60 + 110 = 11{,}8 \cdot \frac{v^2}{r_z} = 11{,}8 \cdot \frac{80^2}{r_z} \Rightarrow r_z = 444 \text{ m}$$

$$k_0 = k_z - k_s = \frac{1000}{444} - \frac{1000}{3000} = 2{,}252 - 0{,}333 = 1{,}919$$

$$r_0 = \frac{1000}{1{,}919} = 521 \text{ m}$$

gewählt. nächstgrößere Weiche IBW 760 – 1:14 oder IBW 760 – 1:18,5

Ruck: $\Delta u_f = 11{,}8 \cdot \frac{v^2}{760} < 106 \text{ mm} \Rightarrow v = 80 \text{ km/h}$

ABW:
$$-60 + 110 = 11{,}8 \cdot \frac{80^2}{r_z} \Rightarrow r_z = 1510 \text{ m}$$

$$k_0 = k_z + k_s = \frac{1000}{1510} + \frac{1000}{3000} = 0{,}662 + 0{,}333 = 0{,}995$$

$$r_0 = \frac{1000}{0{,}995} = 1005 \text{ m}$$

gewählt. nächstgrößere Weiche ABW 1200 – 1:18,5

Rucknachweis ist in ABW erfüllt wegen zul v = 80 km/h in IBW 760

Beide Weichen müssen die gleiche Neigung haben. Daher ist auch für die IBW die Neigung 1:18,5 zu wählen.

4.6 Beispiele

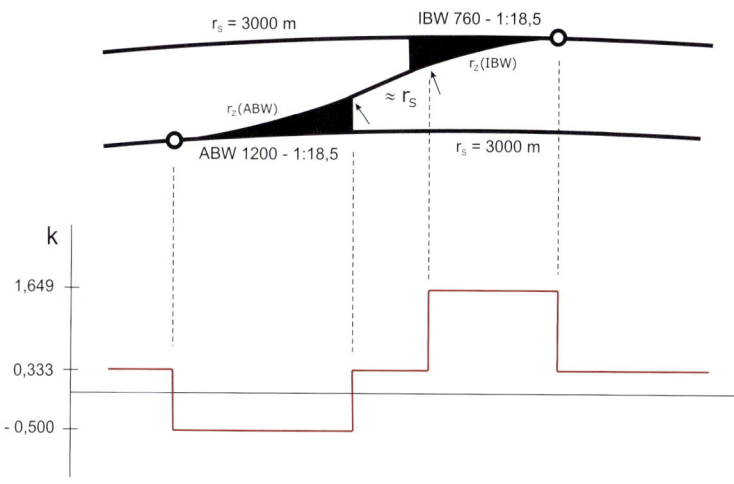

Bild 4.56 Lösung zu Beispiel 4.5

Zwischen den beiden Bogenweichen liegt ein Bogen mit dem Radius des Stammgleises. Zwischen zwei einfachen Weichen liegt ebenfalls ein „Bogen" mit dem „Radius" des Stammgleises, nämlich eine Gerade ($r = \infty$)!

5 Oberbau

In den vorangegangenen Kapiteln wurden bereits einige Konstruktionselemente von Gleisen und Weichen – wie zum Beispiel das Herzstück – verwendet, um Regeln der Trassierung oder geometrische Grundlagen zu erklären. Im nun folgenden Kapitel soll die Konstruktion der Gleise und Weichen systematisch erläutert werden.

5.1 Abgrenzung von Oberbau und Unterbau

Im Gegensatz zum Oberbau bezieht sich der Gleisbau im engeren Sinne nur auf die Gleise. Im weiteren Sinne kann der Begriff aber auch im umfassenderen Sinne des Oberbaus gebraucht werden. Gleisbau im Bereich von Weichen wird auch als Weichenbau bezeichnet.

Zum Oberbau des Eisenbahnfahrwegs gehören

- Gleise, Weichen und Kreuzungen,
- die Bettung (der Schotter),
- die Planumsschutzschicht.

Zum Unterbau zählen

- Frostschutzschicht,
- Dammschüttung,
- Baugrundverbesserungen.

Der darunter liegende gewachsene Boden wird als Untergrund bezeichnet.

In *Bild 5.1* sind typische Maße für die einzelnen Elemente dargestellt. Ihre Funktionen werden in den folgenden Abschnitten erläutert.

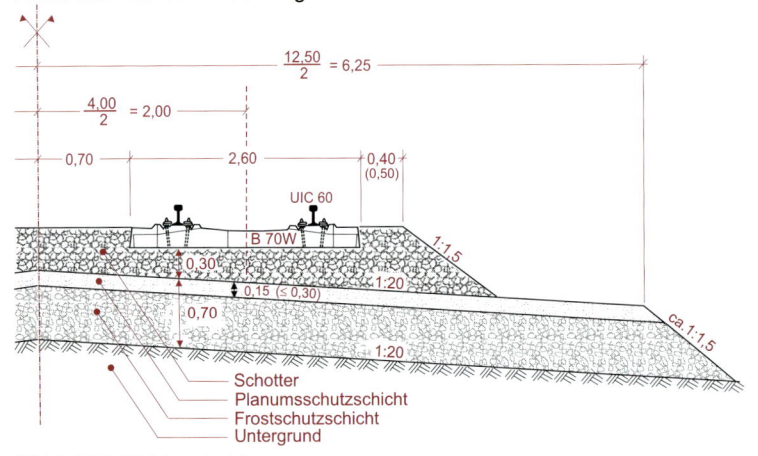

Bild 5.1 DB-Gleiskonstruktion

5.2 Bauteile des Gleises

5.2.1 Schienen

Schienen haben folgende Aufgaben:
- Radlasten aufnehmen und übertragen,
- Spurführung (durch Schienen und Schwellen),
- Rückleitung des Fahrstroms bei elektrifizierten Strecken,
- Transport von Informationen (z.B. Gleisstromkreise).

Handelsübliche Schienen werden auch als Führungsschienen verwendet. Sie dienen als zusätzlicher Entgleisungsschutz auf Brücken oder anderen kritischen Stellen (siehe *Bild 5.2*).

Das Schienenprofil weist in den Grundzügen eine ähnliche Form auf wie ein I-Träger. Dadurch wird eine große Tragfähigkeit in vertikaler Richtung, jedoch leichte Biegsamkeit in horizontaler Richtung erreicht. Die Biegsamkeit in der Horizontalen ist erforderlich, um Bogen und Weichen herzustellen. Auf der anderen Seite ergibt sich hierdurch die Notwendigkeit, die Schiene vor dem Ausweichen in der Horizontalen besonders zu sichern.
Die zurzeit in Deutschland gebräuchlichen Schienenformen werden in *Bild 5.3* dargestellt. Die Zahlenbezeichnungen 49-54-60 stehen für das Metergewicht der Schiene [kg/m], das Kürzel UIC für den Internationalen Eisenbahnverband. Die UIC 60 wird auf Hauptabfuhrstrecken eingesetzt, die S 54 auf Nebenfernstrecken und die S 49 auf untergeordneten Strecken und Nebengleisen. Rillenschienen werden bei Gleisen mit Straßenüberfahrten in Industriegebieten eingesetzt.

Bild 5.2 Führungsschiene zwischen Brückenwiderlager und Bahnsteig

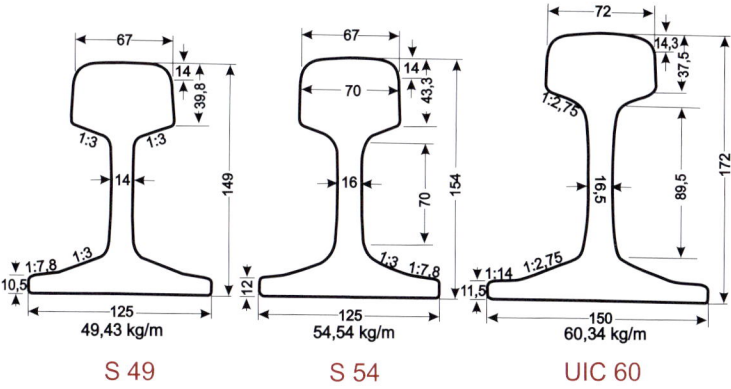

S 49 **S 54** **UIC 60**

Bild 5.3 Schienenformen

Im Gegensatz zu Schienen bei Straßenbahnen ist die Lauffläche des Rades bei der Eisenbahn immer breiter als der Schienenkopf. *Bild 5.4* zeigt die Schienen für Eisenbahnen und Straßenbahnen im Vergleich.

Schienen werden in der Regel miteinander verschweißt, um Schienenstöße zu vermeiden, die den Fahrkomfort beeinträchtigen und den Verschleiß an Schiene sowie Radsatz erhöhen würden. Voraussetzung für die Verschweißung ist eine ausreichende Druck- und Zugfestigkeit des Schienenstahls, um die Belastungen, die durch Temperaturschwankungen entstehen, aufnehmen zu können.

In Ausnahmefällen werden auch heute noch Schienenstöße angeordnet und die Schienen mit Laschen verbunden, etwa in Bergsenkungsgebieten und gelegentlich im Weichenbereich von Bahnhöfen.

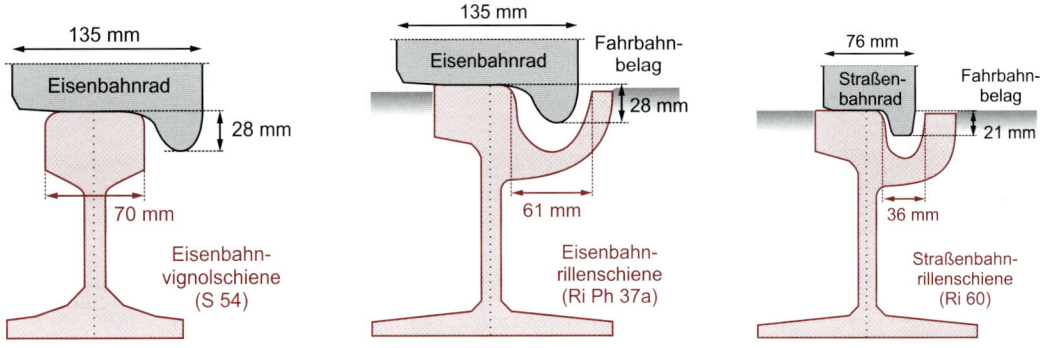

Bild 5.4 Rad-Schiene-Kontakt bei verschiedenen Schienenprofilen

5.2.2 Schwellen

Schwellen haben die Aufgabe, die Spurhaltung der Schienen zu gewährleisten und die Kräfte, die durch den Radsatz eingeleitet werden, auf den Bahnkörper zu übertragen.

Schwellen können aus verschiedenen Materialien hergestellt werden:

5.2.2.1 Holzschwellen

+ geringes Gewicht, daher leicht manuell einzubauen,
+ gutes elastisches Verhalten,
+ keine Zerstörung bei Entgleisungen,
- verschleißanfällig, insbesondere Gefahr von Rissen und Fäulnis.

Bild 5.5 Stahl- und Holzschwellen

Der Gefahr von Rissen und Fäulnis wird durch Tränkung mit Chemikalien begegnet. Holzschwellen sind daher kein umweltfreundlicher Baustoff.

5.2.2.2 Stahlschwellen

- \+ durch die Ausführung als Hohlschwelle gute Verzahnung mit dem Schotter, daher Widerstand gegen Längs- und Querverschiebungen sehr hoch
- \+ lange Lebensdauer
- \+ nach Ausbau noch erheblicher Schrottwert
- \+ geringe Bauhöhe
- − bei starker Einwirkung von Feuchtigkeit und Salz Korrosionsgefahr
- − teurer als Holzschwelle
- − schlechte elektrische Isolierfähigkeit

5.2.2.3 Betonschwellen

- \+ Serienfertigung sehr wirtschaftlich
- \+ gute Lagestabilität durch hohes Gewicht (300-400 kg pro Schwelle!)
- − hohes Gewicht. daher nur maschinell verlegbar
- − Einzelanfertigungen sehr aufwendig

Die gute Lagestabilität in Kombination mit der maschinellen Verlegbarkeit haben die Betonschwellen zu der bevorzugten Schwellenbauform für Neubauten und größere Umbauten gemacht. In untergeordneten Gleisen, Gleisen mit leichtem Verkehr, bei kleineren Reparaturen und in Weichen ist der Einsatz von Holzschwellen jedoch noch immer verbreitet. Stahlschwellen der klassischen Bauform werden wegen mangelnder Wirtschaftlichkeit heute nicht mehr eingebaut. An ihre Stelle sind die materialsparenden Y-Schwellen getreten, die aufgrund ihrer geringen Höhe dort zum Einsatz kommen, wo die Einbauhöhe begrenzt ist, zum Beispiel in alten Tunneln oder auf Brücken (wegen des Maßes der lichten Höhe unter der Brücke!).

Bild 5.6 Beton- und Holzschwellen

Bild 5.7 Y-Schwellen

Bild 5.8 Stahlschwellen auf Fußgängerunterführung (Einsparung Bauhöhe)

5.2.3 Schienenbefestigungen

Die Tatsache, dass sich die Schienen in horizontaler Richtung leicht verbiegen lassen, erfordert eine verwindungs- und schubsichere Verbindung von Schiene und Schwelle, sodass ein möglichst steifer Gleisrost entsteht. Zu diesem Zweck werden Schienenbefestigungen verwendet; die in Deutschland vorherrschenden Bauformen („Oberbauart K" für Holzschwellen / „Oberbauart W" für Betonschwellen) sind in den *Bildern 5.10* und *5.11* dargestellt.

Neben den horizontalen müssen vor allem auch die vertikalen Kräfte aufgenommen werden: Befindet sich eine Achse an der Stelle der Schienenbefestigung, so ist eine Druckkraft aufzunehmen. Bewegt sich die Achse ein Stück weiter, so ist es eine Zugkraft, die aufgenommen werden muss.

Bild 5.9 Schienennagel

Dieser ständige schnelle Wechsel von Druck und Zug ist charakteristisch für die Belastung der Schienenbefestigungen.

Direkte Verbindungen zwischen Schiene und Schwelle mit Hilfe von Schienennägeln (siehe *Bild 5.9*) werden allenfalls in untergeordneten Gleisen angewandt, da sie bei starkem und schnellem Verkehr viel Instandhaltungsaufwand erfordern. So haben sich Konstruktionen mit indirekter Verbindung von Schiene und Schwelle durchgesetzt. Die Verbindung geschieht mit Hilfe von Klemmplatten oder Federbügeln, die in die Schwelle eingeschraubt werden. Federbügel haben gegenüber Klemmplatten den Vorteil, dass sie die Schwingungen besser aufnehmen. Bei Betonschwellen kann man gegenüber Holzschwellen die Zahl der Schrauben verringern, weil die Form der Betonschwelle an die Form des Federbügels angepasst werden kann.

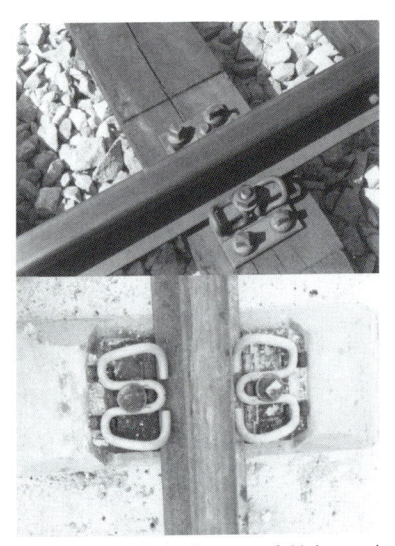

Bild 5.10 W-Befestigung auf Holz- und Betonschwelle

Bild 5.11 K-Oberbau auf Stahlschwelle und Betonschwelle

Um sicherzustellen, dass sich die Schiene auch in Längsrichtung nicht bewegen kann, ist außerdem eine Zwischenlage aus Kunststoff (früher aus Pappelholz) zwischen Schiene und Schwelle erforderlich.

Im Ausland sind auch andere Schienenbefestigungen gebräuchlich. Besonders hervorzuheben ist die schraubenlose Verbindung der Firma PANDROL. Sie hat den Vorteil, dass die Schienenbefestigungen sich nicht durch die Vibration der fahrenden Züge lösen. Andererseits kann sich der in den Schwellenbeton eingelassene Metallkörper lösen, was aufwendige Reparaturen zur Folge hat.

5.2.4 Schotterbett

Die Aufgaben des Schotterbettes (auch Bettung genannt) bestehen darin,

- den Druck der Radlasten über die Schwellen an den Untergrund weiterzugeben und gleichmäßig auf eine größere Fläche zu verteilen;
- die Schwellen in fester und unverrückbarer Lage zu sichern;

Bild 5.12 Pandrol-Schienenbefestigung

- das Niederschlagswasser möglichst schnell und ungehindert durchsickern zu lassen.

Diese Ansprüche erfüllt ein Gleisschotter aus gebrochenem Hartgestein. Der Schotter soll überwiegend aus scharfkantigen, unregelmäßig geformten Stücken mit Durchmessern zwischen 15 und 60 mm bestehen.
Die Mindeststärke des Schotterbettes unter der Schwellenunterkante beträgt 30 bis 35 cm (> 200 km/h) unter der maßgebenden Schiene. Vor dem Schwellenkopf wird Schotter benötigt, um das Gleis gegen Querverschiebung zu sichern (40 cm Breite bis 160 km/h, 50 cm bei > 160 km/h).
Um die Gleislage dauerhaft zu sichern, wird der Schotter beim Einbau lagenweise verdichtet und stabilisiert.

Alternativ zum Schotterbett kann auch eine feste Fahrbahn aus Beton verwendet werden (siehe Abschn. 5.4).

Instandhaltung des Schotterbetts
Die Vibrationen, denen ein Gleis ausgesetzt ist, führen zu Absplitterungen der Schotterkörner. Der Anteil der feinen Körnungen wird dadurch allmählich größer. Weiterhin werden feine Körnungen sowie organische Bestandteile aus der Umwelt in den Schotter hineingetragen, zum Beispiel durch Laubfall, Ausbreitung von Vegetation und Kapillarwirkungen aus dem Untergrund. In der Folge sinkt die Reibung zwischen den mehr und mehr rund geschliffenen Schotterkörnern und das Wasser kann nicht mehr ungehindert durch den Schotter abfließen. Durch die andauernde Feuchtigkeit sinkt die Tragfähigkeit des Planums, und die Lage des Gleises ist nicht mehr stabil.
Deshalb sollte der Oberbau regelmäßig einer Bettungsreinigung unterzogen werden. Bereits eingetretene Lageveränderungen des Gleises müssen korrigiert werden. Dazu wird das Gleis gestopft, d.h. es wird neuer Schotter hinzugefügt und mit dem vorhandenen Schotter zusammen verdichtet.

Die Erfahrung hat gezeigt, dass bei mangelnder Instandhaltung die Schäden und somit auch die Kosten für ihre Beseitigung mit der Zeit überproportional anwachsen. Wenn der Oberbau bereits stark geschädigt ist, müssen für den Zugverkehr Langsamfahrstellen angeordnet werden, welche zu längeren Fahrzeiten und Verspätungen führen. Zahl und Länge der Langsamfahrstellen sind ein guter Anhaltspunkt zur Beurteilung des Betriebszustandes eines Eisenbahnnetzes.

5.2.5 Schutzschichten

Schutzschichten sind Schichten aus Korngemischen mit oder ohne Zusatzmaßnahmen, die zwischen dem Schotter oder der festen Fahrbahn und dem Erdplanum angeordnet werden und verschiedene Aufgaben zu erfüllen haben. Sie sollen

- die Lasten aus dem Eisenbahnbetrieb gleichmäßig auf dem Erdplanum verteilen (Aufgabe als Tragschicht),
- das Erdplanum vor Frost schützen, falls dieses frostempfindlich ist (Aufgabe als Frostschutzschicht),
- eine Vermischung des Schotters mit dem Erdplanum verhindern (Aufgabe als Trenn- und Filterschicht) und
- das Oberflächenwasser vom Erdplanum fernhalten, falls dieses wasserempfindlich bzw. bindig ist (Aufgabe als Dichtungsschicht).

Man unterscheidet

- Planumsschutzschichten (PSS),
- Frostschutzschichten (FSS) und
- Schutzschichten mit Zusatzmaßnahmen.

Ältere Bahnstrecken sind häufig noch ohne Planumsschutzschicht ausgeführt worden, denn mit Abstrichen können die Aufgaben der Planumsschutzschicht auch von der Frostschutzschicht übernommen werden. Mittlerweile hat sich die Bauweise mit Planumsschutzschicht jedoch durchgesetzt. Ausnahmen werden am Ende des Abschnitts aufgeführt.

Die wesentliche Aufgabe der Planumsschutzschicht ist es, das Oberflächenwasser vom Erdplanum fernzuhalten und das anfallende Wasser schnellstmöglich zur Seite abzuleiten. Daher wird sie als oberste Schicht eingebaut und aus möglichst wasserundurchlässigem Material hergestellt, d.h., sie weist einen relativ hohen Feinkornanteil auf. Sie kommt nur beim Schotteroberbau, nicht jedoch bei der festen Fahrbahn (siehe Abschnitt 5.4) zur Anwendung.

Die Frostschutzschicht hingegen soll verhindern, dass Kapillarwasser aus dem Untergrund aufsteigt; sie wird daher aus möglichst wasserdurchlässigem Material hergestellt. Beide Schichten sorgen dafür, dass der Frost nicht bis zum Erdplanum durchdringen kann.

Die genannten Schutzschichten können mit **Zusatzmaßnahmen** ergänzt werden:

- Geotextilien, Geogitter oder Dichtungsbahnen
- Bodenverbesserungen, Bodenverfestigungen oder Bodenaustausch,
- Abdichtungen in Wasserschutzgebieten,
- Einbau von Wärmedämmschichten.

Diese kommen zur Anwendung, wenn der Untergrund eine zu geringe Tragfähigkeit aufweist oder eine geringere Dicke der Schutzschichten angestrebt wird (z.B. beim Einbau von Schutzschichten bei einer zweigleisigen, bestehenden Strecke, um auf einen Längsverbau zwischen den Gleisen verzichten zu können).

Anordnung und Dicke der Schutzschichten
In der Regel sind beim Neubau von Gleisen und bei Instandhaltungsmaßnahmen Schutzschichten einzubauen. Nur in folgenden Fällen kann eventuell auf sie verzichtet werden:

- Der Untergrund besteht aus verwitterungsbeständigem Fels,
- beim Neubau von Gleisen für Abstell- und Rangieranlagen,
- bei Instandhaltungsmaßnahmen an bestehenden Gleisanlagen ohne Anhebung der Streckengeschwindigkeit.

Die Dicke der gesamten Schutzschichten beträgt zwischen 20 und 70 cm und ist von folgenden Faktoren abhängig:

- Art der Baumaßnahme (Neubau oder Instandhaltung),
- Streckenklasse, die die Zugarten auf einer Strecke und die anzustrebende Geschwindigkeit beschreibt (z.B. P 160 für eine Personenverkehrsstrecke, die mit maximal 160 km/h befahren wird),
- Oberbauart (Schotteroberbau oder feste Fahrbahn),
- Tragfähigkeit des Bodens,
- der zu erwartenden Winterstrenge im Planungsgebiet. Zur einfacheren Ermittlung wurde Deutschland in drei Frosteinwirkungsgebiete eingeteilt, die aus einer Landkarte zu entnehmen sind.

In der Regel ist auch eine Planumsschutzschicht einzubauen. Diese soll eine Dicke von 30 cm, mindestens aber 20 cm aufweisen. Bei insgesamt günstigen Verhältnissen, insbesondere wenn das Erdplanum ausreichend tragfähig und der Boden frost- und wasserunempfindlich ist, darf auf eine Planumsschutzschicht verzichtet werden.

Planumsschutzschichten sollen auf keinen Fall mit Lkw befahren werden!

5.2.6 Entwässerung

Durch die seitliche Neigung des Planums wird das anfallende Niederschlagswasser in einen seitlichen Entwässerungsgraben bzw. ein Entwässerungsrohr eingeleitet. Da das anfallende Wasser in der Regel keine nennenswerten Schadstoffe enthält, ist in der Regel keine gesonderte Behandlung erforderlich. Offene Entwässerungsgräben sind für Oberflächenwasser die Regel; Grund- und Kapillarwasser wird über eine Tiefenentwässerung abgeführt.

5.3 Gleisbauverfahren

Das Bestreben, die schwere körperliche Arbeit im Gleisbau durch den Einsatz von Maschinen zu erleichtern und gleichzeitig die Produktivität zu erhöhen, hat zur Entwicklung von Hochleistungsmaschinen geführt. Insbesondere für folgende Arbeiten werden Hochleistungsmaschinen eingesetzt:

- Gleisumbau (Austausch von Schienen und Schwellen),
- Bettungsreinigung (Reinigung des Schotterbettes, insbesondere zur Entfernung organischer Bestandteile),
- Stopfen (Herstellung der korrekten Gleislage, z. B. bei Überhöhungen),
- Richtarbeiten (Herstellen der exakten Parallellage der Schienen),
- Austausch von Gleisjochen (Gleisjoch = Gleisabschnitt, ohne Schotter).

Bei kleineren Arbeiten, für die eine längere Sperrung von Gleisen vermieden werden soll, kommen Kleinmaschinen und -geräte zum Einsatz, z. B. das Schwellenwechselgerät zum Auswechseln einzelner Schwellen.

Der gesamte Arbeitsablauf einer Gleiserneuerung besteht in der Regel aus folgenden Schritten:
1. geschweißte Gleise trennen (manuell)
2. ggf. Bettung reinigen
3. Kleineisen lösen (z. T. manuell)
4. altes Material ausbauen
5. neues Material einbauen
6. Kleineisen verspannen (z. T. manuell)
7. Gleisrost mit Schotter verfüllen
8. Gleis stopfen, richten, planieren
9. Gleis verschweißen (manuell)

Bild 5.13 Schotterpflug zur Lagekorrektur von Schotter

Bild 5.14 Stopfmaschine

Am vorderen Ende des Umbauzuges werden die alten Schienen und Schwellen aufgenommen, gleichzeitig werden am hinteren Ende auf dem bereits freien Planum die neuen Materialien verlegt.

Ein Gleisumbau kann nur vorgenommen werden, wenn das Gleis gesperrt wird. Bei eingleisigen Strecken bedeutet dies immer eine Unterbrechung des Verkehrs. Auf zweigleisigen Strecken kann unter Umständen der Verkehr auf dem Nachbargleis mit reduzierter Geschwindigkeit fortgeführt werden. Aber auch in diesem Fall muss die Zahl der Züge in der Regel deutlich reduziert werden. Im Güterverkehr und Personenverkehr können einige Züge meist großräumig umgeleitet werden, im Nahverkehr ist dies jedoch nicht möglich. Größere Baumaßnahmen werden daher fast ausschließlich nachts und am Wochenende durchgeführt, weil die Zahl der betroffenen Züge zu diesen Zeiten am kleinsten ist.

5.4 Feste Fahrbahn

Eine Alternative zum Schotteroberbau ist die feste Fahrbahn. Bei dieser Oberbauform wird anstelle des Schotters Beton zur Aufnahme der Lasten und zur Lagesicherung des Gleises verwendet.

5.4 Feste Fahrbahn

Die Entwicklung der festen Fahrbahn wurde zunächst in Japan vorangetrieben. Bei den dort in den 1960er Jahren gebauten Hochgeschwindigkeitsstrecken trat das Problem auf, dass durch die schnell fahrenden Züge Schottersteine aufgewirbelt wurden und die Fahrzeuge beschädigten (Schotterflug). In Deutschland wird dieses Phänomen weitgehend dadurch vermieden, dass der Schotter auf den Schwellen nach dem Einbau abgekehrt wird. Ein weiteres Problem entsteht aber durch das Zerbröseln von Schottersteinen im Schwellenbereich durch die große und hochfrequente Beanspruchung bei großen Geschwindigkeiten. Daher hat die Deutsche Bahn die Technik der festen Fahrbahn anlässlich des Baus von Neubaustrecken für hohe Geschwindigkeiten erprobt und setzt sie heute in geeigneten Fällen ein.

Bild 5.15 Feste Fahrbahn System Rheda mit Zweiblockschwellen im Bau

Je größer die Zuggeschwindigkeiten sind, desto größer sind aber auch die Kräfte, die in den Oberbau eingeleitet werden. Beim Schotteroberbau entstehen dadurch relativ schnell Umlagerungen, die zu Gleislagefehlern führen. Die Intervalle der Stopfarbeiten zur Korrektur der Gleislage werden kürzer, dadurch steigt der Instandhaltungsaufwand. Mit der festen Fahrbahn wird die Hoffnung verbunden, den Instandhaltungsaufwand zu verringern.

Ein weiterer Vorteil der festen Fahrbahn liegt bei der Anwendung im Tunnel. Aufgrund der geringeren Konstruktionshöhe der festen Fahrbahn gegenüber dem Schotteroberbau kann der Querschnitt kleiner gewählt werden. Da die maschinelle Gleisinstandhaltung in Tunneln oftmals schwierig ist, ist auch in vorhandenen Tunneln der Einsatz der festen Fahrbahn tendenziell von Vorteil.

Bild 5.16 Feste Fahrbahn: links im Bau, rechts fertiggestellt (System Rheda)

Konstruktionsweise und Einbauverfahren
Das Grundprinzip der festen Fahrbahn besteht darin, dass zwischen den Schwellen und unter den Schwellen Beton eingebracht wird. Dazu gibt es zwei Möglichkeiten:

- Bauart Rheda: Die Schwellen werden während der Bauphase angehoben und in der Höhenlage festgehalten, während der Füllbeton eingebracht wird.
- Bauart ZÜBLIN: Der Füllbeton wird zuerst eingebracht, die Schwellen werden dann in den noch feuchten Füllbeton eingerüttelt.

Bei beiden Bauweisen befindet sich unter dem Füllbeton ein Trog, der ebenfalls aus Beton besteht.
Entscheidend für das Gelingen des Einbaus ist die Herstellung der korrekten Höhenlage. Im Gegensatz zum Schotteroberbau kann diese später nur in engen Grenzen – durch Unterlegscheiben zwischen den Schienen und Schwellen – korrigiert werden.

Die Bezeichnung „Rheda" leitet sich vom Bahnhof Rheda-Wiedenbrück in Westfalen ab. Im Bereich dieses Bahnhofs auf der Strecke Dortmund – Hannover wurde das System zum ersten Mal versuchsweise in der Praxis eingesetzt.

Bild 5.17 Feste Fahrbahn System Rheda: Einmessen der Höhenlage des Gleises

Die Herstellung der korrekten Höhenlage und das Einbringen des Betons sind insbesondere beim System Rheda sehr personalaufwendig, da eine Automatisierung nur eingeschränkt möglich ist. Aus diesem Grund ist die feste Fahrbahn in der Herstellung um etwa 15 Prozent teurer als der Schotteroberbau. Dies muss durch längere Lebensdauer und geringere Instandhaltungskosten ausgeglichen werden, damit der Einsatz der festen Fahrbahn wirtschaftlich sinnvoll ist. Die bisherigen Erfahrungen lassen darauf noch keine verallgemeinerungsfähigen Rückschlüsse zu. Für Strecken mit Geschwindigkeiten bis 200 km/h wird auf absehbare Zeit außer in Tunneln weiterhin der konventionelle Oberbau verwendet.

Besondere Bauformen
Neben den Systemen Rheda und ZÜBLIN sind drei weitere Bauweisen einer besonderen Erwähnung wert:

- Bitumenbauweise: Anstelle des Betontroges wird eine Asphalttragschicht eingesetzt. Der Einbau wird dadurch vereinfacht. Probleme bestehen bei starker Sonneneinstrahlung aufgrund der mangelnden Hitzebeständigkeit des Bitumens.
- Gleistragplattensystem der Firma BÖGL: Hierbei werden komplette Fahrbahnabschnitte (Betonplatten und Schienenbefestigungen) vorgefertigt. Die massiven Platten werden auf der Baustelle auf den Untergrund gelegt und untereinander fest verbunden. Als Kleber zwischen Tragschicht und Platte kommt Zementmörtel zum Einsatz.
- Schwellenlose Bauweise: Bei dieser Bauweise werden keine Schwellen verwendet, sondern das Gleis wird unmittelbar auf einen erhöhten Betonstreifen aufgesetzt. Diese Bauweise wird nur bei Straßenbahnen eingesetzt.

Da die feste Fahrbahn einen höheren Anteil des Schalls reflektiert als der Schotter des konventionellen Oberbaus, muss bei der Lärmberechnung ein Zuschlag angesetzt werden. Dort, wo dies zu Mehraufwendungen beim Schallschutz führen würde, wird die Schallabstrahlung mittels Schalldämmplatten reduziert.

Bild 5.18 Feste Fahrbahn mit Schallabsorbern

Bei der Aufnahme von Querkräften ist die feste Fahrbahn hingegen dem traditionellen Schotteroberbau überlegen. In der Trassierung ist daher eine größere Überhöhung zulässig (170 mm statt 160 mm, siehe auch Abschnitt 3.2.4). Hieraus folgen tendenziell geringere Gleisradien und verringerter Flächenbedarf; allerdings ist der Unterschied nicht groß.

5.5 Weichenbau

Die Zungen sind die beweglichen Teile der Weiche. Sie befinden sich immer innen, während die unbeweglichen Backenschienen außen verlaufen. Dies Anordnung hat den Vorteil, dass beide Zungen beim Stellen der Weiche in die gleiche Richtung verschoben werden müssen und somit nur eine Verschubstange für beide Zungen benötigt wird. Die Verschubstange wird bei ferngestellten Weichen von einem Motor angetrieben, bei großen Weichen unter Umständen auch von mehreren. Sie ist so konstruiert, dass die beiden Zungen zeitlich versetzt verstellt werden, weil auf diese Weise der Anlaufstrom des Motors verringert werden kann. Für Einzelheiten zu diesem Klammerspitzenverschluss wird auf MATTHEWS verwiesen.

Bild 5.19 Antriebsmotor einer Weiche

Am Weichenanfang wird die empfindliche Zungenspitze unter die abgeschrägte Backenschiene geschoben, um ihren Verschleiß zu mindern.
Der Steg der Zungenschiene wird gegenüber dem Steg der Backenschiene verkürzt, damit die Profile beim Anstellen der Zunge an die Backenschiene aneinander vorbeigleiten können.

Die Biegsamkeit der Zungen wird bei den meisten Weichen dadurch hergestellt, dass deren Fuß beidseitig auf einer Länge von etwa drei Schwellenabständen geringfügig abgefräst wird.
Der Fuß der Zungenschiene bewegt sich auf Gleitstühlen, die regelmäßig gefettet werden müssen, um ihre Reibung gering zu halten. Die Weichenschmierung ist ein wesentlicher Kostenbestandteil bei der Instandhaltung. Aus diesem Grunde sind „HRS-Weichen" mit Rollenlagern entwickelt worden. Bei diesem System werden die Zungen angehoben (H für Heben), auf den Rollenlagern bewegt (R für Rollen) und am Zielort wieder abgesenkt (S für Senken).

Bild 5.20 Zunge und Backenschiene
(Mit freundlicher Genehmigung von Ralf Gunkel)

Bild 5.21 Weichenzunge auf Gleitstühlen

Bild 5.22 Weichenzunge mit HRS-Technik

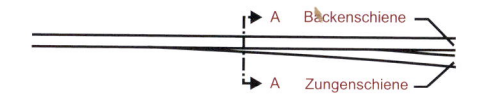

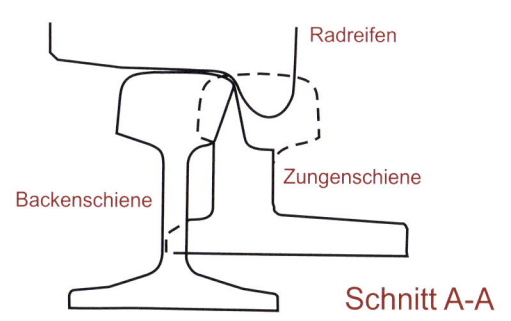

Bild 5.23 Ausbildung der Zungenschiene

5.5.1 Starre und bewegliche Herzstückspitzen

Die Herzstücke werden meist ohne bewegliche Teile ausgerüstet. Bei solchen starren Herzstücken bleibt das Rad in der Herzstücklücke führungslos. Deshalb sind neben den äußeren Schienen der Weiche Radlenker zur Führung des anderen Radsatzes angebracht. Die vertikalen Kräfte im Bereich der Herzstücklücke übernimmt die Flügelschiene. Starre Herzstücke können aus zwei Schienen zusammengeschweißt werden (Schienenherzstück) oder aus einem Stück, als Blockherzstück, gefertigt sein.

Bild 5.25 Schienenherzstück

Bild 5.26 Blockherzstück

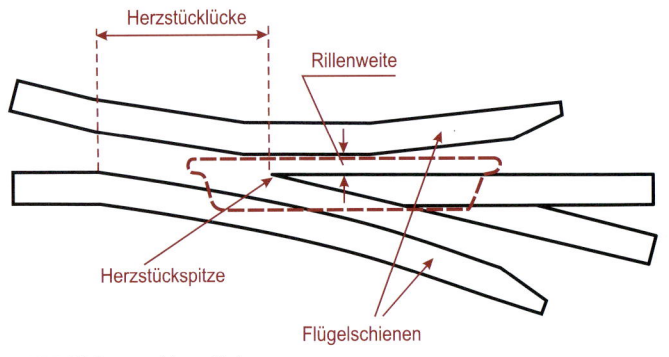

Bild 5.24 Starres Herzstück

Die Nachteile der starren Herzstücke sind ein unruhiger Fahrtverlauf und ein hoher Verschleiß. Für höhere Geschwindigkeiten existieren deshalb Herzstücke ohne Fahrkantenunterbrechung. Hierbei werden die Herzstücke mit beweglichen Spitzen ausgerüstet. Die beweglichen Herzstücke (bewegliche Herzstückspitzen) werden unterschieden nach gelenkig beweglicher und federnd beweglicher Herzstückspitze. Die federnd bewegliche Herzstückspitze ist instandhaltungsfreundlicher und hat sich weitgehend durchgesetzt. Allerdings ist sie bei einigen Weichentypen länger als das starre Herzstück. Werden Weichen mit starrem Herzstück gegen solche mit beweglichem Herzstück ausgetauscht, sind in diesen Fällen gelenkig bewegliche Herzstückspitzen einzusetzen, wenn die Gleisgeometrie nicht verändert werden soll.

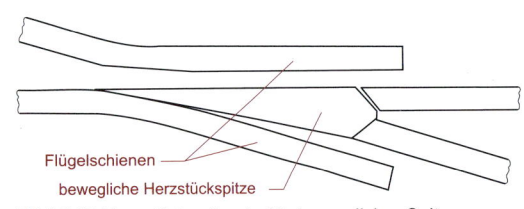

Bild 5.27 Herzstück mit gelenkig beweglicher Spitze

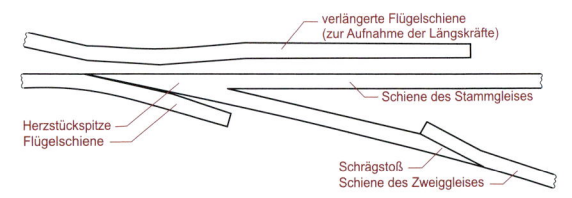

Bild 5.28 Herzstück mit federnd beweglicher Spitze

5.5 Weichenbau

Für die Trassierung haben bewegliche Herzstückspitzen den Vorteil, dass größere Überhöhungsfehlbeträge als bei starren Herzstücken zugelassen werden können (siehe Kapitel 4).

Bei Geschwindigkeiten > 200 km/h müssen in Deutschland bewegliche Herzstückspitzen eingebaut werden. Bei v > 160 km/h und u_f > 50 mm sollen sie eingebaut werden.

Bild 5.29 Rad auf (starrem) Herzstück (Mit freundlicher Genehmigung von Franz Gierse)

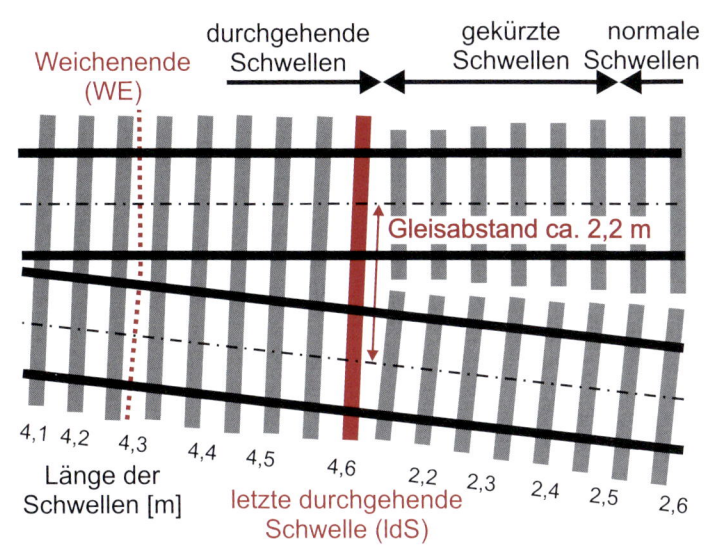

Bild 5.30 Weichenschwellen

5.5.2 Weichenschwellen

In Weichen werden besondere Schwellenbauformen verwendet. Betonschwellen haben einen größeren Querschnitt als auf der freien Strecke. Da jede Schwelle einer Weiche eine individuelle Länge hat, werden in Weichen immer noch häufig Holzschwellen eingesetzt. Auf die Problematik der Langschwellen wurde bereits bei der Bemessung des Gleisabstandes in Abschn. 4.1.7 hingewiesen. Unmittelbar hinter der letzten Langschwelle werden verkürzte Schwellen eingesetzt, weil der Gleisabstand dort nicht für Schwellen mit Regellänge ausreicht. Bei Weichen mit Betonschwellen werden keine Langschwellen eingesetzt, sondern verkürzte Schwellen, die im Schotter miteinander gekoppelt werden.

Beispiel 5.1

Erläutern Sie, welche Kräfte Schienenbefestigungen aufnehmen müssen und woraus diese Kräfte resultieren und warum es trotz dieser großen Kräfte möglich ist, Schienen durchgehend zu verschweißen.

Lösung:

Im Wesentlichen Belastungen durch Vertikalkräfte und Horizontalkräfte.
Vertikalkräfte: Zug und Druck aus Entlastung und Belastung (statisches System eines Durchlaufträgers);
Horizontalkräfte: Spannungen aus Wärmedehnung.

Durchgehende Verschweißung ist möglich, weil hochfester Stahl verwendet wird, der die Spannungen aufnimmt, und weil Schienenbefestigungen seitliches Ausweichen verhindern.

6 Gleisquerschnitte

6.1 Lichtraumprofile

Um den Abstand zwischen Gleisen und festen Gegenständen zu bemessen, werden Lichtraumprofile verwendet. Ausgehend von dem Platzbedarf des Zuges (Fahrzeugbegrenzungslinie, Bezugslinie) werden die Vertikal- und Horizontalbewegungen des Zuges während der Fahrt hinzugerechnet. So entsteht die Grenzlinie für den kinematischen Regellichtraum. Der Lichtraum selbst ist gegenüber der Grenzlinie noch einmal erweitert. In diesem Raum dürfen keine festen Gegenstände oder Bauteile angeordnet werden. Besonderheiten:

- Bahnsteige müssen nahe am Gleis liegen und dürfen deshalb in den Regellichtraum hineinragen (Bereich B in *Bildern 6.1* bis *6.3*). Bei der Konstruktion der Fahrzeuge ist im unteren Bereich auf die Bahnsteige Rücksicht zu nehmen.
- Lichtraumprofile zweier paralleler Gleise dürfen sich zum Teil überschneiden. Dies ist ungefährlich, solange sich die Bezugslinien der Züge nicht überschneiden.

Ⓐ siehe Zeichnungen

Ⓑ Raum für bauliche Anlagen, wie z.B. Bahnsteige, Rampen, Rangiereinrichtungen, Signalanlagen. Die jeweiligen Einbaumaße sind in den entsprechenden Modulen angegeben.

Bei Bauarbeiten dürfen auch andere Gegenstände hineinragen (z.B. Baugerüste, Baugeräte, Baustoffe), wenn die erforderlichen Sicherheitsmaßnahmen getroffen sind. Diese können z.B. das Vorhandensein der jeweiligen Grenzlinie für feste Anlagen (Mindestlichtraum), der Ausschluss von LÜ-Sendungen und das Herabsetzen der Geschwindigkeit sein.

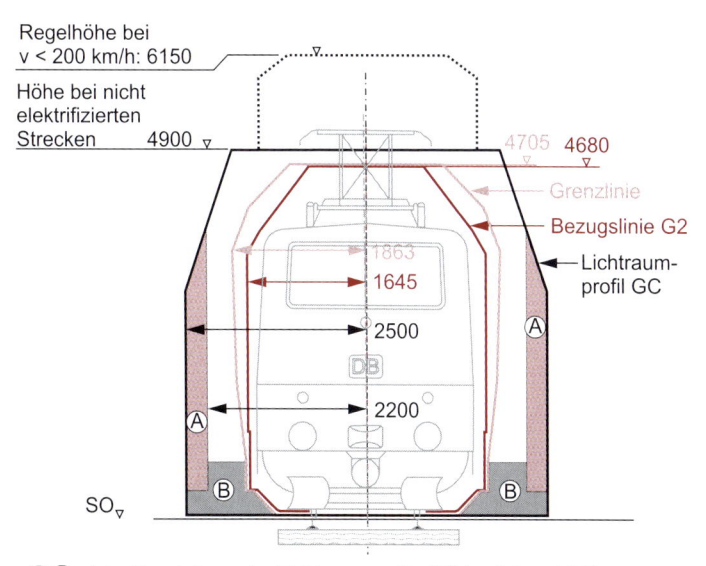

Ⓐ Ⓑ siehe Darstellung der Lichtraumprofile (Bilder 6.2 und 6.3)

Bild 6.1 Vergleich von Grenzlinie, Bezugslinie und Lichtraumprofil

Aufgrund der unterschiedlichen nationalen Lichtraumprofile können viele Züge nicht international eingesetzt werden. Für den internationalen Einsatz wurden und werden spezielle Züge (Thalys, Eurostar, ICE International) entwickelt, welche alle Restriktionen berücksichtigen. Weitere Einschränkungen der internationalen Einsetzbarkeit von Zügen ergeben sich aus Unterschieden in der Sicherungstechnik (siehe Kap. 9) und beim Fahrstrom (siehe Abschn. 6.4).

Für den grenzüberschreitenden Verkehr ist der europäische Standard-Lichtraum „GC" entwickelt worden. Ziel ist es, Strecken mit internationalem Verkehr einheitlich mit diesem Lichtraum zu versehen. Vorhandene alte Strecken weisen vielfach noch kleinere nationale Lichträume auf.

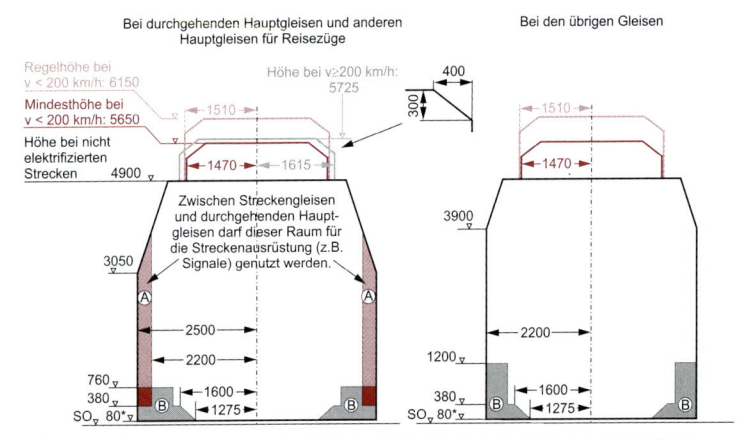

* Im Bereich von Neigungsausrundungen (mit r ≥ 2000 m) und mindestens 20 m davor beträgt dieser Wert 55 mm.

Bild 6.2 Lichtraumprofil GC (bei Radien ≥ 250 m)

„S-Bahn" ist die Markenbezeichnung für einen an feste Fahrplantakte gebundenen Nahverkehr im Ballungsraum. „Erfunden" wurde das Konzept in den 1920er Jahren in Berlin.

Auf S-Bahn-Strecken in Deutschland wird ein in der Breite reduziertes Profil angewendet (*Bild 6.3*). Dadurch werden die Kosten im Vergleich zum Profil GC gesenkt, die freizügige Nutzung der Gleise durch verschiedene Züge jedoch eingeschränkt.

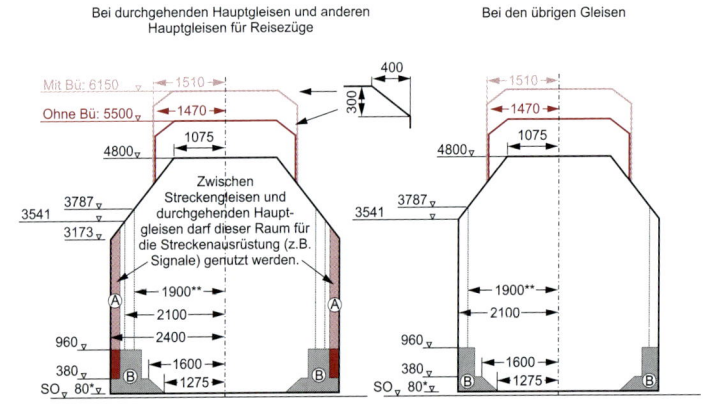

* Im Bereich von Neigungsausrundungen (mit r ≥ 2000 m) und mindestens 20 m davor beträgt dieser Wert 55 mm.
** In Tunneln und in unmittelbar angrenzenden Einschnittsbereichen, sofern besondere Fluchtwege vorhanden sind.

Bild 6.3 Lichtraumprofil S-Bahn (bei Radien ≥ 250 m)

6.2 Dimensionierung von Querschnitten

Um einen Streckenquerschnitt zu dimensionieren, müssen neben dem Lichtraumprofil noch zusätzliche Erweiterungen berücksichtigt werden:

- Ausführung des Oberbaus,
- Entwässerung,
- Sicherheitsraum (zum sicheren Aufenthalt von Personen neben dem Gleis).

Aus den genannten Maßen ist ein umfangreicher Katalog von Regelquerschnitten entstanden. Die *Bilder 6.4* bis *6.8* zeigen einige ausgewählte Beispiele für Streckenquerschnitte auf Erdkörpern. Für Querschnitte auf Brücken und in Tunneln gelten besondere Richtlinien.
Neben dem Lichtraumprofil plus Erweiterungen spielt für den Streckenquerschnitt auch der Gleisabstand eine wichtige Rolle.

Aus den Lichtraumprofilen ergeben sich Streckenquerschnitte, welche noch weitere, streckenseitige Einflüsse berücksichtigen.

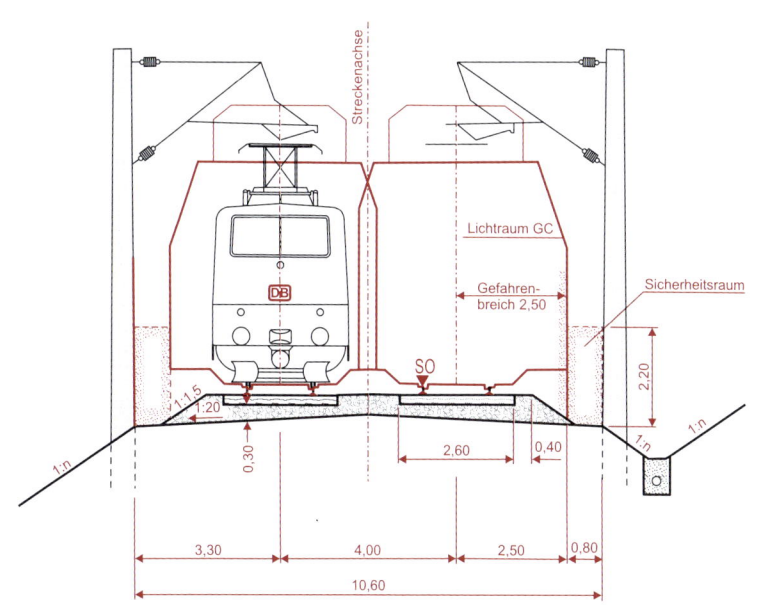

Bild 6.4 Zweigleisiger Querschnitt bis 160 km/h

In *Bild 6.5* liegen die beiden Gleise innerhalb eines Bogens in verschiedenen Ebenen. Der Schotterkegel ist weniger hoch als bei der Lage in einer Ebene und dadurch lagestabiler. Jedoch können bei dieser Ausführung keine Weichen zwischen den Gleisen angeordnet werden.

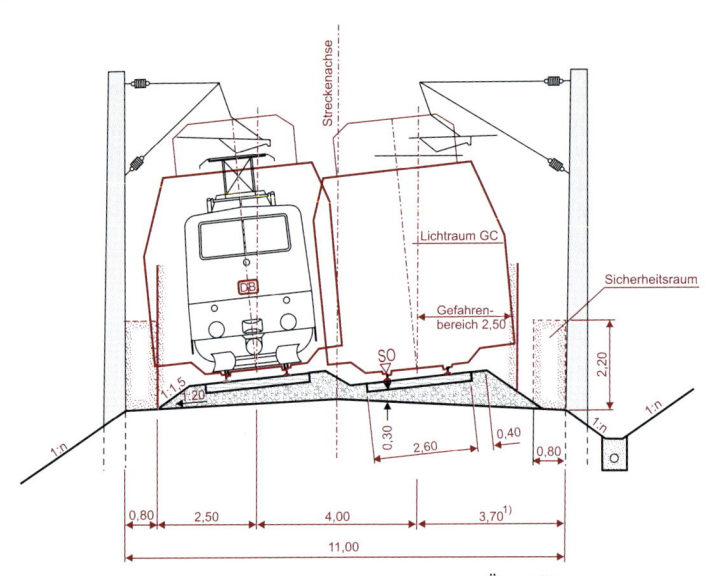

Bild 6.5 Zweigleisiger Querschnitt bis 160 km/h in der Überhöhung

Aus dem Unterschied zwischen den Bildern 6.5 und 6.6 ergibt sich eine wichtige Trassierungsempfehlung: Weichen sollen nach Möglichkeit nicht in überhöhte Bogen eingebaut werden. Wird ein zweigleisiger Bogen in der Überhöhung ohne Weichen trassiert (entsprechend Bild 6.5), so ist ein nachträglicher Weicheneinbau aufgrund der unterschiedlichen Gleisebenen nicht möglich.

Soll im überhöhten Bogen eine Weichenverbindung eingebaut werden, so müssen die Gleise in einer Ebene liegen. Bild 6.6 zeigt ein Beispiel mit Ausführung als feste Fahrbahn.

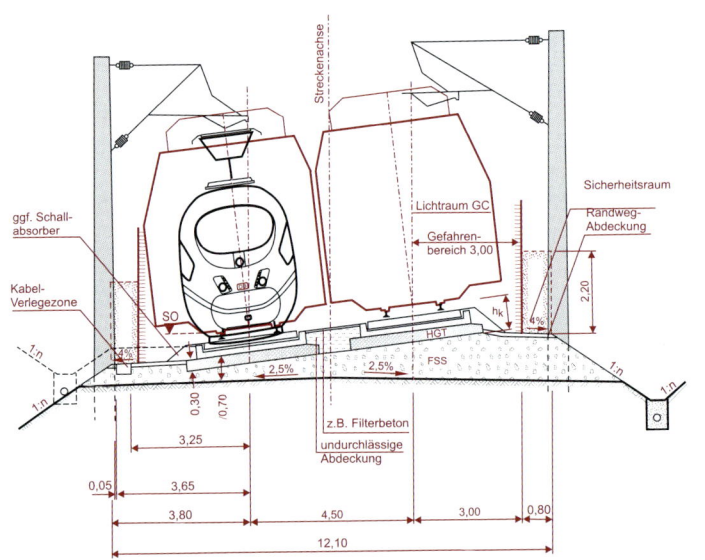

Bild 6.6 Zweigleisiger Streckenquerschnitt für v > 200 km/h mit fester Fahrbahn in der Überhöhung

6.2 Dimensionierung von Querschnitten

Für S-Bahnen gibt es einen in der Breite leicht reduzierten Querschnitt (siehe auch Abschn. 6.1). Die Geschwindigkeit auf diesen Strecken ist auf 120 km/h beschränkt (*Bild 6.7*).

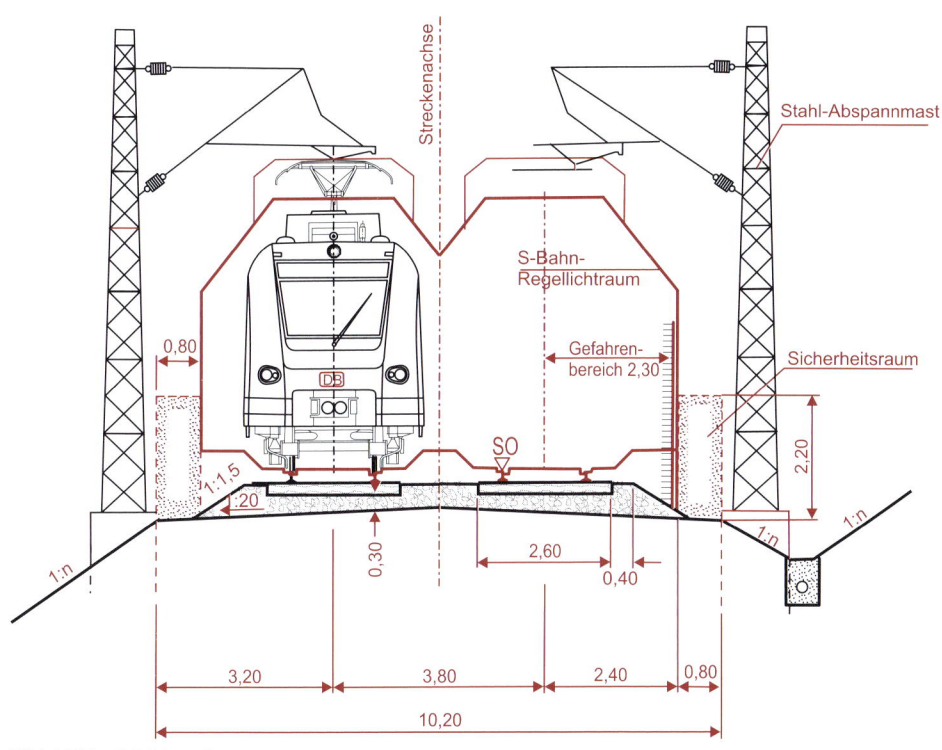

Bild 6.7 Zweigleisiger Querschnitt S-Bahn

Die Querschnitte für eingleisige Strecken ergeben sich aus den gleichen Maßen und Überlegungen. Die Breite beträgt mehr als die Hälfte der Breite eines zweigleisigen Querschnittes, weil der Schotterkegel sich zu beiden Seiten ausbreitet.

Tunnel

Für Tunnel gelten besondere Querschnittsmaße, welche aber ebenfalls die Elemente aus den *Bildern 6.1* bis *6.8* enthalten. Die Querschnittsmaße unterscheiden eingleisige und zweigleisige Strecken sowie die verschiedenen Tunnelbauweisen (offene bzw. geschlossene Bauweise).

Die Fahrleitungsmasten sind in den ausgewählen Querschnitten abwechselnd als Betonmaste und Stahlfachwerk-Maste ausgeführt. Kriterien für die Wahl der Mastart werden in Abschnitt 6.4.5 formuliert.

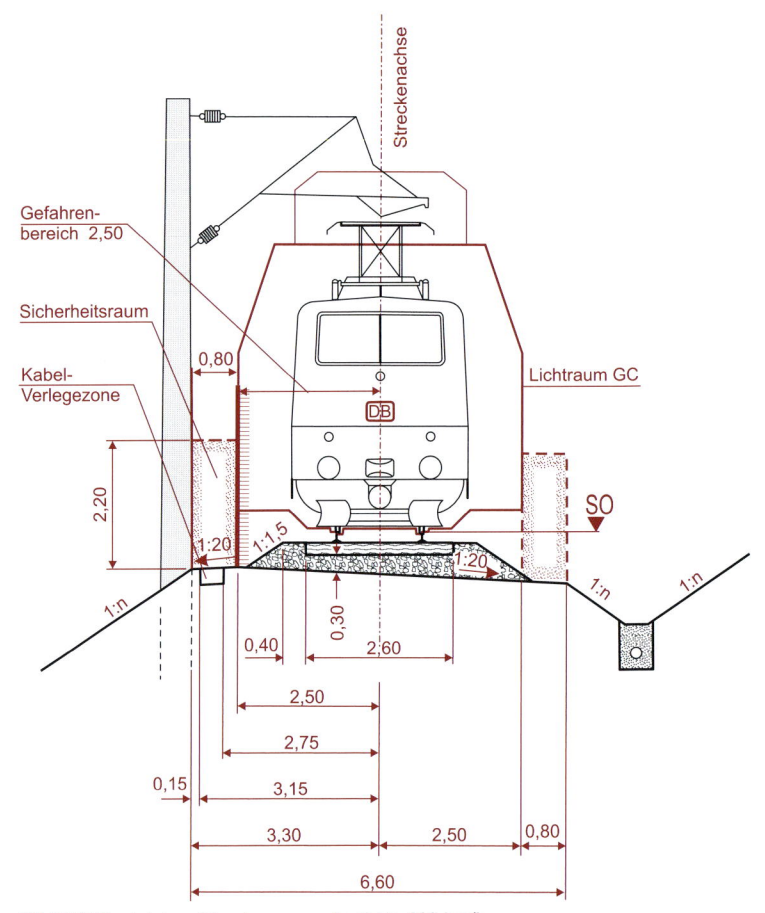

Bild 6.8 Eingleisiger Streckenquerschnitt bis 160 km/h

Beispiel 6.1

Nennen Sie die wesentlichen Unterschiede zwischen den Regelquerschnitten für eine S-Bahn-Strecke und eine Hochgeschwindigkeitsstrecke. Geben Sie die Gründe für die Unterschiede an.

Lösung:

Allgemein ist die dynamische Belastung auf dem Oberbau beim Hochgeschwindigkeitsverkehr größer als beim S-Bahn-Verkehr. Daraus folgen Unterschiede in der Dimensionierung der Querschnitte:

- Größere Schotterhöhe: größere Dämpfung der Einwirkungen auf den Unterbau erforderlich;

- größere Schwellenlänge: Stabilität der Schwellen;
- größerer Vor-Kopf-Abstand der Schwellen: höhere Lagestabilität (gegen Querverschiebung);
- größeres Lichtraumprofil wegen des Luftsogs bei der Vorbeifahrt (evtl. auch wegen Interoperabilität);
- größerer Gefahrenbereich wegen des Luftsogs bei der Vorbeifahrt.

6.3 Gleisabstände

Im Bereich von Weichenverbindungen soll der Gleisabstand so groß sein, dass je eine Weiche ausgebaut werden kann, ohne dass dafür das Nachbargleis gesperrt werden muss. Dies ist der Fall, wenn sich die Bereiche der durchgehenden Schwellen nicht überschneiden. Wenn dadurch der Gleisabstand größer als 4,50 m würde, nimmt man eine kleine Überschneidung in Kauf, die i.d.R. bei knapp 2 m liegt.

Außerhalb von Weichenverbindungen hängen die Gleisabstände von der Breite der Fahrzeuge und ihrer Geschwindigkeit ab. Bei hohen Geschwindigkeiten entstehen Luftzirkulationen, die bei der Begegnung zweier Züge nicht nur von den Fahrgästen als unangenehm empfunden werden, sondern auch zu Beschädigungen (z.B. Herunterfallen der Ladung bei offenen Güterwagen) oder sogar Entgleisungen führen können.

Die Vorbeifahrt an Bahnsteigen ist unter bestimmten Bedingungen auch bei hohen Geschwindigkeiten (derzeit bis 230 km/h) zulässig. Bei $v > 160$ km/h müssen Warnschilder und -markierungen angeordnet werden.

Grundsätzlich ist daher festgelegt:

- Strecken mit $v \leq 200$ km/h 4,00 m,
- Strecken mit 200 km/h $< v \leq 300$ km/h 4,50 m,
- S-Bahn-Strecken ($v \leq 120$ km/h) 3,80 m.

Im bestehenden Netz sind zum Teil kleinere Abstände zu finden. Für die meisten Züge ist die Benutzung trotzdem möglich. Für die wenigen Züge, welche die neuen erlaubten Maße ausnutzen (wie z.B. einige ICE) muss die Benutzung individuell zugelassen werden.

Um Bahnpersonal den gefahrlosen Aufenthalt im Gleisbereich zu ermöglichen, ist die Anlage von Randwegen und Zwischenwegen vorgeschrieben. Auch dadurch wird der Gleisabstand beeinflusst (siehe *Bild 6.9*).

Legende

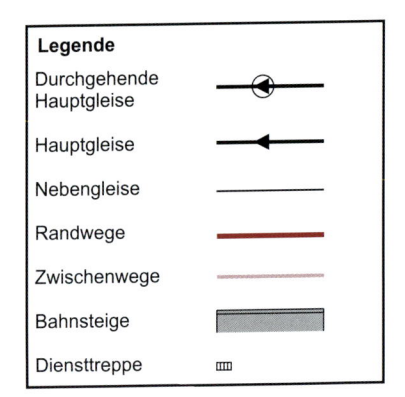

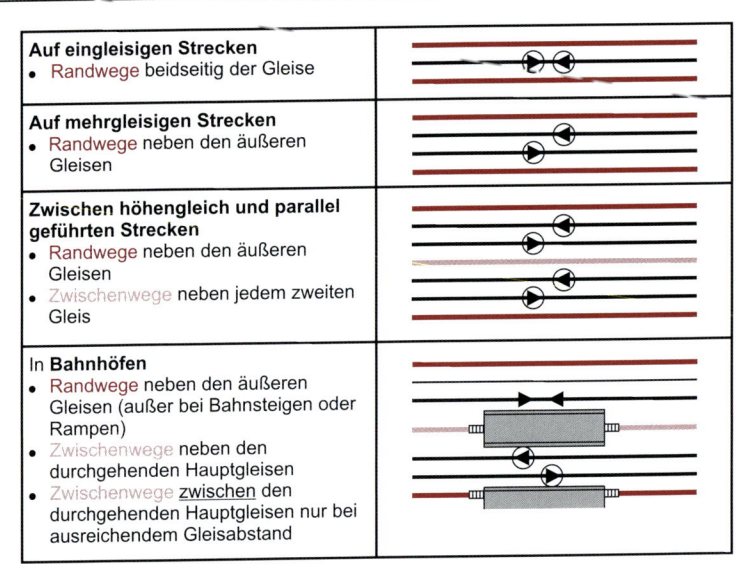

Durchgehende Hauptgleise	──◄──
Hauptgleise	──◄──
Nebengleise	────
Randwege	────
Zwischenwege	────
Bahnsteige	▭
Diensttreppe	⊞

Auf eingleisigen Strecken • Randwege beidseitig der Gleise	
Auf mehrgleisigen Strecken • Randwege neben den äußeren Gleisen	
Zwischen höhengleich und parallel geführten Strecken • Randwege neben den äußeren Gleisen • Zwischenwege neben jedem zweiten Gleis	
In Bahnhöfen • Randwege neben den äußeren Gleisen (außer bei Bahnsteigen oder Rampen) • Zwischenwege neben den durchgehenden Hauptgleisen • Zwischenwege zwischen den durchgehenden Hauptgleisen nur bei ausreichendem Gleisabstand	

Bild 6.9 Rand- und Zwischenwege

In *Tabelle 6.1* werden die verschiedenen Abstände zwischen den Gleisen, geordnet nach Geschwindigkeit und Gleisnutzung, systematisch dargestellt. Mastgassen sind nicht dargestellt, da Masten sehr unterschiedliche Abmessungen haben können. Sofern die Breite des Sicherheitsraums mindestens so groß ist wie die Breite der Mastgasse, darf der Sicherheitsraum in der Mastgasse liegen.

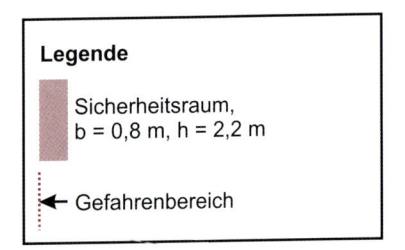

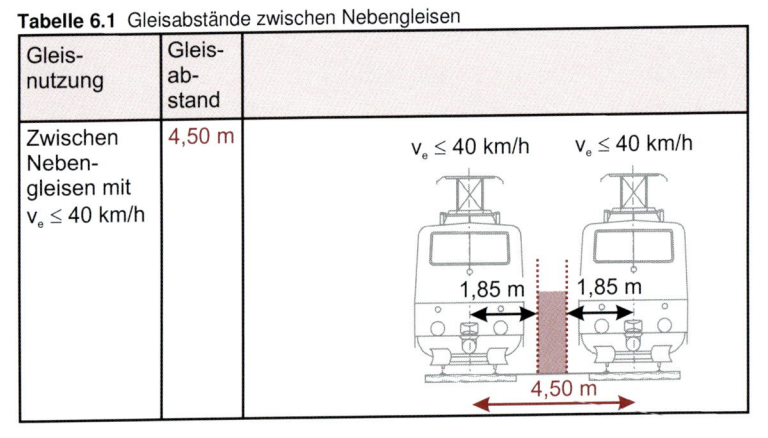

Tabelle 6.1 Gleisabstände zwischen Nebengleisen

Gleisnutzung	Gleisabstand	
Zwischen Nebengleisen mit $v_e \leq 40$ km/h	4,50 m	$v_e \leq 40$ km/h $v_e \leq 40$ km/h 1,85 m 1,85 m 4,50 m

Legende

- Sicherheitsraum, b = 0,8 m, h = 2,2 m
- ◄ Gefahrenbereich

6.3 Gleisabstände

Tabelle 6.2 Gleisabstände zwischen unterschiedlichen Gleisen

Gleis-nutzung	v_e im Hauptgleis	Gleis-abstand	
Zwischen durchgehenden Hauptgleisen und Überholungsgleisen (Fahrzeugfahrten nur auf einem Gleis)	$v_e \leq 160$ km/h	5,00 m	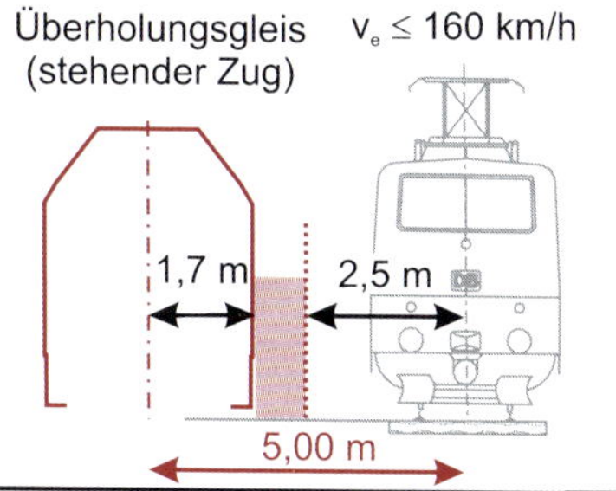 Überholungsgleis (stehender Zug) $v_e \leq 160$ km/h — 1,7 m — 2,5 m — 5,00 m
	$v_e > 160$ km/h	5,50 m	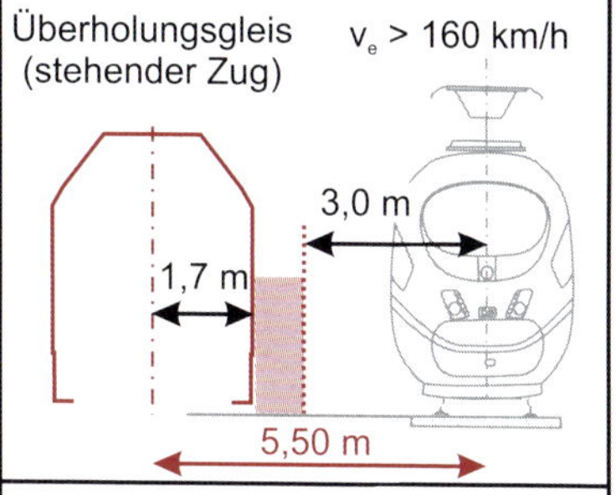 Überholungsgleis (stehender Zug) $v_e > 160$ km/h — 1,7 m — 3,0 m — 5,50 m
Zwischen Hauptgleisen und Nebengleisen mit $v_e \leq 50$ km/h	$v_e \leq 160$ km/h	5,30 m	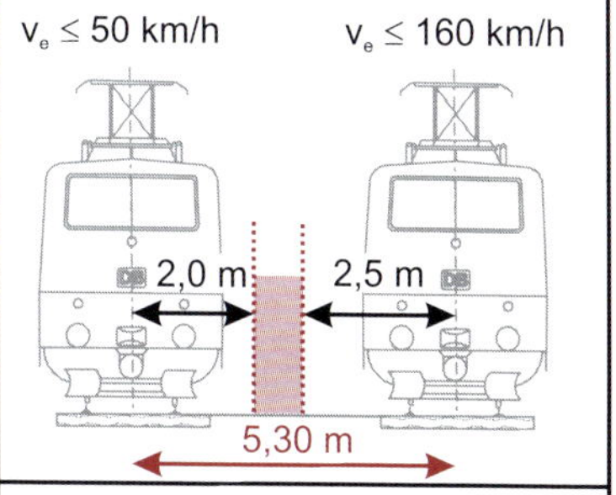 $v_e \leq 50$ km/h $v_e \leq 160$ km/h — 2,0 m — 2,5 m — 5,30 m
	$v_e > 160$ km/h	5,80 m	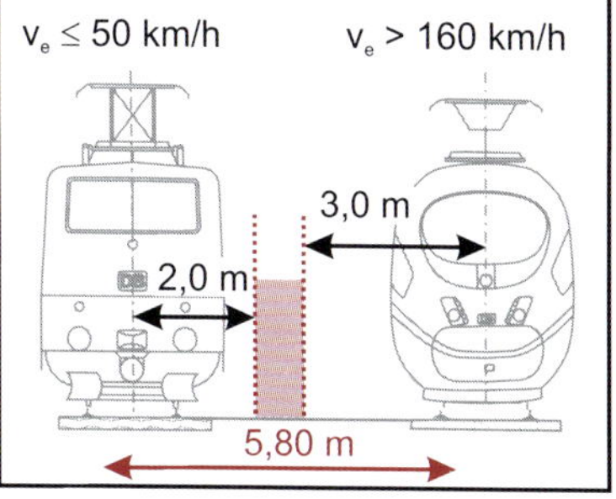 $v_e \leq 50$ km/h $v_e > 160$ km/h — 2,0 m — 3,0 m — 5,80 m

Legende

Sicherheitsraum, $b = 0{,}8$ m, $h = 2{,}2$ m

← Gefahrenbereich

Bezugslinie

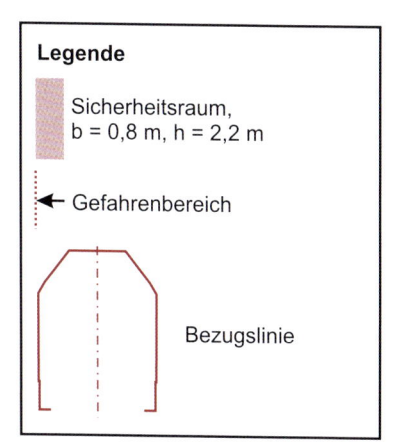

Legende

▬ Sicherheitsraum, b = 0,8 m, h = 2,2 m

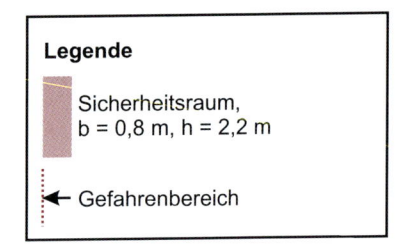

⬅┆ Gefahrenbereich

Tabelle 6.3 Gleisabstände zwischen Hauptgleisen

Zulässige Geschwindigkeit	Gleisabstand	
$v_e \leq 160$ km/h auf beiden Gleisen	5,80 m	$v_e \leq 160$ km/h — $v_e \leq 160$ km/h; 2,5 m / 2,5 m; 5,80 m
$v_e > 160$ km/h auf einem der beiden Gleise	6,30 m	$v_e > 160$ km/h — $v_e \leq 160$ km/h; 3,0 m / 2,5 m; 6,30 m
$v_e > 160$ km/h auf beiden Gleisen	6,80 m	$v_e > 160$ km/h — $v_e > 160$ km/h; 3,0 m / 3,0 m; 6,80 m
Bei S-Bahnen mit $v_e \leq 120$ km/h	5,40 m	$v_e \leq 120$ km/h — $v_e \leq 120$ km/h; 2,3 m / 2,3 m; 5,40 m

6.3 Gleisabstände

Tabelle 6.4 Gleisabstände bei Signalen zwischen den Gleisen

Gleis-nutzung	Gleisabstand	
Normale Strecken	4,50 m* * siehe Hinweise in Randspalte	2,2 m / 2,2 m 0,1 m* 4,50 m
S-Bahn-Strecken	4,30 m* * siehe Hinweise in Randspalte	2,1 m / 2,1 m 0,1 m* 4,30 m

Legende

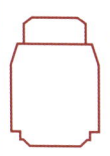

Bei der Aufstellung von Signalen maßgebender Lichtraum GC (ohne die Bereiche A und B)

Hinweise

- Die angegebenen Gleisabstände gelten nur, wenn eine genaue Einmessung der Signale gewährleistet ist. Anderenfalls sind jeweils 10 cm Bautoleranz zu addieren. Bei normalen Strecken ergibt sich dann ein Gleisabstand von 4,60 m, bei S-Bahn-Strecken von 4,40 m.

- Ab einem Gleisabstand von 4,50 m können bei Gleisverbindungen durchgehende Langschwellen vermieden werden

- Überhöhungen sind zusätzlich zu berücksichtigen.

Wenn zwischen den Gleisen Bahnsteige angeordnet werden, richtet sich der Gleisabstand nach der Breite der Bahnsteige. Zur Breite von Bahnsteigen siehe Abschn. 8.5.

Sonderregelungen gibt es für kleine Radien. Dort muss der Gleisabstand vergrößert werden (hier nicht dargestellt).

6.4 Fahrleitung und lichte Höhen

6.4.1 Bauarten

Elektrische Triebfahrzeuge müssen über eine Fahrleitung mit Strom versorgt werden. Fahrleitungen können sowohl über dem Gleis (Oberleitung) als auch neben dem Gleis (Stromschiene) angeordnet sein.

Daneben gibt es bei Straßenbahnen auch Sonderlösungen, bei denen eine Stromschiene unter dem Gleis angeordnet ist. Um eine Gefährdung von Personen durch spannungsführende Teile zu vermeiden, wird die Stromschiene in Abschnitte eingeteilt und nur die Abschnitte unter den Fahrzeugen unter Strom gesetzt. Auch Akkutriebwagen und dieselelektrische Fahrzeuge werden mit Strom angetrieben. Dieser wird jedoch in Akkus gespeichert bzw. mit Dieselgeneratoren erzeugt. Daher benötigen diese Fahrzeuge keine Fahrleitung.

Bei Eisenbahnen kommen Oberleitungen folgender Bauarten zur Anwendung:

Kettenwerksoberleitung

Bei Kettenwerksoberleitungen ist der Fahrdraht an einem Tragseil aufgehängt. Dadurch finden die Schleifbügel überall eine annähernd gleichbleibende Elastizität des Oberleitungssystems vor, und es sind außerdem größere Längsspannweiten möglich. Daher werden bei Eisenbahnen in der Regel Kettenwerksoberleitungen verwendet.

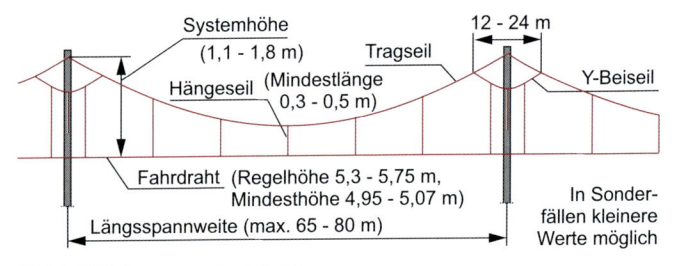

Bild 6.10 Kettenwerksoberleitung

Bild 6.11 Stromschienenoberleitung

Bild 6.12 Rillenfahrdraht mit Klemme

Bild 6.13 Kettenwerksoberleitung

Stromschienenoberleitung

Bei beengten Verhältnissen (insbesondere in Tunneln) kommen auch Stromschienenoberleitungen zur Anwendung.

Einfacher Fahrdraht

Beim einfachen Fahrdraht wird auf das Tragseil verzichtet. Dabei sind die Höhenlage und die senkrechte Elastizität in Feldmitte und an den Stützpunkten sehr unterschiedlich. Bei Straßenbahnen ist diese Lösung häufiger zu finden, bei Eisenbahnen hingegen ist diese Bauart unüblich.

6.4 Fahrleitung und lichte Höhen

Damit der Stromabnehmer an der Unterseite des Fahrdrahtes entlang schleifen kann, weist der Fahrdraht Rillen auf, in die die Fahrdrahtklemmen eingreifen können. Die Stromabnehmer sind mit relativ weichen Schleifstücken ausgerüstet, die leicht ausgetauscht werden können, dadurch aber eine lange Haltbarkeit des Fahrdrahtes gewährleisten.

Um die Stromabnehmerschleifstücke gleichmäßig abzunutzen, wird der Fahrdraht mit Seitenverschiebung (Zick-Zack) verlegt.

6.4.2 Regelbauarten der Oberleitung

Die Regelbauarten werden nach der zulässigen Höchstgeschwindigkeit bezeichnet (z. B. Re 200 für 200 km/h). Eine Ausnahme ist die Regelbauart Re 200 mod (für modifiziert), die mit 230 km/h befahrbar ist.

Tabelle 6.5 Übersicht der Regelbauarten

zulässige Höchstgeschwindigkeit [km/h]	Regelbauart	Regelsystemhöhe [m]	maximale Längsspannweite [m] *)	Feldanzahl Nachspannung	maximale Nachspannlänge [m]	Anwendung			
						durchgehende Hauptgleise	Überholungsgleise	Gleise mit hoher Zugdichte	Nebengleise
330	Re 330	1,1 -1,8	65	5	2 • 625	x			
250	Re 250	1,1 -1,8	65	5	2 • 600	x			
230	Re 200 mod	1,8	80	3	2 • 750	x			
200	Re 200	1,8	80	3	2 • 750	x			
160	Re 160	1,8	80	3	2 • 750	x	x	x	
100	Re 100	Freie Strecke: 1,4 Bahnhof: 1,8	80	2 o. 3	2 • 750	x	x		x
75	Re 75	1,8	75	2	2 • 750				x
Reine S-Bahn-Strecken									
160	Re 160 S-Bahn	1,8	70	3	2 • 650	x			
100	S-Bahn	0,255	25	4	2 • 500	Tunnelstrecken mit dichter Zugfolge			

*) Sondervorschläge der Hersteller können größere Längen ermöglichen
Graue Schrift: Für Neubauten nicht zugelassen

6.4.3 Abspannung der Oberleitung

Um die Längenänderungen durch Temperaturschwankungen ausgleichen zu können, müssen Oberleitungen in regelmäßigen Abständen gespannt werden. Dies geschieht durch Spanngewichte, die an Abspannmasten befestigt sind. Die jeweiligen Oberleitungsabschnitte überschneiden sich in so genannten Nachspannbereichen, die sich über 2 bis 5 Felder erstrecken und durch jeweils einen Abspannmast begrenzt werden.

Da im Nachspann- und Normalbereich jeweils andere Werte für die lichten Höhen unter Bauwerken gelten, muss beim Entwurf des Bauwerks die entsprechende Information über die Oberleitungsanlage vorliegen.

Bild 6.14 Abspannmaste

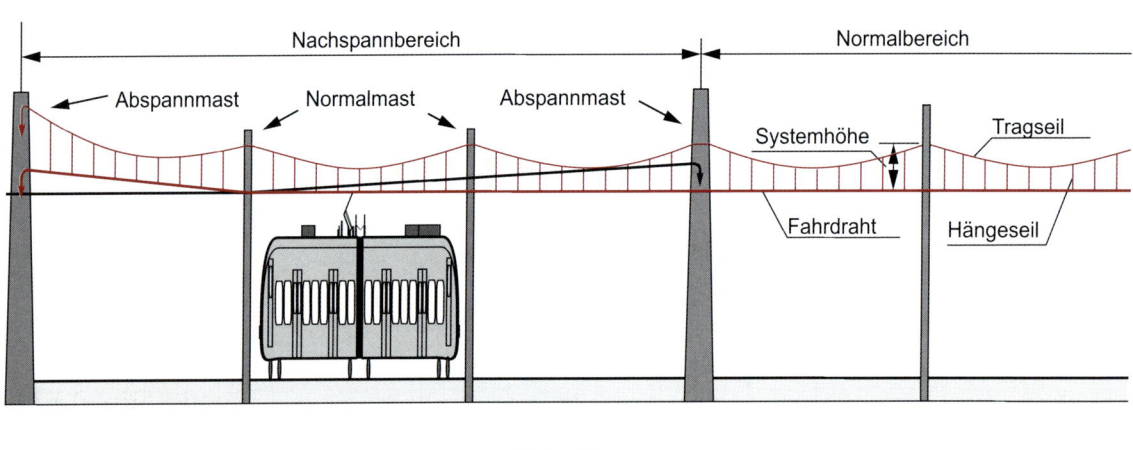

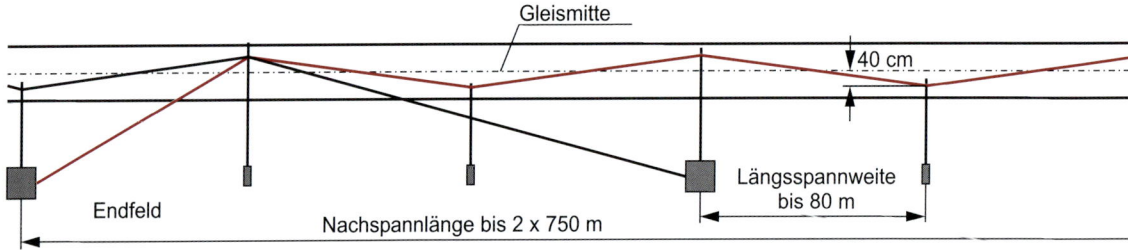

Bild 6.15 Oberleitung mit Normal- und Nachspannbereich

6.4.4 Überbrückung mehrerer Gleise

Falls nicht neben jedem Gleis Oberleitungsmaste angeordnet werden können (z.B. im Bahnhofsbereich), müssen mehrere Gleise überbrückt werden. Dafür gibt es folgende Möglichkeiten:

Quertragwerke
Quertragwerke tragen die Kettenwerke an Querseilen. Wegen der gegenseitigen Beeinflussungen bei hohen Geschwindigkeiten und bei Störungen werden sie heute nicht mehr neu eingebaut.
Quertragwerke können eine maximale Spannweite von 80 m aufweisen und werden in der Regel an Aufsetzwinkelmasten befestigt.

Bild 6.16 Quertragwerk

Ausleger
Hierbei werden die Kettenwerke an Auslegern befestigt. Damit werden üblicherweise 2, seltener auch 3 Gleise pro Seite überspannt.

Oberleitungsportal
In anderen Ländern (z.B. Schweiz) werden auch Oberleitungsportale verwendet. In Deutschland war diese Bauform bisher nicht üblich, in letzter Zeit wird sie jedoch zunehmend angewendet.

Bild 6.17 Ausleger

6.4.5 Mastarten

Für Oberleitungsmasten mit ein- oder beidseitigen Einzelstützpunkten sind grundsätzlich Betonmasten zu verwenden. Diese haben den Vorteil geringerer Instandhaltungskosten, da sie keinen Korrosionsschutz benötigen. In Einzelfällen kann jedoch auch die Verwendung von Stahlmasten wirtschaftlicher sein, z.B. wenn die Nachrüstung einer Verstärkungsleitung vorbereitet werden soll. Auf Talbrücken, Stützmauern und Kunstbauten werden Stahlmasten verwendet, da Betonmasten hier nicht befestigt werden können.
In Bahnhöfen werden üblicherweise Stahlmasten verwendet, da es diese für alle Anwendungsfälle und in vielen Abmessungen gibt. So können beispielsweise bei geringen Gleisabständen Aufsetz-IBP-Masten verwendet werden. Aufsetzwinkelmaste können als Tragmast für Ausleger, als Abspannmast oder Befestigungsmast für ein Quertragwerk eingesetzt werden.
Grundsätzlich ist bei der Auswahl der Masten auf ein einheitliches Erscheinungsbild zu achten.

Bild 6.18 Oberleitungsportal

Bild 6.19 Aufsetz-IPB-Mast

Tabelle 6.6 Übersicht über die Mastarten

Mastart	Mastquerschnitt am Fuß	Anwendung	Platzbedarf für Fundamente (oberirdisch)	Bemerkungen
Schleuderbetonmast	Rund, ⌀ 0,31 m	Regelbauart für Einzelstützpunkte auf der freien Strecke	bei Bohrpfahlfundamenten kein zusätzlicher Platzbedarf für Fundamente	
	Rund, ⌀ 0,31 m	für Abspannmaste		
Aufsetz-Rahmen-Flachmast	0,10 m • 0,44 m	trägt Schwenkausleger für Oberleitung ein- oder beidseitig (Einzelstützpunkt)	0,60 m • 0,80 m	größere Profile für Maste mit Doppelausleger
Aufsetz-IPB-Mast	0,16 m • 0,16 m	wie Aufsetz-Rahmen-Flachmast, aber bei beengten Verhältnissen	0,80 m • 0,80 m	größere Profile für Abspannungen oder Ausleger
Aufsetzwinkelmast	0,60 m • 0,80 m	• trägt Ausleger über zwei Gleise • Abspannmast • Für Quertragwerk bis 20 m Spannweite	1,00 m • 1,20 m	
	0,80 m • 1,00 m	für Quertragwerke bis… …35 m Spannweite	1,40 m • 1,60 m	
	1,00 m • 1,25 m	…50 m Spannweite	1,70 m • 1,90 m	
	1,25 m • 1,60 m	…70 m Spannweite	1,90 m • 2,25 m	
	1,60 m • 2,00 m	…80 m Spannweite	2,25 m • 2,65 m	

6.4.6 Streckentrenner und Streckentrennungen

Bei Arbeiten am Gleis, an der Oberleitung oder im Störungsfall ist es erforderlich, die Oberleitung abschnittsweise abschalten zu können. Daher werden so genannte Schaltgruppen gebildet, die mittels Streckentrennern oder Streckentrennungen elektrisch voneinander isoliert sind.

- Bei Streckentrennern werden die zu isolierenden Abschnitte mit einem Isolator verbunden. Damit der Stromabnehmer an der Unterkante entlang schleifen kann, wird ein Abschnittsende als Kufe, das andere als Metallleiste ausgebildet. Streckentrenner sollen nicht in durchgehende Hauptgleise eingebaut werden.
- Bei Streckentrennungen werden die beiden zu isolierenden Kettenwerke in einem Abstand von 450 mm parallel geführt.

Bild 6.20 Streckentrenner

6.4 Fahrleitung und lichte Höhen

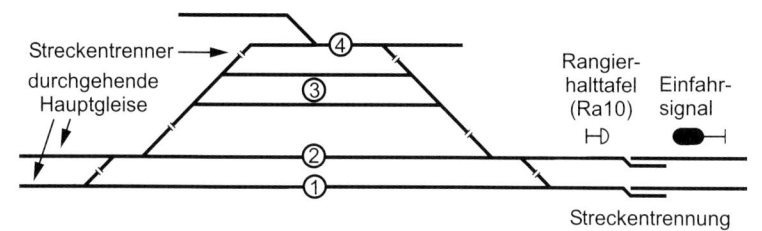

Bild 6.21 Unterteilung eines Bahnhofs in Schaltgruppen

6.4.7 Lichte Höhen unter Bauwerken

Auf nicht elektrifizierten Strecken ist die minimale lichte Höhe von der Überhöhung abhängig. Bei nicht überhöhten Gleisen beträgt sie 4,90 m, bei überhöhten Gleisen ist die minimale lichte Höhe aus dem Lichtraum GC zu entwickeln.

Auf elektrifizierten Strecken ist die minimale lichte Höhe von folgenden Merkmalen abhängig:

- zulässige Geschwindigkeit,
- Lage des Bauwerks zur Oberleitung,
- Neigung und Überhöhung,
- Systemhöhe und sonstige Merkmale der Oberleitung.

Die folgende Tabelle zeigt die minimale lichte Höhe unter Bauwerken. In Anbetracht der Vielzahl an Randbedingungen wird jedoch empfohlen, lichte Höhen nur in Abstimmung mit dem elektrotechnischen Dienst der DB festzulegen.

Tabelle 6.7 Lichte Höhen unter Bauwerken (mit Oberleitung)

Anwendungsbereich		Geschwindig-keits-bereich	Minimale lichte Höhe
freie Strecke im Normalbereich der Kettenwerke		$v \leq 160$ km/h	5,70 m [1]
		$160 < v \leq 200$ km/h	5,90 m [1]
freie Strecke im sonstigen Bereich [3]		$v \leq 200$ km/h	6,20 m [2]
freie Strecke im Normalbereich der Kettenwerke	Systemhöhe 1,8 m	$200 < v \leq 330$ km/h	7,40 m
	Systemhöhe 1,1 m		6,70 m
freie Strecke im sonstigen Bereich [3]	Systemhöhe 1,8 m		7,90 m
	Systemhöhe 1,1 m		7,20 m

[1] Lichte Bauwerkshöhe unabhängig von der Bauwerksbreite und der Lage des Bauwerks bei Anordnung der Oberleitung an Einzelstützpunkten

[2] Maximale Bauwerksbreite 15 m; Lage des Bauwerks mittig über dem Parallelfeld der Nachspannungen und Streckentrennungen und senkrecht zum Gleis.

[3] Im Bereich von Nachspannungen, Streckentrennungen, -trennern und in Bahnhöfen

Bei überhöhten bzw. geneigten Gleisen ist zu den vorstehend aufgeführten Maßen folgender Zuschlag zu addieren:

Δh Zuschlag [mm]
u Überhöhung [mm]
l Längsneigung [‰]

$$\Delta h = \frac{2}{3} \cdot u + 1{,}5 \cdot l \qquad (6.1)$$

Durch Anpassen der Oberleitung an das Bauwerk unter Ausnutzung der Durchhangslinie des Tragwerks darf die lichte Höhe unter Bauwerken vermindert werden. Überbauten sollten sich daher möglichst in der Mitte der Längsspannweiten befinden. Durch Absenkung der Oberleitung und Verringerung der Systemhöhe kann die lichte Höhe unter Bauwerken (im Bestand und in Ausnahmefällen) weiter vermindert werden. Dabei muss die Längsspannweite reduziert werden.

In der Regel wird das Tragseil spannungsführend unter dem Überbau hindurchgeführt. Ausnahmsweise wird das Tragseil geerdet unter dem Überbau hindurchgeführt oder an "schweren" Überbauten abgefangen.

7 Bahnfahrzeuge

7.1 Kinematik und Fahrdynamik

Unter Fahrdynamik versteht man die Beschreibung der Kräfte während der Bewegung eines Fahrzeugs, unter Kinematik die Beschreibung des Bewegungsablaufes.

Auf die Problematik der Reibung zwischen Rad und Schiene wurde bereits am Anfang dieses Buches, in Kapitel 1, hingewiesen. Die geringe Reibung zwischen Rad und Schiene führt zu langen Beschleunigungs- und Bremszeiten. Die Planung der Infrastruktur muss diesem Umstand Rechnung tragen, etwa durch Festlegung geeigneter Längsneigungen und eine an die Fahrdynamik angepasste Signalisierung (siehe Kapitel 9). Für die Konzeption des Fahrplans (siehe Kapitel 10) müssen die Fahrzeiten der Züge bekannt sein, die sich wiederum aus der Kinematik der Züge ergeben.

Aus der Kinematik und Fahrdynamik der Züge ergeben sich wesentliche Grundsätze der Trassierung und der Signaltechnik.

Die Fahrt eines Zuges zwischen zwei Halten besteht aus einer Beschleunigungsphase, einer Phase konstanter Geschwindigkeit und einer Verzögerungs- (Brems-) Phase. Für die Phasen konstanter Geschwindigkeit gilt:

$$v = \frac{s}{t}$$

mit s = Weg [m], t = Zeit [s], v = Geschwindigkeit [m/s].

Die Beschleunigung ist definiert als Quotient aus Geschwindigkeitsänderung und Zeitintervall:

$$a = \frac{\Delta v}{\Delta t}$$

oder, in Differenzialschreibweise für kleine Zeitabschnitte:

$$a = \frac{dv}{dt} \qquad (7.1)$$

Durch Integration dieser Gleichung nach der Zeit lassen sich die Beziehungen für Geschwindigkeit v und Weg s ermitteln und in Geschwindigkeits-Zeit-Diagrammen sowie Weg-Zeit-Diagrammen veranschaulichen:

$$v = a \cdot t + v_0 \qquad (7.2)$$

$$s = \frac{1}{2} a \cdot t^2 + v_0 \cdot t + s_0 \qquad (7.3)$$

Die Integrationskonstanten ergeben sich dabei aus den Randbedingungen für $t = 0$.

Im Falle einer beschleunigten Bewegung, die mit $v = 0$ beginnt oder endet, ist $v_0 = 0$. Der Term s_0 wird zu Null, wenn der Beginn der Betrachtung der Bewegung in den Ursprung des verwendeten Koordinatensystems gelegt wird.

Beispiel 7.1

Dass die Beschleunigung als konstant angenommen wird, ist eine wesentliche Vereinfachung. Die Herleitung in diesem Abschnitt gilt nur für diesen Fall. Realistischer, aber komplizierter ist der Ansatz einer geschwindigkeitsabhängigen Beschleunigung (siehe dazu den Abschnitt nach Beispiel 7.2).

Die konstante Beschleunigung sowie Bremsverzögerung eines Zuges betrage 1 m/s².

a) Wie lang ist der Bremsweg für eine Bremsung von 160 km/h bis zum Stillstand?
b) Auf der Strecke wird wegen einer Baustelle eine 2 km lange Langsamfahrstelle eingerichtet, in welcher der Zug nur 60 km/h fahren darf. Wie groß ist die zusätzliche Fahrzeit aufgrund der Langsamfahrstelle?

Lösung:

a) Bremszeit: $t_b = \dfrac{v}{a} = \dfrac{160}{3{,}6 \cdot 1{,}0} = 44{,}44$ s

Achtung!
Umrechnung von km/h in m/s nicht vergessen!

Bremsweg: $s_b = \dfrac{1}{2} \cdot a \cdot t^2 = \dfrac{1}{2} \cdot 1{,}0 \cdot 44{,}44^2 = 987$ m

b) Bremsphase: Von 160 km/h auf 60 km/h:

Bremszeit: $t_b = \dfrac{\Delta v}{a} = \dfrac{160 - 60}{3{,}6 \cdot 1{,}0} = 27{,}78$ s

Zugehöriger Bremsweg:

$$s_b = -\frac{1}{2} \cdot a \cdot t^2 + v_0 \cdot t = -\frac{1}{2} \cdot 1{,}0 \cdot 27{,}78^2 + \frac{160}{3{,}6} \cdot 27{,}78 = 849 \text{ m}$$

Beschleunigungszeit:

$$t_B = \frac{\Delta v}{a} = \frac{160 - 60}{3{,}6 \cdot 1{,}0} = 27{,}78 \text{ s}$$

7.1 Kinematik und Fahrdynamik

Zugehöriger Beschleunigungsweg:

$$s_b = \frac{1}{2} \cdot a \cdot t^2 + v_0 \cdot t = \frac{1}{2} \cdot 1{,}0 \cdot 27{,}78^2 + \frac{60}{3{,}6} \cdot 27{,}78 = 849 \text{ m}$$

Bei der Bremsberechnung wurde die Beschleunigung negativ eingesetzt. Da die Beschleunigungswerte für Bremsung und Beschleunigung betragsmäßig gleich sind, dauern beide Vorgänge gleich lange, und der zurückgelegte Weg ist ebenfalls gleich. Die Bremsung lässt sich demzufolge auch als Umkehrung der Beschleunigung rechnen.

Fahrzeit mit 60 km/h:

$$t = \frac{s}{v} = \frac{2000}{60} \cdot 3{,}6 = 120 \text{ s}$$

Der gesamte zu betrachtende Streckenabschnitt beginnt am Anfang des Bremsvorgangs und endet am Ende des Beschleunigungsvorgangs. Seine Länge beträgt somit $(2 \cdot 849 + 2000)$ Meter = 3.698 m.
Ein Zug, der mit voller Geschwindigkeit fährt, benötigt für diesen Abschnitt eine Fahrzeit von

$$t = \frac{s}{v} = \frac{3.698}{160} \cdot 3{,}6 = 83 \text{ s} \,.$$

Mit Langsamfahrstelle beträgt die Fahrzeit

$$t = 27{,}78 \cdot 2 + 120 = 176 \text{ s}$$

Aufgrund der Langsamfahrstelle erhöht sich demnach die Fahrzeit um 93 Sekunden, etwa 1,5 Minuten.

Werden Zeit und Weg in einem Diagramm dargestellt (in diesem Fall Zeit nach unten und Weg nach rechts), so lassen sich die Fahrtverläufe auch grafisch vergleichen (siehe *Bild 7.1*).

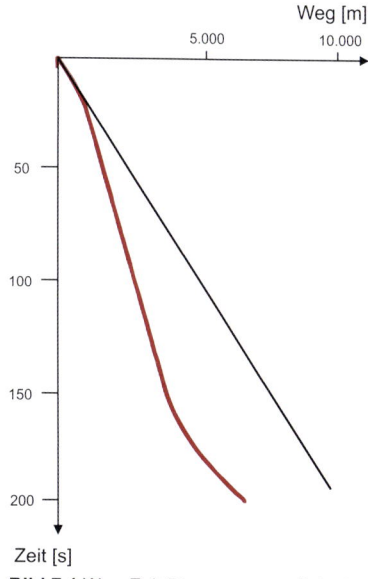

Bild 7.1 Weg-Zeit-Diagramme zu Beispiel 7.1: schwarz ohne Langsamfahrstelle, rot mit Langsamfahrstelle

---

Die bisher verwendeten Formeln enthalten eine wichtige Einschränkung: Sie gelten nur für konstante Beschleunigungen. Die Beschleunigungen der Züge sind jedoch nicht konstant. Vielmehr sind sie von der Zugkraft des Triebfahrzeugs abhängig.
Bei elektrischen Fahrzeugen ist die Zugkraft bei kleinen Geschwindigkeiten am größten und nimmt dann ab. Sie ist zusätzlich nach oben durch die Haftreibung zwischen Rad und Schiene beschränkt; diese Beschränkung wird bei kleinen Geschwindigkeiten maßgebend.

Das Triebfahrzeug ist das angetriebene Fahrzeug eines Zuges. Näheres dazu in Abschnitt 7.5.

Der Zusammenhang zwischen Geschwindigkeit und Beschleunigung wird in Geschwindigkeits-Zugkraft-Diagrammen dargestellt. (Aufgrund der allgemein gültigen Beziehung $F = m \cdot a$ kann eine Beschleunigung immer in eine Kraft umgerechnet werden, wenn die Masse bekannt ist.) *Bild 7.2* zeigt ein solches *Z-v*-Diagramm für eine elektrische Lokomotive der *Traxx-Familie* für Betrieb bei Wechselstrom (15 oder 25 kV) und Gleichstrom (1,5 kV).

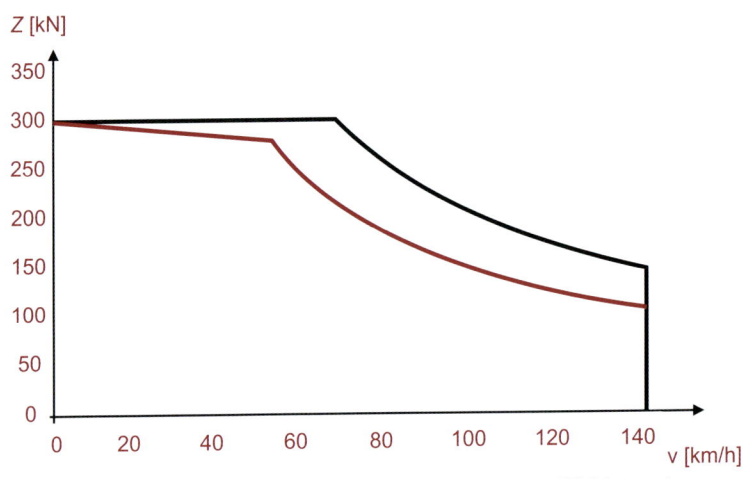

Bild 7.2 *Z-v*-Diagramm für Triebfahrzeug Traxx (Wechselstrom/Gleichstrom)

Bei kleinen Geschwindigkeiten wird die Zugkraft durch die Haftreibung begrenzt, die Kurve verläuft linear. Bei einer festgelegten Höchstgeschwindigkeit wird die Motorleistung gedrosselt, sodass der Zug nicht mehr als die festgelegte Geschwindigkeit erreichen kann. In dem dazwischen liegenden Bereich, von ca. 50 bis 80 km/h bis zur maximalen Geschwindigkeit, nimmt die Zugkraft mit steigender Geschwindigkeit ab.

Mathematisch ist dieser Zusammenhang als Hyperbelfunktion darstellbar. Die oben verwendeten einfachen Beziehungen zwischen Beschleunigung, Weg und Zeit gelten in diesem Fall nicht. Für die computergestützte Berechnung von Fahrzeiten wird die Hyperbel durch Parabelstücke angenähert, die sich in jedem Fall geschlossen integrieren lassen. Die oben aufgeschriebene Rechnung mit konstanter Beschleunigung ist nur für grobe Überschlagsrechnungen ausreichend.

Die Funktion $f(x) = 1/x$ stellt die einfachste Sonderform einer Hyperbel dar und ist geschlossen integrierbar. Für die meisten Hyperbeln trifft dies indes nicht zu.

Bei Dieselfahrzeugen ist der Verlauf des *Z-v*-Diagramms anders: Die stärkste Zugkraft wird im mittleren Geschwindigkeitsbereich erreicht. Um das Fahrzeug in Bewegung setzen zu können, muss daher, wie bei Straßenfahrzeugen mit Diesel- oder Verbrennungsmotor, ein gestuftes Getriebe mit mehreren Gängen oder Fahrstufen eingesetzt werden.

7.2 Bremsen

Beim Dampfbetrieb sind die Verhältnisse zwischen Zugkraft und Geschwindigkeit ähnlich dem elektrischen Betrieb. Die ineffiziente Verbrennung des Treibstoffes (Kohle oder Öl), der hohe Personaleinsatz (Lokführer + Heizer) sowie die geringe Reichweite der Fahrzeuge – aufgrund der begrenzten Vorräte an Wasser zur Erzeugung des für die Fortbewegung erforderlichen Dampfes – haben indes in Europa zum Rückzug dieser Technologie geführt.

7.2 Bremsen

7.2.1 Die Druckluftbremse

Fahrzeuge des Straßenverkehrs – auch Schienenfahrzeuge (Straßenbahnen) – verfügen über schnell wirkende Bremsen oder sind hinsichtlich ihrer Geschwindigkeit beschränkt, damit Bremswege kurz sind. Im Eisenbahnverkehr sind die Fahrzeuge von Störungen durch andere Verkehrsmittel weitgehend abgeschirmt, und bestimmte Züge sollen mit großen Geschwindigkeiten verkehren können. Die planmäßigen Bremsverzögerungen entsprechen dabei dem Wohlbefinden der Fahrgäste und sind geringer als im Straßen- oder auch Luftverkehr.

Bei der Eisenbahn wird daher der Schwerpunkt nicht auf die schnelle Wirkungsweise der Bremsen gelegt, sondern auf deren Zuverlässigkeit und einfache, kostengünstige Konstruktion. Dazu eignet sich die pneumatische Bremse besonders gut. Alle Wagen eines Zuges werden mittels eines Luftschlauches miteinander verbunden. Ein im Triebfahrzeug erzeugter Luftdruck hält die Bremsscheiben oder Bremsklötze von den Rädern fern. Lässt man die Luft entweichen, so pressen sich die Bremsen selbsttätig an die Räder und bremsen den Zug ab. Es bremst also nicht nur das Triebfahrzeug allein!

Unterschied der Bremstechnik zwischen Schienen- und Straßenfahrzeugen:
Hydraulische Bremsen bei Straßenfahrzeugen, pneumatische Bremsen bei Schienenfahrzeugen.

Bei Straßenbahnen wird eine Kombination verschiedener Bremstechniken verwendet: Reibungsfreie Nutzbremse (siehe Abschn. 7.2.3) und Magnetschienenbremse (siehe Abschn. 7.2.2) zum schnellen Bremsen.

Alle Fahrzeuge verfügen zudem über eine Feststellbremse, entweder als mechanische Handbremse oder als Federspeicherbremse.

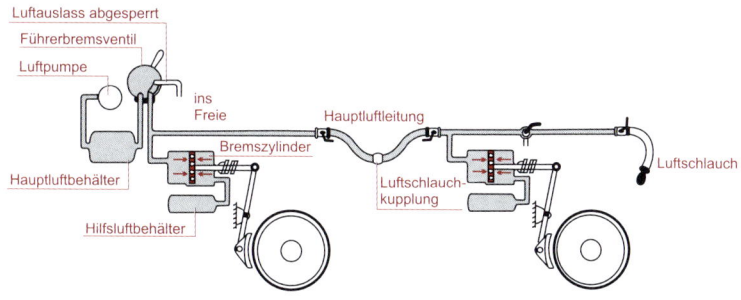

Bild 7.3 Druckluftbremse (Lösestellung)

Ein Versagen der Bremsen aufgrund fehlenden Drucks ist somit nicht möglich. Wäre der Luftschlauch undicht, so würde die ausströmende Luft dazu führen, dass der Zug stetig gebremst wird. Anders verlaufende Handlungsstränge in diversen Actionfilmen sind mit dieser zumindest in Europa üblichen Bremstechnik nicht vereinbar.

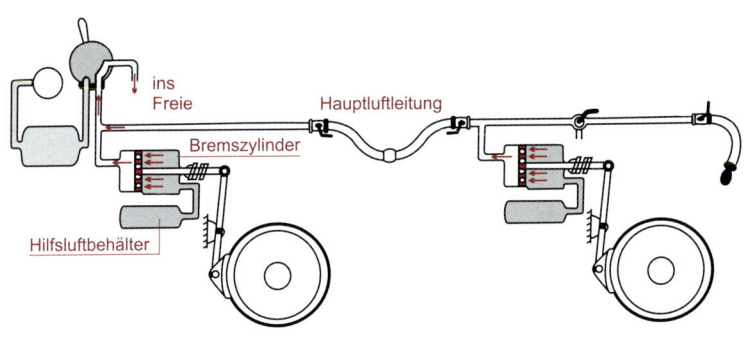

Bild 7.4 Druckluftbremse (Bremsstellung)

Vor der Abfahrt eines Zuges muss dennoch eine Bremsprobe durchgeführt werden. Diese dient dazu festzustellen, dass sich alle Bremsscheiben bzw. Bremsklötze korrekt bewegen. Andernfalls könnte es passieren, dass sich eine Bremse nicht vom Rad löst, während der Fahrt dauernd bremst und das Rad so stark erhitzt, dass es bricht und den Zug zu einer Entgleisung bringt. Zur Sicherheit sind zusätzlich im Bahnnetz Heißläuferortungsanlagen verteilt, welche die Temperatur der vorbeifahrenden Räder messen und gegebenenfalls Alarm auslösen, sodass der betreffende Zug angehalten werden kann.

7.2.2 Reibungsbremsen

Die im vorangegangenen Kapitel geschilderte Bremstechnik beruht auf der Bremsung der Räder mittels mechanischer Reibung. Klotzbremsen sind die weniger elegante, jedoch kostengünstigere Technik. Bremsklötze aus Stahl reiben auf der Lauffläche der Räder und bringen diese zum Stehen. Nachteile dieser Technik sind die schlechte Regelbarkeit der Bremskraft, der große Verschleiß an Bremsklötzen und Rädern sowie die erhebliche Geräuschentwicklung. Dem letzteren Problem wird zunehmend dadurch begegnet, dass die Bremsklötze mit Kunststoffauflagen versehen werden.

Bild 7.5 Klotzbremse

Bei Reisezügen neuerer Bauart werden heute ausschließlich Scheibenbremsen verwendet. Die Bremsscheiben bremsen dabei die Innenflächen der Räder ab. Meist werden die Räder nicht direkt abgebremst, sondern die Bremsscheiben wirken auf Wellen, die fest auf der Achse angebracht sind. Der Verschleiß wirkt in diesem Fall auf die Wellen, nicht auf die Räder. Scheibenbremsen sind verhältnismäßig geräuscharm und gut regelbar, jedoch teurer als Klotzbremsen, und die Wartung ist aufwendiger. Im Güterverkehr werden daher weiterhin Klotzbremsen bevorzugt.

Bei Geschwindigkeiten größer als 140 km/h werden zusätzlich Magnetschienenbremsen eingesetzt. Im Bereich des Drehgestells werden Bremsbeläge durch Magnetkraft auf die Schiene gepresst, wodurch ein sehr schneller, aber verschleißintensiver Bremsvorgang ausgelöst wird.

7.2.3 Reibungsfreie Bremsen

Alle Reibungsbremsen haben den Nachteil des Verschleißes von Material und der Umwandlung von Bewegungsenergie in nicht-nutzbare Wärmeenergie. Reibungsfreie Bremsen haben diese Nachteile nicht. Im Eisenbahnwesen gibt es zwei Arten der reibungsfreien Bremsen: die elektrische Nutzbremse und die Wirbelstrombremse.

Bild 7.6 Scheibenbremse

Bei der elektrischen Nutzbremse wird das Triebfahrzeug als Generator betrieben: Bewegungsenergie des Fahrzeugs wird in Strom umgewandelt und in den Fahrdraht eingespeist. Etwa 20 bis 30 Prozent der eingespeisten Bremsenergie kann von anderen Fahrzeugen genutzt werden, der Rest wird als Wärme in die Umgebung abgeführt. Eine größere Energieausbeute ist nicht möglich, weil die Energie nicht gespeichert werden kann und nicht immer ein anderes Fahrzeug zugegen ist, um die Energie aufzunehmen.

Bild 7.7 Magnetschienenbremse (Unterfluransicht)

Die Bremskraft der elektrischen Nutzbremse ist proportional zur kinetischen Energie des Fahrzeugs und nimmt daher mit sinkender Geschwindigkeit ab. Um einen Zug anzuhalten, wird auf jeden Fall eine Reibungsbremse benötigt. Die elektrische Nutzbremse wird als energiesparende Zusatzbremse eingesetzt.

Die Wirbelstrombremse nutzt das physikalische Phänomen, dass Magnetfelder elektrische Felder induzieren und umgekehrt (elektromagnetische Induktion). Sie besteht aus einem Elektromagneten, dessen magnetisches Feld im Schienenkopf einen kreisförmig verlaufenden Strom erzeugt, durch welches das Fahrzeug abgebremst wird. Die starken magnetischen und elektrischen Felder beeinflussen die Technik am Gleis, und die entstehende Wärmeenergie erhitzt die Schienen stark. Aus diesen Gründen wird die Wirbelstrombremse bisher nur in einer Zugbaureihe (ICE 3) auf dafür speziell ausgerüsteten Strecken eingesetzt. Wegen der Erwärmung der Schienen müssen zwei Züge mit Wirbelstrombremse einen zeitlichen Abstand von mindestens 6 Minuten einhalten.

7.3 Kupplungen

Das Zusammenstellen von Zügen erfordert die Übertragung mechanischer Kräfte sowie von Luft, Strom und Daten.

Im Güterverkehr wird auf Strom in den Wagen verzichtet. Anstelle eines elektrischen Schlusslichtes werden reflektierende Scheiben verwendet.

Bild 7.8 Scharfenbergkupplung

Mechanische Kräfte
Beim Beschleunigen treten mechanische Kräfte als Zugkräfte auf. Druckkräfte entstehen beim Bremsen, weil die Bremskraft nicht gleichzeitig auf alle Wagen des Zuges wirkt. Insbesondere bei langen lokbespannten Zügen entsteht eine Zeitdifferenz zwischen dem Beginn der Bremsung der Lok und der Wagen. Dadurch üben die Wagen eine Druckkraft auf die Lok aus.

Luft
Die für das Bremssystem erforderliche Druckluft muss mittels Luftschläuchen durch den Zug und zwischen den Wagen übertragen werden.

Strom
Im Personenverkehr wird Strom in allen Wagen des Zuges benötigt, damit Licht und Heizung, ggf. auch Klimaanlage betrieben werden können. Auch das Schlusslicht, das das Ende des Zuges markiert, wird elektrisch betrieben.

Daten
Moderne Triebzüge verfügen über automatische Diagnosesysteme zur Feststellung von Defekten und benötigen daher auch eine Datenleitung durch den Zug.

Die eleganteste und technisch beste Möglichkeit, die bei der Kupplung von Wagen zu Zügen alle diese Anforderungen berücksichtigt, ist die Verwendung von automatischen Kupplungen wie der Scharfenbergkupplung.
Scharfenbergkupplungen werden in modernen Reisezügen eingesetzt, die nur untereinander gekuppelt werden müssen. Der Nachteil der Scharfenbergkupplung liegt darin, dass alle damit zu kuppelnden Wagen mit diesem System ausgestattet sein müssen. Weil im Güterverkehr die Übertragung von Strom und Daten nicht erforderlich ist, ist dort noch weitgehend das System der Schraubenkupplung im Einsatz, das im Prinzip noch aus dem 19. Jahrhundert stammt. Bei diesem System werden die Zugkräfte durch ein Stahlgestänge übertragen, die Druckkräfte durch seitlich an den Wagen angebrachte Puffer. Die Kupplungsteile werden mittels einer Spindel verbunden und aneinandergeschraubt, die Bremsschläuche und Stromleitungen ebenfalls manuell miteinander verbunden. Diese sehr zeit- und personalaufwendige Methode ist seit Jahrzehnten ein Ärgernis, insbesondere was das Kuppeln von Güterzügen angeht.

Eine Umstellung muss entweder abrupt im ganzen europäischen Eisenbahnnetz erfolgen und wäre dann sehr kostspielig, oder ein System, das eine Kupplung auch mit dem alten System zulässt, wird schrittweise eingeführt, bringt aber Rationalisierungsgewinne erst dann, wenn so gut wie alle Wagen umgestellt sind. Technische Lösungen für beide Varianten sind entwickelt worden, doch die Umstellung ist bisher stets an den finanziellen Problemen der beteiligten Bahnen gescheitert. (Bei einigen osteuropäischen Bahnen ist eine automatische Kupplung eingeführt, die aber mit der Scharfenbergkupplung nicht kompatibel ist – ein weiteres Umstellungsproblem!)

Bild 7.9 Zughaken und Schraubenkupplung (Mitte), Puffer seitlich

7.4 Achsen und Drehgestelle

Die Räder eines Eisenbahnwagens sind miteinander durch starre Achsen verbunden. So drehen sich beide Räder immer gleich schnell. Die starre Verbindung fördert die Stabilität des Sinuslaufes. In engen Kurven jedoch ergeben sich daraus Nachteile: Das äußere Rad hat einen längeren Weg zurückzulegen als das innere, kann aber nicht schneller rollen. Dadurch entstehen in den Bogen Gleitreibungskräfte zwischen Rad und Schiene.

Wenn ein Fahrzeug langsam einen engen Bogen befährt, sorgt zudem die Federung des Fahrzeugs für eine Umverteilung der ansonsten auf alle Achsen gleichermaßen einwirkenden Gewichtskraft. So kann es vorkommen, dass auf ein Rad keine Vertikalkraft nach unten wirkt. Da Spurkränze und Schiene zueinander geneigt sind, entsteht aufgrund der Reibung eine vertikale Kraftkomponente nach oben, die bei fehlender Gegenkraft das Rad über die Schiene hebt und so zur Entgleisung führt.

Das Phänomen ist umso stärker, je größer der Abstand zwischen den Achsen eines Fahrzeugs und je kleiner der Bogenradius ist.

Fahrzeugtechnisch sind zwei Gegenmaßnahmen möglich:

- Einsatz von kurzen zweiachsigen Fahrzeugen (im Personenverkehr unwirtschaftlich)
- Einsatz von Fahrzeugen mit Drehgestellen; die Drehgestelle erlauben in begrenztem Maße eine Verdrehung der Achsen zueinander.

Aus trassierungstechnischer Sicht wird diesem Problem begegnet, indem Mindestradien für Bogen festgelegt werden (siehe Kap. 3).

7.5 Fahrzeugkonzepte

Die Fahrdynamik der Züge beruht auf der Möglichkeit, mit einem Triebfahrzeug großer Masse eine große Zahl von nicht-angetriebenen Wagen zu ziehen. Neben dem lokbespannten Zug, der diese Idee exakt verkörpert, gibt es für verschiedene Anwendungsbereiche abgewandelte Konzepte, die in *Tabelle 7.1* zunächst zusammenfassend, dann im Einzelnen vorgestellt werden.

Tabelle 7.1 Fahrzeugkonzepte (Übersicht)

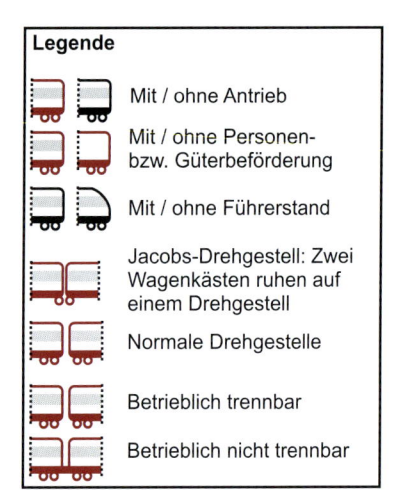

Fahrzeugtyp	Beispiel		Baureihenbezeichnungen teilweise verkürzt wiedergegeben
Lokbespannter Wagenzug	110 + Doppelstockwagen		
Wendezug	111 + Doppelstockwagen		
Triebwagen	641		
Doppeltriebwagen	628		
Gelenktriebwagen	423	Mit Jacobsdrehgestell	
	GTW 2/6 (646)	Aufgesattelt	
Triebzug (betrieblich nicht trennbar)	420	Alle Achsen angetrieben	
	628/928	Nicht alle Achsen angetrieben	
	ICE 1 (401/ 801..804)	Triebkopf — Mittelwagen (max. 14) — Triebkopf	
	ICE 2 (402/ 805..808)	Steuerwagen — Mittelwagen (max. 6) — Triebkopf	
	ICE 3 (403)	Triebwagen — angetriebene und nicht angetriebene Mittelwagen — Triebwagen	

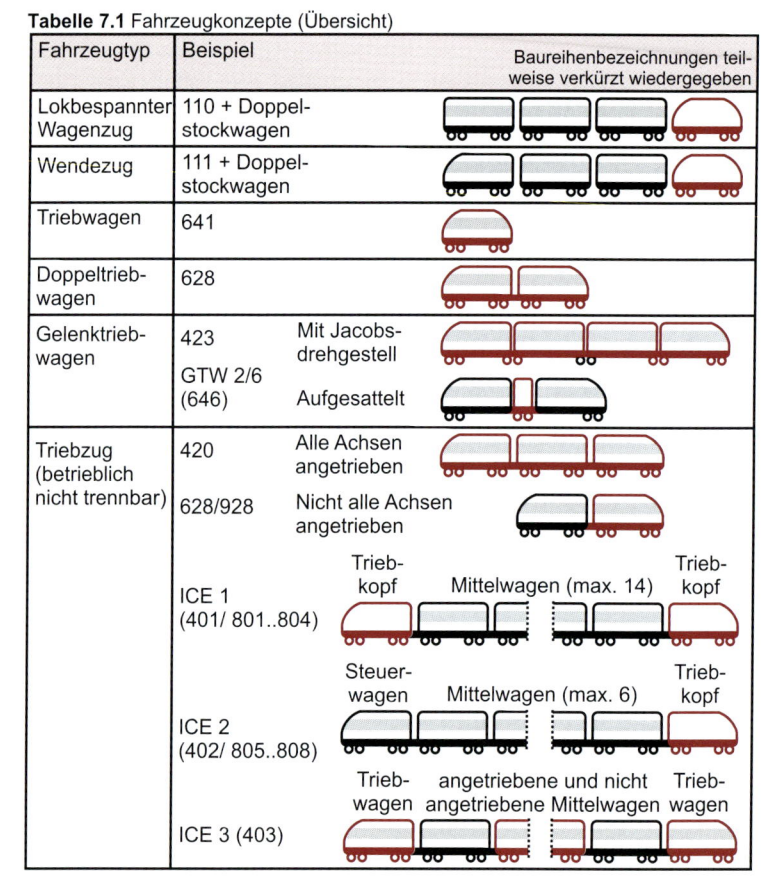

Legende

- Mit / ohne Antrieb
- Mit / ohne Personen- bzw. Güterbeförderung
- Mit / ohne Führerstand
- Jacobs-Drehgestell: Zwei Wagenkästen ruhen auf einem Drehgestell
- Normale Drehgestelle
- Betrieblich trennbar
- Betrieblich nicht trennbar

7.5.1 Lokbespannter Zug

Die Reibungskraft zwischen Rad und Schiene hängt vom Reibungsbeiwert sowie der Masse der angetriebenen Achsen ab. Das klassische Zugkonzept besteht daher aus einem Triebfahrzeug und nicht-angetriebenen Wagen. Das Triebfahrzeug enthält Motoren, Getriebe etc. und verfügt daher über eine große Masse, die zu einer großen Gleitreibung führt und das Anfahren fördert. Sobald der Zug in Bewegung ist, muss nur noch die kleinere Rollreibung des Triebfahrzeugs selbst und der Wagen überwunden werden. Die Wagen werden mechanisch gekuppelt und mittels der Luftleitung mit dem Triebfahrzeug verbunden.

Bei lokbespannten Zügen muss sich das Triebfahrzeug stets vor dem Zug befinden. Bei einer Wende muss das Triebfahrzeug abgekoppelt, um den Zug herumgefahren und am anderen Ende wieder angekuppelt werden. Unter anderem aus diesem Grund ist der lokbespannte Zug zwar weiterhin die Regelkonfiguration für den Güterverkehr, wird im Personenverkehr – wo in den meisten Fällen feste Zugverbände pendeln – jedoch zunehmend durch andere Konzepte verdrängt.

7.5.2 Triebwagenzug

Um die Beschleunigung der Züge zu verbessern, kann die angetriebene Masse auf mehrere Achsen verteilt werden. Diese Überlegung steht hinter dem Konzept des Triebwagenzuges. Ein Triebwagenzug wird als fest zusammengekuppelte Einheit gefahren; mehrere Drehgestelle sind angetrieben.

Bild 7.10 Dieseltriebwagen, elektrischer Triebwagen

Im S-Bahn-Verkehr, der durch zahlreiche mit Brems- und Beschleunigungsphasen verbundene Halte geprägt ist, wird das Konzept des Triebwagenzuges seit langem angewendet. Mittlerweile werden Triebwagenzüge auch im allgemeinen Nahverkehr und im Fernverkehr eingesetzt.

Ein Nachteil von Triebwagenzügen besteht darin, dass einzelne Wagen nicht aus dem Zugverband entfernt werden können, zum Beispiel im Falle eines Defekts. Auf der anderen Seite eignen sich automatisch kuppelbare Triebwagenzüge gut, um mehrere Einheiten schnell zusammenzufügen bzw. zu trennen. Dadurch lassen sich nachfragegerechte Flügelzugkonzepte verwirklichen.

Bild 7.11 Triebwagenzug mit zwei gekuppelten Einheiten

7.5.3 Triebkopfzug

Triebkopfzüge unterscheiden sich von Triebwagenzügen dadurch, dass sich die Antriebsaggregate des Zugverbands ausschließlich am Anfang und Ende des Zuges befinden. Die deutschen ICE-Züge der ersten Generation sowie die französischen TGV sind Triebkopfzüge.

7.5.4 Wendezug

Wird der letzte Wagen des Zuges mit einer Steuereinheit versehen, so kann ein lokbespannter Zug auch geschoben verkehren. Auf diese Weise kann ein wesentlicher Nachteil der lokbespannten Züge vermieden werden, ohne dass in großem Umfang neue Triebfahrzeuge angeschafft werden müssen. Viele Zugverbände im Nahverkehr sowie der ICE 2 im Fernverkehr verkehren mit Wendezügen.

Nachteil von Wendezügen ist ihre ungünstige Masseverteilung (schwere Lok hinten, leichter Steuerwagen vorn). Dadurch wird der Zug empfindlicher gegenüber Seitenwind, was zum Teil zu Geschwindigkeitsbeschränkungen führt (max. Geschwindigkeit ICE 2 gezogen 250 km/h, geschoben nur 200 km/h).

7.5.5 Züge mit Neigetechnik

Die Neigetechnik wurde aus der Sicht der Trassierung bereits in Abschnitt 3.6 beschrieben. Aktive Neigetechnik wird auf ausgewählten Strecken im Fern- und Nahverkehr angewendet; eingesetzt werden elektrische und dieselgetriebene Triebwagenzüge. Nachtzüge mit passiver Neigetechnik verkehren auch als lokbespannte Züge.

Bild 7.12 Wendezug

Beispiel 7.2

Erläutern Sie die Vorteile eines Triebwagenzuges gegenüber einem lokbespannten Zug im schnellen Personenverkehr.

Lösung:

- Gleichmäßige Verteilung der Achslasten, dadurch gute Haftreibung und gutes Beschleunigungsvermögen;
- kein Umsetzen der Lok bei der Wende erforderlich;
- einfaches Stärken und Schwächen mit automatischer Kupplung.

Unter Stärken versteht man das Hinzufügen von Fahrzeugen zu einem Zug während des Betriebs; Schwächen bedeutet entsprechend das Gegenteil.

8 Bahnhöfe

8.1 Fahrmöglichkeiten in Bahnhöfen

In einem Bahnhof können Züge enden, wenden und beginnen. Der einfachste Fall eines Bahnhofs besteht daher aus einer Weiche und zwei Gleisen.

Im Regelfall verfügen Bahnhöfe über mehrere Gleise, da die Gleise Zügen zum Warten dienen. Es ist geschickt, die Wartezeiten im Fahrplan mit den Zeiten für den Fahrgastwechsel zu verknüpfen. Auch Umsteigevorgänge zwischen Anschlusszügen können unter Umständen innerhalb planmäßiger fahrplanbedingter Wartezeiten abgewickelt werden.

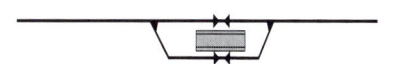

Bild 8.1 Einfacher Bahnhof (Darstellung ohne Signale)

Weichen ermöglichen die Benutzung mehrerer alternativer Fahrwege. Aufgrund der hohen Kosten für Weichen und Stellwerke ist jedes Eisenbahn-Infrastrukturunternehmen bestrebt, die Zahl der Weichen so gering wie möglich zu halten. Andererseits bietet eine größere Zahl von Weichen, sofern diese geschickt angeordnet sind, eine höhere Zahl von Fahrmöglichkeiten und damit eine flexiblere Betriebsführung.

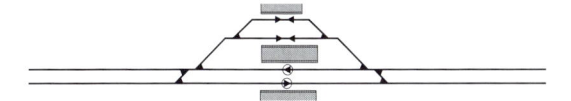

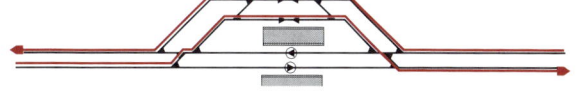

Bild 8.2 Bahnhof mit einfachen Fahrmöglichkeiten (Darstellung ohne Signale)

Bild 8.3 Bahnhof mit erweiterten Fahrmöglichkeiten (Darstellung ohne Signale)

Fahrmöglichkeiten für Züge in Bahnhöfen müssen mit Hilfe von Signalen abgesichert werden (siehe Kapitel 9). Während auf Strecken außerhalb von Bahnhöfen in Deutschland fast ausschließlich auf der rechten Seite gefahren wird, besteht im Bahnhof die Möglichkeit, alle Gleise in beide Richtungen zu befahren. Ob diese Möglichkeit ausgenutzt wird, hängt lediglich davon ab, ob die Mehrkosten für die Signalisierung in einem günstigen Verhältnis zum Nutzen stehen.

Die vorgesehenen Fahrtrichtungen in Bahnhöfen werden in Lageplänen und Bahnhofsskizzen mit Pfeilen gekennzeichnet. Dabei wird auch unterschieden, wie die Gleise jeweils genutzt werden. Wird das mit Pfeilen in beide Richtungen versehene Gleis in *Bild 8.3* in die „falsche" Richtung auf der „linken" Seite befahren, müssen die Züge das Gleis der Gegenrichtung kreuzen. In der Praxis wird diese Möglichkeit nur selten genutzt. Im Störungsfall oder im Rahmen von Baumaßnahmen kann eine solche planmäßige Fahrmöglichkeit für die Abwicklung des Betriebs jedoch außerordentlich wichtig sein.

Bild 8.4 Prellbock als Abschluss eines Gleises

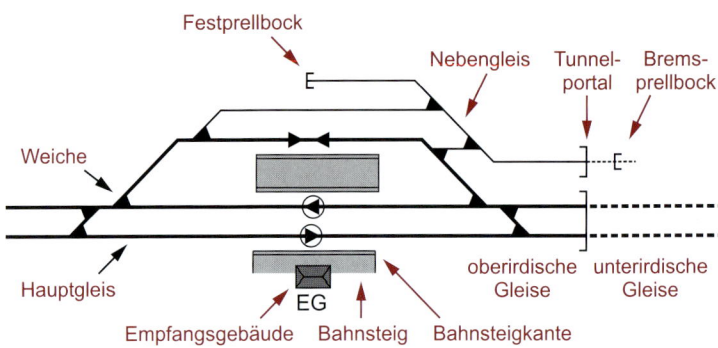

Bild 8.5 Bahnhof mit Fahrwegelementen (Darstellung ohne Signale)

8.2 Grundtypen von Bahnhöfen

Das Betriebsprogramm enthält die wunschgemäßen Ankunfts- und Abfahrtsdaten sowie Fahrzeiten der Züge (s.a. Abschn. 2.5). Aus dem Betriebsprogramm wird in einer weiteren Stufe der detaillierte Fahrplan entwickelt.

Es gibt keine zwei identischen Bahnhöfe, weil die Anforderungen an die Weichenverbindungen stets individuell aus dem Betriebsprogramm und den topographischen Besonderheiten heraus formuliert werden müssen. Standardlösungen sind nicht sinnvoll, da sie, um für die Mehrzahl der Fälle ausreichend zu sein, teurer wären als die dem Bedarf genau angepassten individuellen Strukturen. Um dennoch einen gewissen Überblick zu schaffen, werden Bahnhöfe entsprechend ihrer Charakteristika in verschiedene Kategorien eingeteilt:

- nach dem Zweck: Überholungsbahnhof, Trennungsbahnhof, Kreuzungsbahnhof;
- nach der Lage im Netz: Kopfbahnhof, Durchgangsbahnhof, Begegnungsbahnhof;
- nach der Struktur der Gleisanlagen: Linienbetrieb, Richtungsbetrieb, Turmbahnhof.

8.2.1 Einteilung nach dem Zweck

Bahnhöfe nach Zweck:
- Überholungsbahnhöfe
- Trennungsbahnhöfe
- Kreuzungsbahnhöfe

In Überholungsbahnhöfen werden langsame Züge von schnelleren Zügen überholt. Man spricht hierbei von einer „stehenden" Überholung, da der zu überholende Zug im Bahnhof angehalten wird. Bei einer „fliegenden" Überholung bewegen sich beide Züge. Aufgrund der Länge der Züge kann eine fliegende Überholung nicht im Bahnhof stattfinden, sondern nur auf der Strecke, wenn zwei in gleiche Richtung befahrbare Gleise zur Verfügung stehen und während des Überholvorganges keine entgegenkommenden Züge zum Warten gezwungen werden. Sie ist deshalb außerordentlich selten.

8.2 Grundtypen von Bahnhöfen

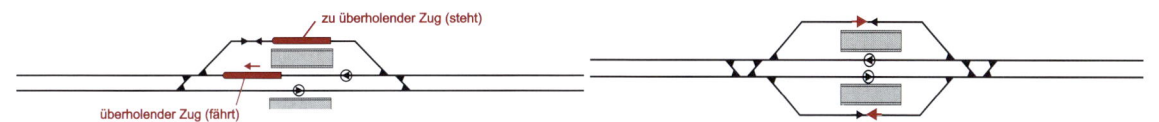

Bild 8.6 Einseitiger Überholungsbahnhof

Bild 8.7 Zweiseitiger Überholungsbahnhof mit fakultativen Fahrmöglichkeiten

Ein einfacher Überholungsbahnhof besteht aus einem Durchfahrgleis und einem Überholungsgleis pro Richtung (gelegentlich auch nur einem Überholungsgleis auf einer Seite des Bahnhofs, in diesen Fällen meist in beide Richtungen nutzbar). Das Überholungsgleis ist das Gleis, in dem der zu überholende Zug steht. Die betrieblichen Möglichkeiten werden verbessert, wenn die Überholungsgleise in beide Richtungen befahrbar sind. In diesem Fall werden zusätzliche Weichenverbindungen und Signale benötigt (in der Skizze farbig dargestellt). Darüber hinaus können parallel weitere Überholungsgleise angelegt werden.

Ein mittiges Überholungsgleis wird so angeordnet, dass es in beide Richtungen befahren werden kann (natürlich nicht gleichzeitig...). Dadurch wird im Bereich des Bahnhofs weniger Platz benötigt als bei zwei seitlich gelegenen Überholungsgleisen, jedoch um den Preis eines größeren Gleisabstandes zwischen den durchgehenden Gleisen, der anschließend - zum Beispiel mit Gleisverziehungen - wieder auf das normale Maß zurückgeführt werden muss.

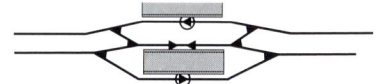

Bild 8.8 Überholungsbahnhof mit mittigem Überholungsgleis

Trennungsbahnhöfe sind Bahnhöfe, in denen Strecken voneinander abzweigen. In der Regel sind zum Zwecke des Wartens mehrere Gleise vorhanden (siehe *Bild 8.9*).

Kreuzungsbahnhöfe werden angelegt, wenn zwei Strecken sich kreuzen und Züge von einer auf die andere Strecke übergehen sollen. Wegen der großen Radien im Eisenbahnverkehr werden die Gleise nahezu parallel in den Bahnhof eingeführt. Verbindungskurven zwischen den Strecken sind selten und liegen fast immer außerhalb des Bahnhofsbereiches. In der Skizze (*Bild 8.10*) sind in schwarz die unbedingt notwendigen Weichen eingetragen, farbig einige mögliche Ergänzungen zur Verbesserung der betrieblichen Möglichkeiten.

Die Gleisanordnung des Kreuzungsbahnhofs ähnelt der Anordnung des Trennungsbahnhofs. Da auf beiden Seiten jeweils eine Strecke einzuführen ist, ist lediglich die Zahl der Weichen größer (siehe *Bild 8.10*).

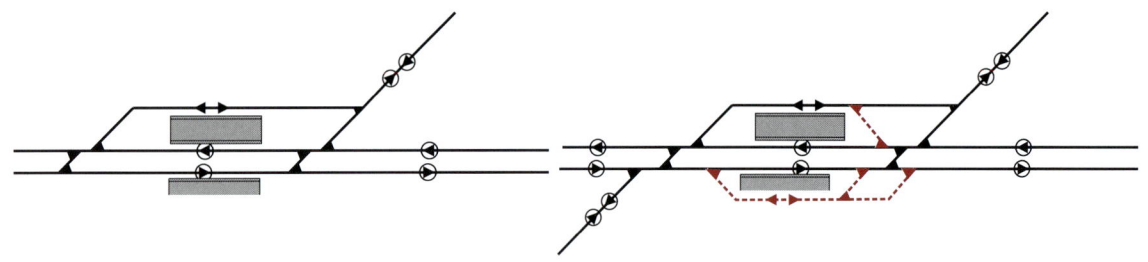

Bild 8.9 Einfacher Trennungsbf (höhengleich)

Bild 8.10 Einfacher Kreuzungsbahnhof (höhengleich), mit einigen möglichen Erweiterungen zur Verbesserung des Betriebsablaufs

8.2.2 Einteilung nach der Lage im Netz

Bahnhöfe nach Lage im Netz:
- Durchgangsbahnhöfe
- Kopfbahnhöfe
- Begegnungsbahnhöfe

Bild 8.11 Kopfbahnhof

Gibt es mehrere Bahnhöfe in einer Stadt, so wird der verkehrlich wichtigste in der Regel als Hauptbahnhof (Hbf) bezeichnet.

Kopfbahnhöfe bilden das Ende einer oder mehrerer Strecken; eine Durchfahrt von Zügen ist in diesen Bahnhöfen nicht möglich. Alle Bahnhöfe, die keine Kopfbahnhöfe sind, sind für die Durchfahrt von Zügen geeignet und somit Durchgangsbahnhöfe.

Kopfbahnhöfe haben den Nachteil, dass Züge nur sehr langsam einfahren dürfen und der gesamte Weichenbereich sich auf eine Seite des Bahnhofs konzentriert. Dadurch ist dieser Bereich sehr groß und wenig leistungsfähig. Bei lokbespannten Zügen muss zudem das einfahrende Triebfahrzeug abgekoppelt und nach dem Zug wieder aus dem Bahnsteigbereich herausgefahren werden, wodurch die Weichenbereiche ein weiteres Mal belegt werden. Der Zugverkehr muss zum Teil mit großen Umwegen um das Stadtgebiet herum in den Bahnhof eingeführt werden.

„Natürliche" Kopfbahnhöfe findet man an der See (Norddeich Mole) oder am Ende von Tälern (Oberstdorf, Stuttgart Hbf). Da sie näher an das Stadtzentrum gelegt werden konnten, sind im 19. Jahrhundert insbesondere in bedeutenden Städten, von denen eigene Bahnlinien ausgingen, Kopfbahnhöfe gebaut worden. Einige dieser Kopfbahnhöfe bestehen heute noch – Frankfurt am Main Hbf, Leipzig Hbf, München Hbf, Stuttgart Hbf – viele andere sind später durch leistungsfähigere Durchgangsbahnhöfe ersetzt worden. Je später dies geschah, desto weiter entfernte sich der neue Bahnhofsstandort vom Stadtzentrum. Beispiele für neue, außerhalb des Stadtzentrums gelegene Bahnhöfe sind Braunschweig Hbf (1960), Kassel-Wilhelmshöhe (1991) und Lyon (1994).

Derzeit laufen die Planungen für den Ersatz des Kopfbahnhofs Stuttgart Hbf durch einen unterirdischen Durchgangsbahnhof.

Auch die Lage der „alten" Durchgangsbahnhöfe ist stark von der historischen Entwicklung des Eisenbahnnetzes geprägt. In der Regel wurden die Bahnhöfe knapp außerhalb der damaligen Bebauungsgrenzen der Städte angelegt. Das starke Städtewachstum ab der Mitte des 19. Jahrhunderts sorgte dafür, dass sich die Städte um die Bahnhöfe ausbreiteten und diese Bahnhöfe heute überwiegend als zentrumsnah gelten.

8.2 Grundtypen von Bahnhöfen

Auf eingleisigen Strecken benötigt man Bahnhöfe, auf denen Züge aus entgegengesetzten Richtungen einander passieren können. Diese Begegnungsbahnhöfe bestehen minimal aus zwei Gleisen (siehe *Bild 8.12*). Sie können natürlich auch als Überholungsbahnhof dienen. In der Eisenbahnersprache werden Begegnungsbahnhöfe auch als „Kreuzungsbahnhöfe" bezeichnet – nicht zu verwechseln mit den im vorherigen Abschnitt erläuterten Kreuzungsbahnhöfen.

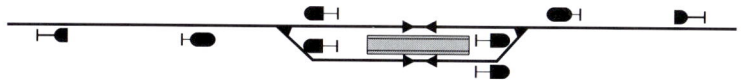

Bild 8.12 Begegnungsbahnhof

8.2.3 Einteilung nach der Struktur der Gleisanlagen

Bei großen Trennungs- und Kreuzungsbahnhöfen werden die Ein- und Ausfädelungen, sofern es die Verkehrsbelastung erfordert, höhenfrei ausgeführt. Das heißt, die Verkehrsströme werden durch Überführungen voneinander getrennt, damit zwischen den Zügen weniger Konflikte auftreten. Die Entwurfselemente der Autobahnen sind eine Weiterentwicklung dieser bei der Eisenbahn entwickelten Grundidee.

Die aufgrund der Überführungsbauwerke erforderlichen Höhenunterschiede zwischen den Gleisen bringen jedoch eine erhebliche Verlängerung der Gleisanlagen mit sich. Andererseits ergibt sich auf diese Weise die Möglichkeit, die wichtigsten Verkehrsbeziehungen so zu trassieren, dass sie über durchgehende Hauptgleise verlaufen und keine Zweiggleise von Weichen befahren müssen.

Je nachdem, wie die durchgehenden Hauptgleise dabei einander zugeordnet werden, unterscheidet man zwei Grundtypen: Linienbetrieb und Richtungsbetrieb.

Beim Richtungsbetrieb werden die beiden Gleise, die in dieselbe Richtung verlaufen, nebeneinander an einem Bahnsteig angeordnet. Beim Linienbetrieb hingegen verlaufen die Gleise einer Strecke nebeneinander an einem Bahnsteig. Die *Bilder 8.12* und *8.13* zeigen den Unterschied.

Die unterschiedliche Anordnung hat Auswirkungen auf die Lage der Konfliktpunkte und der Überführungen bei höhenfreien Lösungen. Bahnhöfe im Linienbetrieb sind häufig von den Investitionskosten her günstiger; auf der anderen Seite bietet nur der Richtungsbetrieb die Möglichkeit, wichtige Umsteigebeziehungen am gleichen Bahnsteig abzuwickeln.

Bahnhöfe nach Struktur der Gleisanlagen:
- Richtungsbetrieb
- Linienbetrieb
- Turmbahnhof

Weichenverbindungen müssen unter dem Diktat des Platzmangels besonders sorgfältig geplant werden. Das planerische Werkzeug dazu wurde in Kapitel 4 bereitgestellt.

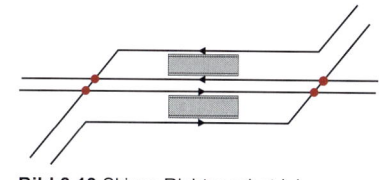

Bild 8.13 Skizze Richtungsbetrieb

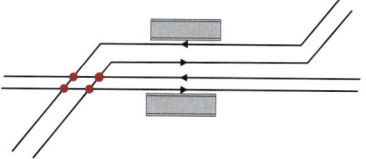

Bild 8.14 Skizze Linienbetrieb

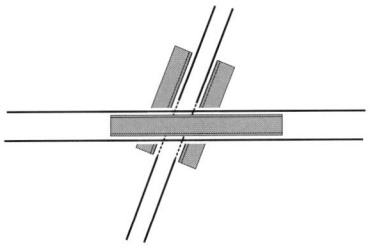

Bild 8.15 Skizze Turmbahnhof

Turmbahnhöfe sind eine Sonderform der Kreuzungsbahnhöfe. Die Gleise der beiden Hauptrichtungen werden höhenfrei voneinander getrennt und haben aus Platzgründen oft keine Verbindung miteinander. Bahnhöfe dieser Art findet man häufig in Netzen von U- und S-Bahnen. Osnabrück Hbf bildet eines der wenigen Beispiele für Turmbahnhöfe im sonstigen Eisenbahnnetz.

Selbstverständlich werden die Bahnhöfe in *Bild 8.13* bis *8.15* idealisiert dargestellt. Reale leistungsfähige Bahnhöfe, an denen auch Züge von einer Strecke auf eine andere übergehen sollen, benötigen neben den dafür erforderlichen Weichenverbindungen auch eine größere Zahl von Gleisen.

8.3 Verknüpfung mit anderen Verkehrsmitteln

Die oft zentrale Lage von Bahnhöfen ermöglicht eine gute Verknüpfung mit anderen Verkehrsmitteln, insbesondere denen des Nahverkehrs.
Traditionell dient dazu der Bahnhofsvorplatz, auf dem Bus- oder Straßenbahnhaltestellen, Taxistände, Fahrradständer und Parkplätze angeordnet werden. Die Konzeption folgt dabei folgenden Grundsätzen:

- Durchgangsverkehr vom Bahnhofsvorplatz fernhalten;
- Verkehrsmittel entflechten, d.h. voneinander trennen und die Zahl der Konfliktpunkte möglichst minimieren;
- möglichst kurze Wege für die Reisenden.

Bahnhofsvorplätze können im Besitz der Bahn oder der Gemeinde sein. Häufig gehören beiden Beteiligten jeweils Teile dieser Anlage. Auf der einen Seite steht der Wunsch nach optimalem Zugang zum Bahnhof mit allen Verkehrsmitteln und bestmöglicher kommerzieller Nutzung, auf der anderen Seite wird eine ansprechende städtebauliche Gestaltung angestrebt. Viele Bahnhofsvorplätze in Deutschland bieten in dieser Hinsicht ein großes Betätigungsfeld für Verkehrs- und Stadtplaner.

An Bahnhöfen mit sehr hohem Verkehrsaufkommen haben sich die Bahnhofsvorplätze in vielen Fällen als nicht ausreichend groß erwiesen, um den gesamten Nahverkehr aufzunehmen. Auch die Minimierung der Zahl der Konfliktpunkte wird bei zunehmendem Verkehrsaufkommen schwieriger.
In diesen Fällen sind unterirdische Umsteigeanlagen, meist in Verbindung mit unterirdischen Stadtschnellbahnen, errichtet worden; gelegentlich in mehr als zwei Ebenen (Beispiele: Frankfurt am Main, München).

Ein besonderes Problem bleibt bei einer innenstadtnahen Lage des Bahnhofs die Anfahrt mit dem Pkw, weil zum einen meist nicht genügend Parkplätze zur Verfügung gestellt werden können, zum anderen die Verkehrsverhältnisse für den Individualverkehr in den meisten Stadtzentren die Autofahrt zum Bahnhof nicht attraktiv erscheinen lassen. Für den Nahverkehr kann dies wünschenswert sein, aus der Sicht eines Fernverkehrsunternehmens wird es jedoch nicht immer nur positiv beurteilt.

8.4 Bahnhofsgleise und -weichen

Je nach ihrer Funktion lassen sich die Gleise eines (Personen-) Bahnhofs in verschiedene Kategorien einteilen:

Hauptgleise
- Durchgehende Hauptgleise: Fortsetzung der Hauptgleise der freien Strecke im Bahnhof,
- Hauptpersonenzuggleise mit Bahnsteig, für Halte und Überholungen,
- Betriebsüberholungsgleise für Güterzüge,
- Verkehrsüberholungsgleise für Güterzüge, zur Aufstellung von Güterzügen während des Aus- und Einsetzens von Wagen.

Nebengleise
- Ausziehgleise, zum Umsetzen von Wagen und Wagengruppen,
- Aufstellgleise, zum Aufstellen von Wagen bei der Bildung und beim Auflösen von Zügen,
- Abstellgleise,
- Wartegleise, für die Bereitstellung von Triebfahrzeugen,
- Ladegleise, für den Güterumschlag.

Grundregeln für Weichen in Bahnhöfen
- kleinstmögliche Weichen verwenden,
- durchgehende Hauptgleise über die Stammgleise der Weichen führen,
- Kombinationen von Weichenverbindungen platzsparend anordnen,
- besser große Weichen mit starren Herzstückspitzen als kleine mit beweglichen,
- in Hauptgleisen möglichst Weichen mit einem Grundradius $\geq$ 300 m einbauen (d.h. auch bei 40 km/h keine 190er Weichen, wegen Verschleiß).

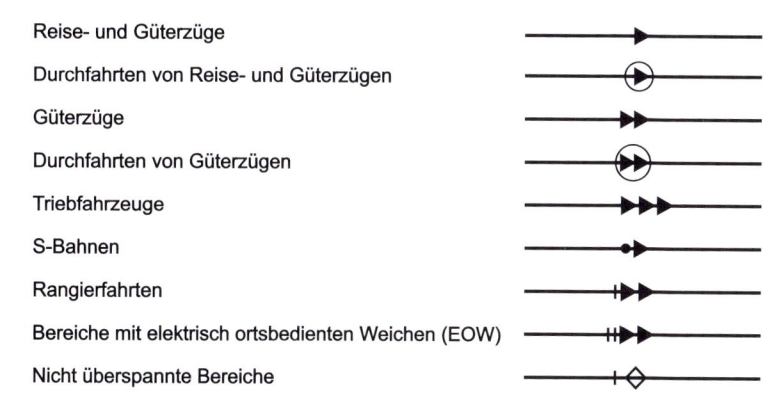

Symbol-Beschreibung	
Reise- und Güterzüge	→
Durchfahrten von Reise- und Güterzügen	⊙→
Güterzüge	→→
Durchfahrten von Güterzügen	⊙→→
Triebfahrzeuge	→→→
S-Bahnen	•→
Rangierfahrten	⊢→→
Bereiche mit elektrisch ortsbedienten Weichen (EOW)	⊢→→
Nicht überspannte Bereiche	⊢◇⊣

Bild 8.16 Gleisbezeichnnungen im Lageplan

8.5 Anlagen des Personenverkehrs

Vielfach werden in der Umgangssprache die Anlagen des Personenverkehrs als „Bahnhof" bezeichnet, obgleich sie im Eisenbahnwesen lediglich einen Teil der Bahnhofanlagen beinhalten. Landläufig wird hin und wieder auch das Empfangsgebäude (EG) eines Bahnhofs fälschlich als „Bahnhof" betrachtet, ungeachtet der Tatsache, dass Bahnhöfe für den Betrieb kein Empfangsgebäude benötigen.

Maßgebend für die Nutzung eines Bahnhofs im Personenverkehr sind Bahnsteige (obwohl die Existenz eines Bahnsteigs allein zwar einen Haltepunkt, aber noch keinen Bahnhof begründet). Die Lage der Bahnsteige ist eine wichtige, im Nachhinein nur schwer zu ändernde Entscheidung bei der Konzeption eines Bahnhofs.

Bahnsteige liegen entweder außen an den Gleisen (Außenbahnsteige, auch Seitenbahnsteige genannt) oder zwischen zwei Gleisen (Mittelbahnsteige oder Inselbahnsteige). Gelegentlich findet man Zwischenbahnsteige, deren Zugang über ein anderes Gleis erfolgt – zulässig nur bei Sperrung des zu überquerenden Gleises oder einer Anordnung so, dass alle Züge vor dem Überweg halten müssen. Unter einem Hausbahnsteig versteht man einen Bahnsteig, der unmittelbar am Empfangsgebäude liegt.

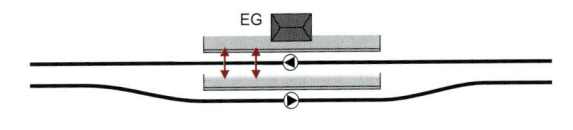

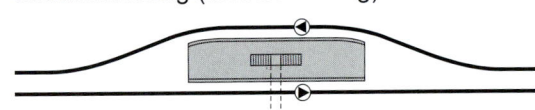

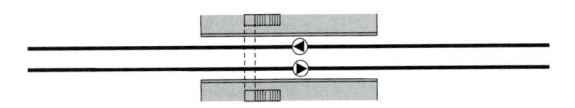

Bild 8.17 Bahnsteigtypen

Doppelbahnsteige (Zwillingsbahnsteige) dienen zur Trennung von ein- und aussteigenden Fahrgästen.

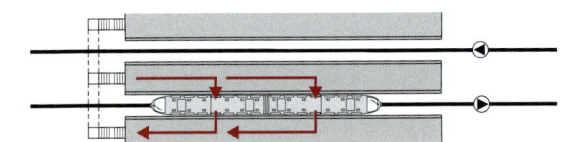

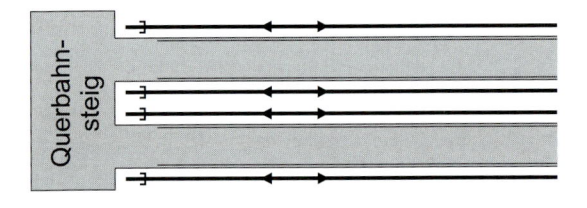

Bild 8.18 Zwischenbahnsteig mit Bahnsteigzugängen

Bild 8.19 Doppelbahnsteig (Zwillingsbahnsteig)

8.5 Anlagen des Personenverkehrs

Die *Bilder 8.20* und *8.21* zeigen Detailmaße für Bahnsteige, *Bild 8.20* für den mittleren Bereich eines Bahnsteigs, *Bild 8.21* für den Bereich des Bahnsteigendes.

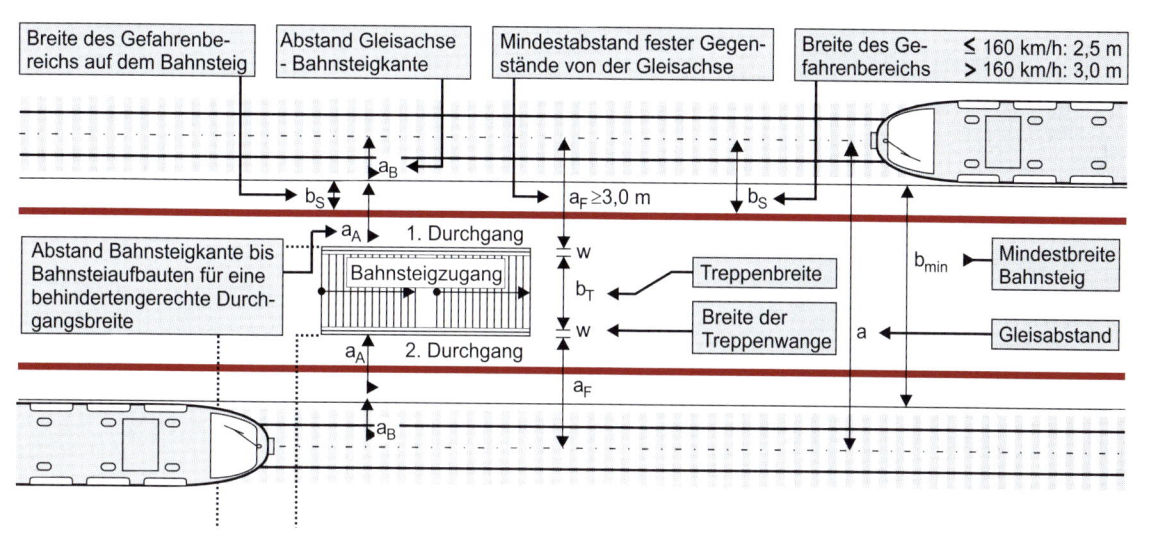

Bild 8.20 Bemessung eines Bahnsteiges (mittlerer Bereich)

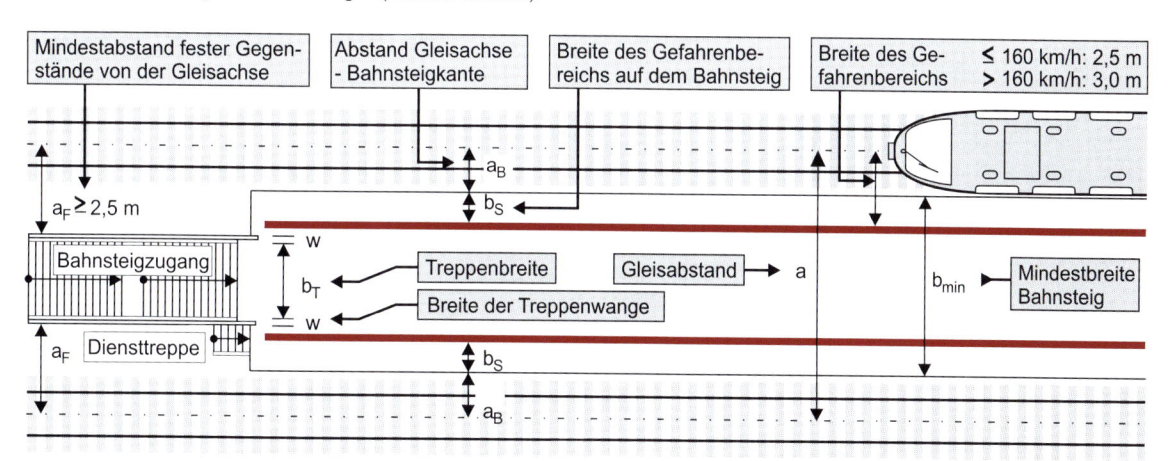

Bild 8.21 Bemessung eines Bahnsteigs (Bahnsteigende)

Die Erklärungen für die zahlreichen in *Bild 8.20* und *8.21* verwendeten Maße sind in der folgenden *Tabelle 8.1* zusammengestellt. Die *Bilder 8.20* und *8.21* zeigen Details an Bahnsteigen zwischen Treppenabgang und Bahnsteigkante.

Bild 8.22 Treppenwange

Bild 8.23 Warnschild an verengtem Bahnsteigbereich

Tabelle 8.1 Bedeutung der Maße in Bild 8.20 und 8.21

Var.	Bedeutung	Berechnung
a_B	Abstand der Bahnsteigkante von Gleisachse (Einbaumaß)	Werte für das gerade und nicht überhöhte Gleis: Bahnsteighöhe 96 bzw. 76 cm: a_B = 1660 mm Bahnsteighöhe 55 cm: a_B = 1650 mm Bahnsteighöhe 38 cm: a_B = 1680 mm
b_S	Breite des Gefahrenbereichs auf dem Bahnsteig (je Bahnsteigkante)	$v \leq 160$ km/h: $b_S = 2{,}5$ m - a_B $160 < v \leq 200$ km/h: $b_S = 3{,}0$ m - a_B
b_T	Lichte Breite der Treppe (oder Rampe) zwischen den Wangen	Im S-Bahnverkehr: Mehrfaches von 0,6 m Sonstiger Verkehr: Mehrfaches von 0,8 m In allen Fällen: mindestens 2,4 m Bei örtlichen Zwangspunkten: 1,8 m
w	Breite der Treppenwange (einschließlich Verkleidung und Handlauf)	Hier können 0,4 m angenommen werden
a_F	Mindestabstand fester Gegenstände (Stützen o.ä.) von der Gleisachse	Maße nach Eisenbahnbau- und -betriebsordnung (EBO, siehe Abschn. 11.3): Auf dem Bahnsteig: $a_F = 3{,}0$ m (§13 Abs. 2 EBO) Am Bahnsteigende: $a_F = 2{,}5$ m (Breite des Regellichtraums)
a_A	Abstand von Bahnsteigaufbauten zur Bahnsteigkante für eine behindertengerechte Durchgangsbreite	Neben kurzen Einbauten (Stützen o.ä.): mind. $a_A = b_S + 0{,}9$ m Neben längeren Einbauten bei mindestens einem Durchgang: mind. $a_A = b_S + 1{,}2$ m
b_{min}	Mindestbreite der Bahnsteige	Bei Mittelbahnsteigen: $b_{min} = b_T + 2w + 2(a_F - a_B)$ Bei Außenbahnsteigen: $b_{min} = b_T + 2w + (a_F - a_B)$

Wenn $(a_F - a_B) < a_A$ ist, ist für die Bemessung einer behindertengerechten Durchgangsbreite das Maß a_A maßgebend.

Der Abstand von Bahnsteigaufbauten zur Bahnsteigkante für eine behindertengerechte Durchgangsbreite muss neben längeren Einbauten nur bei einem Durchgang gewährleistet sein. Der andere Durchgang muss dann aber mit einem Warnschild versehen werden.

8.6 Weitere Betriebsstellen

Neben Bahnhöfen gibt es im Eisenbahnsystem weitere Formen von Betriebsstellen, an denen beispielsweise Züge abzweigen oder zum Fahrgastwechsel anhalten. Die *Bilder 8.22* bis *8.27* geben einen Überblick über die Begriffe.

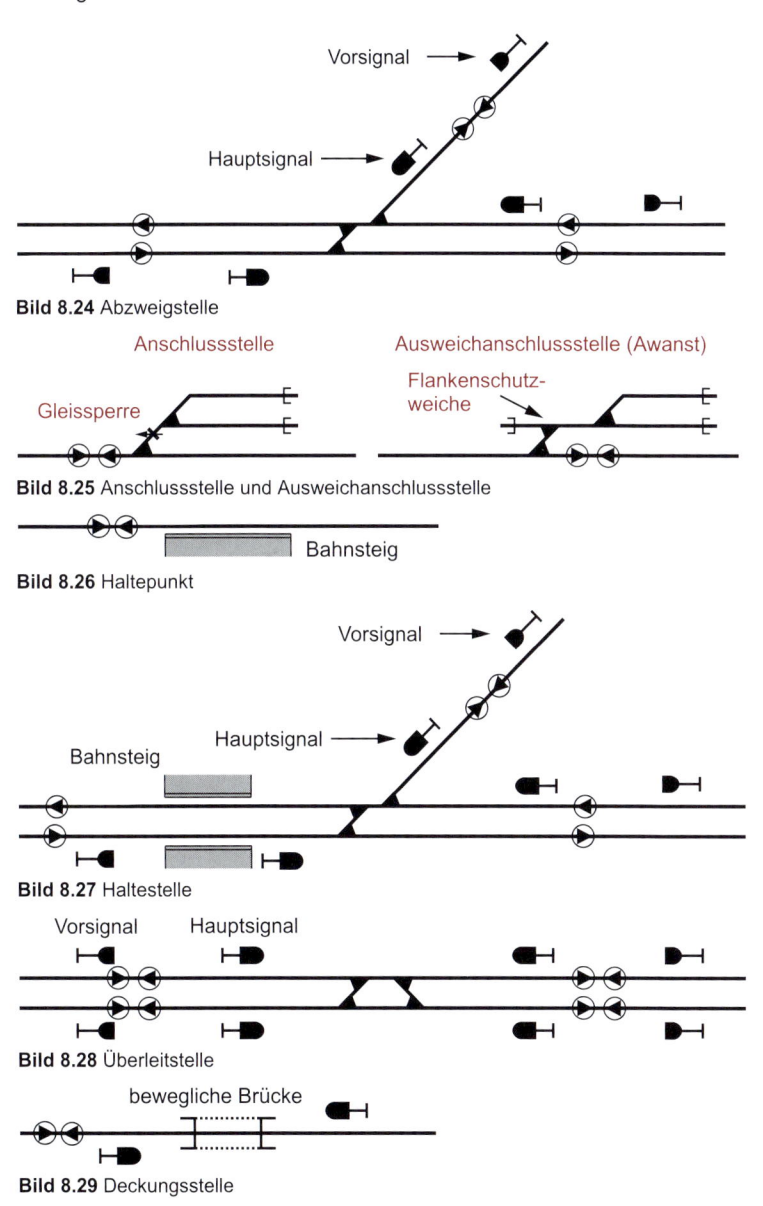

Bild 8.24 Abzweigstelle

Bild 8.25 Anschlussstelle und Ausweichanschlussstelle

Bild 8.26 Haltepunkt

Bild 8.27 Haltestelle

Bild 8.28 Überleitstelle

Bild 8.29 Deckungsstelle

Abzweigstellen sind Blockstellen der freien Strecke, wo Züge von einer Strecke auf eine andere Strecke übergehen können.

Überleitstellen sind Blockstellen der freien Strecke, wo Züge auf ein anderes Gleis derselben Strecke übergehen können.

Anschlussstellen sind Bahnanlagen der freien Strecke, wo Züge ein angeschlossenes Gleis als Rangierfahrt befahren können, ohne dass die Blockstrecke für einen anderen Zug freigegeben wird.
Ausweichanschlussstellen sind Anschlussstellen, bei denen die Blockstrecke für einen anderen Zug freigegeben werden kann.

Haltepunkte sind Bahnanlagen ohne Weichen, wo Züge planmäßig halten, beginnen oder enden dürfen.
Haltestellen sind Abzweigstellen oder Anschlussstellen, die mit einem Haltepunkt örtlich verbunden sind. Im öffentlichen Nahverkehr hat der Begriff „Haltestelle" eine andere Bedeutung; er bezeichnet dort jede Stelle, an der Fahrgäste ein- und aussteigen können.

Überleitstellen sind Blockstellen der freien Strecke, wo Züge auf ein anderes Gleis derselben Strecke übergehen können.
Deckungsstellen sind Bahnanlagen der freien Strecke, die den Bahnbetrieb insbesondere an beweglichen Brücken, Kreuzungen von Bahnen, Gleisverschlingungen und Baustellen sichern.

Beispiel 8.1

Bild 8.30 zeigt die unvollständige Skizze eines Trennungsbahnhofs. Ergänzen Sie die Skizze so, dass alle Gleise des Bahnhofs in beide Richtungen befahren werden können und von allen drei Strecken aus erreichbar sind.

Zusätzlich ist ein Stumpfgleis eingezeichnet, das für die fahrplanmäßige Wende von Zügen einer S-Bahn-Linie vorgesehen ist. Schließen Sie dieses Wendegleis an mindestens zwei Bahnsteiggleise an.

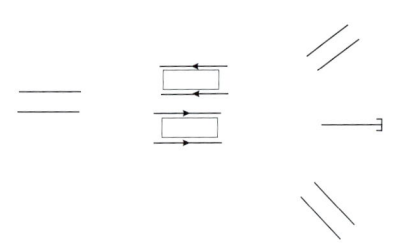

Bild 8.30 Aufgabenstellung Trennungsbahnhof

Lösung:

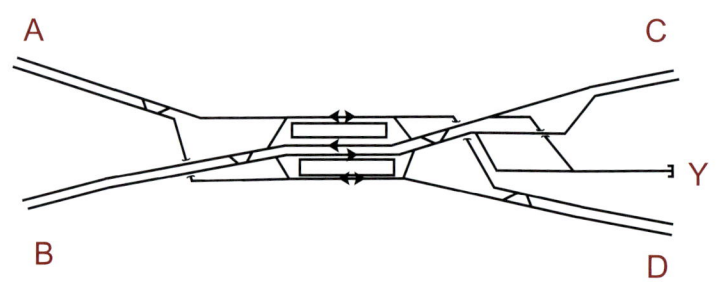

Bild 8.31 Lösungsbeispiel Trennungsbahnhof (ohne Weichensymbole)

Beispiel 8.2

Der in *Bild 8.32* skizzierte unvollständige Trennungsbahnhof soll vervollständigt werden. Bearbeiten Sie die Skizze in den folgenden Schritten:

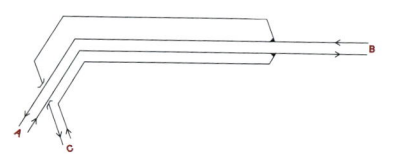

Bild 8.32 Unvollständiger Trennungsbahnhof

- Sechs Bahnhofsgleise sind anzuschließen, drei in jede Richtung. Die Gleise des Bahnhofs sollen im Richtungsbetrieb befahren werden. An allen Gleisen sollen Reisezüge halten können.
- Von C aus sollen Züge (Wende- oder Triebwagenzüge) im Bahnhof enden und nach C zurückfahren können. Ergänzen Sie die dafür erforderlichen Weichenverbindungen. Die betrieblichen Behinderungen durch die wendenden Züge sollen möglichst gering sein. Höhenfreie Lösungen (Brücken) außer den bestehenden sind nicht zugelassen.
- Ergänzen Sie Weichenverbindungen so, dass alle Gleise des Bahnhofs von allen Strecken aus erreichbar sind und von allen Gleisen nach A, B und C ausgefahren werden kann.

Lösung:

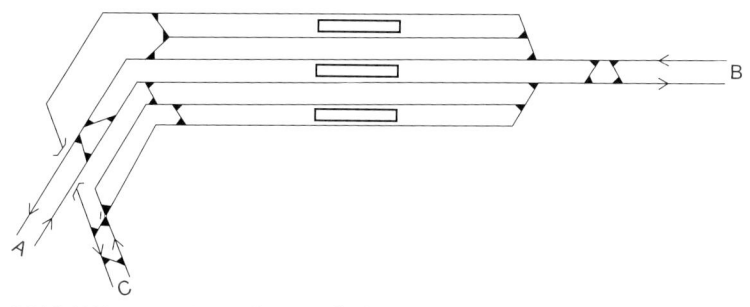

Bild 8.33 Trennungsbahnhof vervollständigt

8.7 Abstellbahnhöfe

Abstellbahnhöfe dienen zur betrieblichen Behandlung (z.B. Reinigung, Vorheizen) von Reisezügen oder einzelnen Reisezugwagen. Nach ihrem Einsatz auf der Strecke werden sie vom Personenbahnhof in den Abstellbahnhof überführt. Müssen Züge neu gebildet werden, so geschieht dies ebenfalls im Abstellbahnhof.

Der Abstellbahnhof sollte im Allgemeinen direkt an einen Personenbahnhof anschließen, um lange Überführungsfahrten zwischen den Bahnhöfen zu vermeiden. Ebenso wie Abstellanlagen sind Abstellbahnhöfe so anzuordnen, dass einsetzende Züge in ihrer vorgesehenen Fahrtrichtung in den Personenbahnhof einfahren und endende Züge den Personenbahnhof ohne Fahrtrichtungswechsel verlassen können. Günstig liegen Abstellbahnhöfe zudem, wenn bei Ein- und Ausfahrt das Gegengleis nicht gekreuzt werden muss.

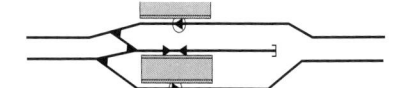

Bild 8.34 Skizze Abstellbahnhof in der Mitte der Gleise

Welchen Umfang die Gleisanlagen annehmen, hängt entscheidend davon ab, wie viele Züge im Abstellbahnhof untergebracht werden müssen und welche Behandlungsvorgänge durchgeführt werden. Größere Abstellbahnhöfe werden auch mit Werkstätten verbunden, in denen Wagenwäsche, kleinere Reparaturen sowie turnusgemäße Inspektionen durchgeführt werden.

8.8 Bahnhöfe des Güterverkehrs

Der Transport von Gütern mit der Bahn ist im Vergleich zu anderen Transportmöglichkeiten sehr energieeffizient. Grund ist die geringe Rollreibung zwischen Rad und Schiene und, damit verbunden, die Möglichkeit, lange lokbespannte Züge zu bilden. Da die Güterströme sich aber nicht auf die Hauptrouten der Eisenbahn konzentrieren, sondern dispers im Raum verteilt sind, sind Umschlagvorgänge beim Transport mit der Bahn selten zu vermeiden. Das Umschlagen von Gütern ist zeit- und personalaufwendig und schränkt daher die Wirtschaftlichkeit des Güterverkehrs im Vergleich zur Konkurrenz insbesondere auf der Straße stark ein – insbesondere in Zeiten niedriger Treibstoffpreise.

Um einen wirtschaftlichen Güterverkehr aufrecht zu erhalten, wurde in einem langen Prozess der Strukturanpassung ein Beförderungssystem aufgebaut, das aus folgenden Komponenten besteht:

Beförderungssystem des Güterverkehrs

- Ganzzüge transportieren ohne Zwischenumschlag ein homogenes Gut von einem Ort mit Gleisanschluss zu einem anderen Ort mit Gleisanschluss. *Beispiele:* Erz- und Kohlezüge, Transport von Fahrzeugteilen zwischen Automobilwerken. Die Kunden des Ganzzugverkehrs verfügen über eigene Gleisanlagen, zum Beispiel Werks- und Hafenbahnen.
- Wagenladungsverkehr beruht auf dem Transport einzelner Wagen oder Wagengruppen von der Quelle zum Ziel. Um wirtschaftliche Zuglängen zu erzielen, müssen Wagen umsortiert und zu Zügen zusammengestellt werden. Werks- und Hafenbahnen stellen auf diese Weise die Ganzzüge zusammen, die dann über das regionale und überregionale Netz verkehren. Aber auch im überregionalen Netz befinden sich Rangierbahnhöfe als „Sortieranlagen".
- Stückgutverkehr beschäftigt sich mit dem Transport von Gütern, deren Ladungsgröße den Umfang einer Wagenladung unterschreitet. Der bei weitem größte Anteil des Stückgutverkehrs wird per Lkw befördert. Für die Bahn ist das Umladen kleiner Sendungen unwirtschaftlich. Dennoch wird auf einigen dafür geeigneten Relationen Stückgutverkehr per Bahn durchgeführt.
- Beim kombinierten Verkehr sollen die Vorteile des Lkw hinsichtlich der Verteilung in der Fläche mit den Vorteilen der Bahn im gebündelten Transport über große Entfernungen kombiniert werden. Container und Wechselbehälter werden mit Lkw zu Umschlaganlagen gefahren und dort auf die Bahn verladen, am Zielort wiederum von Lkw abgeholt. Der unwirtschaftlichste Teil an diesem Transportkonzept ist der Umschlag der Transportbehälter, sodass dieser Verkehr nur bei großen Entfernungen profitabel ist.

8.8.1 Rangierbahnhöfe: Sortieranlagen für den Wagenladungsverkehr

In Rangierbahnhöfen werden die Wagen zwischen den Güterzügen umgestellt. Einfahrende Züge werden aufgelöst, die Güterwagen entsprechend ihrer Zielrichtung sortiert und zu neuen Zügen zusammengestellt, die den Rangierbahnhof in Richtung ihrer Bestimmungsbahnhöfe verlassen.

8.8 Bahnhöfe des Güterverkehrs

Lage und Zahl der Rangierbahnhöfe richten sich nach dem Güterverkehrsaufkommen. Sie liegen in der Nähe von Industriezonen oder Häfen sowie an bedeutenden Eisenbahnknoten.

Der Ablauf der Wagensortierung im Rangierbahnhof geschieht wie folgt: Ein ankommender Zug wird zunächst in der Einfahrgruppe aufgenommen. Dort werden die Begleitpapiere geprüft, die Wagen technisch kontrolliert, die Bremsen entlüftet und die Kupplungen gelockert („langgemacht"). Aus den Einfahrgleisen werden die Züge über den Ablaufberg geschoben. Auf der Einfahrseite ist eine Steigung von mindestens 20 ‰ angeordnet, die dafür sorgt, dass der Zugverband Puffer an Puffer zusammengedrückt wird und die Kupplungen leicht gelöst werden können.

Bild 8.35 Ablaufender Wagen

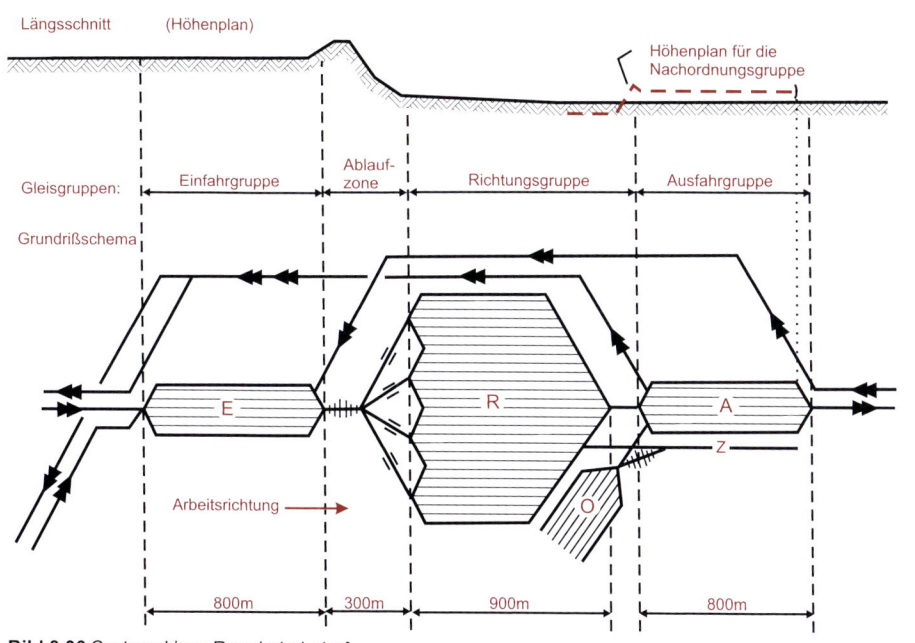

Bild 8.36 Systemskizze Rangierbahnhof

An den Gipfel des Ablaufbergs schließt sich eine Steilrampe von 55 - 65 ‰ Gefälle an, in der die einzeln ablaufenden Wagen so beschleunigt werden, dass sie mit genügend hoher Geschwindigkeit und ausreichendem Abstand voneinander den Weichenbereich durchfahren können. Der räumliche und zeitliche Abstand der ablaufenden Wagen ist notwendig, um zwischen ihnen die Weichen für die Fahrwege in die einzelnen Richtungsgleise stellen zu können. Damit unterschiedlich laufende Wagen nicht auflaufen, werden Bergbremsen am Anfang des Ablaufberges und Talbremsen am Ende des Ablaufberges angeordnet. Für Berg- und Talbremse werden im Allgemeinen Balkengleisbremsen (siehe *Bild 8.37*) verwendet.

Bild 8.37 Balkengleisbremse

Bild 8.38 Förderhilfe (Teil einer Förderanlage)

Die Ablaufgeschwindigkeit der Wagen soll maximal 1 m/s betragen, der Wagen soll jedoch auch nicht auf halber Strecke liegenbleiben. Deshalb werden am Anfang der Richtungsgleise die Richtungsgleisbremsen eingebaut, bei vielen Rangierbahnhöfen zusätzlich Förderanlagen, um zu langsam laufende Wagen wieder zu beschleunigen.

Als Richtungsgleisbremsen werden heute meist Gummigleisbremsen eingesetzt. Bei diesen Bremsen werden die Räder der Wagen über ein Stück Schiene aus Gummi geführt; die Räder „kneten" den Gummi bei der Überfahrt und werden dadurch abgebremst. Im Anschluss an die Richtungsgleisbremsen erhalten die Gleise ein Gefälle von 2 ‰, im Bereich von Förderanlagen 0,8 ‰.

Die letzte Station der Züge in einem Rangierbahnhof ist die Ausfahrgruppe. Hier werden

- die Wagengruppen der Mehrgruppenzüge zusammengestellt,
- die Wagen kurzgekuppelt und die Bremsschläuche miteinander verbunden,
- der Wagenzug mit einem Triebfahrzeug bespannt,
- die Bremsprobe durchgeführt,
- die Zugbegleitpapiere fertiggestellt und übergeben.

Zusätzlich dienen die Ausfahrgleise als Wartegleise für die Einfädelung in die Strecke. Auf einigen Rangierbahnhöfen wird auf eine separate Ausfahrgruppe verzichtet. Ihre Aufgaben übernimmt in diesem Fall eine erweiterte Richtungsgruppe.

Zusätzlich verfügen Rangierbahnhöfe noch über eine Nachordnungsgruppe, in der einzelne Züge noch einmal nachsortiert werden. Dies kann zum Beispiel sinnvoll sein, wenn im Zielbahnhof eine bestimmte Wagenreihenfolge gewünscht wird, die durch den Ablaufvorgang nicht hergestellt werden kann.

Bild 8.39 Richtungsgruppe eines Rangierbahnhofs

8.8.2 Knotenpunktsystem

Zwischen den Rangierbahnhöfen verkehren die Züge in der Regel ohne Lade-, Entlade- und Umladebewegungen. Für die Zustellung beim Kunden müssen die beladenen Wagen vom Rangierbahnhof aus weiterbefördert werden. Unter Umständen werden Wagen für mehrere Kunden in einem Zug zusammengefasst, der deswegen an einem Knotenbahnhof noch einmal in einzelne Züge getrennt werden muss, die dann die Gleisanschlüsse der Kunden, Satelliten genannt, bedienen.

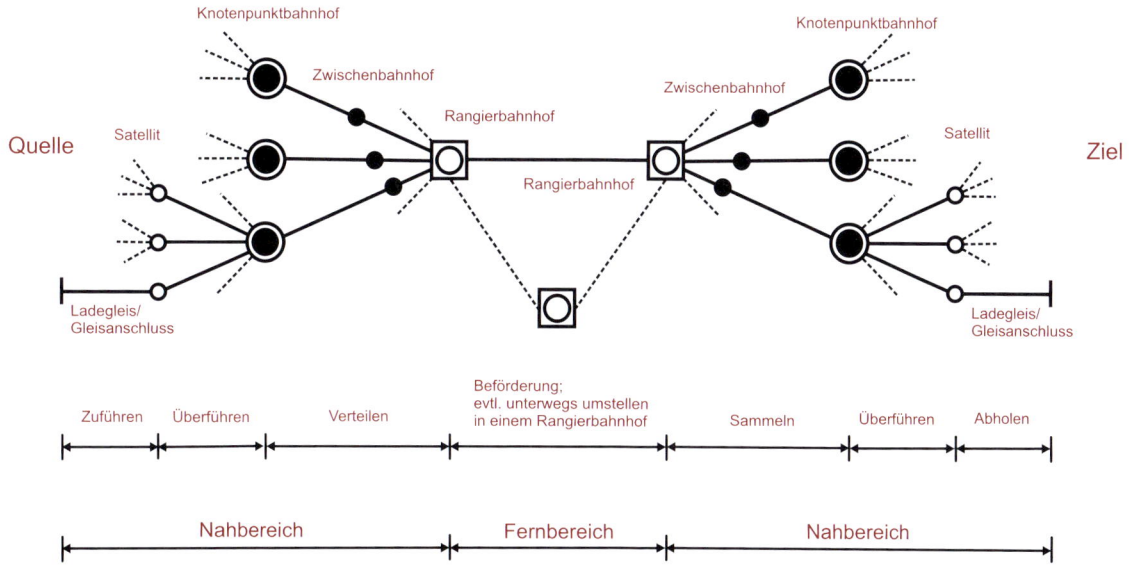

Bild 8.40 Skizze Knotenpunktsystem

8.8.3 Anlagen des kombinierten Verkehrs

Wenn verschiedene Transportmittel im Laufe eines Transports eingesetzt werden, spricht man von kombiniertem Verkehr oder kombiniertem Ladungsverkehr (KLV). Zum Beispiel kann Seeverkehr mit Landverkehr auf Straße oder Schiene kombiniert werden.

Im engeren Sinne wird unter kombiniertem Verkehr die Kombination Straße/Schiene verstanden. Dabei wird eine Ladeeinheit (z.B. Container) mit dem Lkw zu einem Umschlagbahnhof (Terminal) befördert, von dort mit dem Zug bis zum nächsten Umschlagbahnhof transportiert und für den restlichen Transport wiederum auf Lkw verladen. Die Zusammenfassung der Ladegüter zu Ladeeinheiten hat für den Umschlag einen wesentlichen Rationalisierungseffekt zur Folge. Die Umschlagkosten im kombinierten Verkehr verhalten sich zu denen des Stückguts etwa wie 1:15.

Im kombinierten Verkehr der Eisenbahn können auf speziellen Tragwagen Behälter (Container, Wechselaufbauten), Sattelanhänger oder ganze Last-

bzw. Sattellastzüge befördert werden. Für den Umschlag werden in aller Regel vertikale Umschlaggeräte, d.h. Portalkrane, verwendet. Bei sehr kleinen Umschlaganlagen lohnt der Einsatz von vertikalen Umschlaganlagen nicht, ein überzeugendes, auch wirtschaftlich konkurrenzfähiges und zudem einheitliches System zum Horizontalumschlag fehlt jedoch bisher.

Transportbehälter im kombinierten Verkehr:
- Container
- Wechselbehälter
- Sattelanhänger
- „Rollende Landstraße"

Container sind Transportbehälter mit genormten Abmessungen. Sie sind starr und können gestapelt werden. Zum Zwecke des Umschlags besitzen sie Greifkanten an den oberen Ecken.

Wechselbehälter sind vom Fahrzeug abnehmbare, genormte Aufbauten. Im Vergleich zum Container sind für den Umschlag folgende Besonderheiten zu beachten:

- Wechselbehälter sind nicht stapelbar;
- das Umschlagmittel benötigt spezielle Greifzangen, um den Wechselbehälter an den Unterkanten fassen zu können;
- der Wechselbehälter kann zum Be- und Entladen ohne Kran auf Stützfüßen abgestellt werden.

Sattelanhänger sind eine besondere Form der Wechselbehälter. Sie besitzen Lkw-Radsätze für den Straßenverkehr und müssen daher auf der Schiene mit besonderen Tragwagen befördert werden. Sie können ebenfalls vertikal oder horizontal umgeschlagen werden. Für den Vertikalumschlag ist das Greifgerät mit Greifzangen auszurüsten (s. Wechselbehälter). Beim Horizontalumschlag werden die Sattelanhänger von Zugmaschinen über eine Kopframpe rückwärts auf die bereitgestellten Eisenbahntragwagen gefahren.

Lastzüge und Sattellastzüge (Rollende Landstraße) fahren selbständig vorwärts hintereinander über eine Kopframpe auf den bereitgestellten Zug aus Niederflurwagen (horizontale Umschlagtechnik). Diese extrem niedrigen Eisenbahntragwagen sind zur Einhaltung der zulässigen Fahrzeugumgrenzung notwendig. Die Straßenzugmaschinen werden auf der Schiene mitbefördert. Für die LKW-Fahrer wird ein Liegewagen mitgeführt. Wegen der geringen Wirtschaftlichkeit dieser Beförderungsart hat sich diese Lösung dauerhaft nur dort durchgesetzt, wo administrative Beschränkungen des Lkw-Verkehrs auf den parallelen Straßenverbindungen bestehen, vor allem in den Alpen.

Bahnhofsanlagen für den kombinierten Verkehr
Die bauliche Durchbildung der Bahnhofsanlagen für den kombinierten Verkehr, insbesondere die Gleisgestaltung, hängt in starkem Maße von betriebs- und umschlagtechnischen Bedingungen ab. Für die Gestaltung eines KLV-Rangierknotens können folgende Betriebs- und Umschlagvorgänge zugrunde gelegt werden:

8.8 Bahnhöfe des Güterverkehrs

- Bildung und Auflösung von Containerganz- und Gruppenzügen,
- Ein- und Ausfahrt der Containerzüge in bzw. aus Gleisen einer Vorgruppe und Überführung als Rangierfahrt in die Umschlaganlage,
- Zu- und Abführung von Containerwagengruppen zwischen Terminal und Rangierbahnhof (Einzelwagenverkehr) und Bedienung von Gleisanschlüssen,
- direkter und indirekter Containerumschlag zwischen Schiene und Straße (indirekter Umschlag - Zwischenlagerung der Container),
- direkter Umschlag zwischen Containerzügen untereinander und zu Containerwagengruppen für den traditionellen Güterverkehr (= Umschlag Schiene - Schiene),
- falls erforderlich, Bedienen einer Güterhalle für Containerumladungen.

Zur Bewältigung der genannten Aufgaben im Terminal sind folgende Gleisgruppen erforderlich:

- Ladegleise (für Schiene - Straße- und Schiene - Schiene - Umschlag),
- Aufstellgleise für Wagengruppen verschiedener Zielrichtungen und Ein- und Ausfahrgleise (als Regulator für Zu- und Abfluss und für Zugabfertigungsaufgaben),
- Ordnungsgruppe zum Sortieren einzelner Wagen,
- Abstellgleise für Tragwagen,
- Lokomotiv-, Verkehrs- und Ausziehgleise,
- Gleisverbindungen zur Strecke, zum Rangierbahnhof, zu Gleisanschlüssen etc.

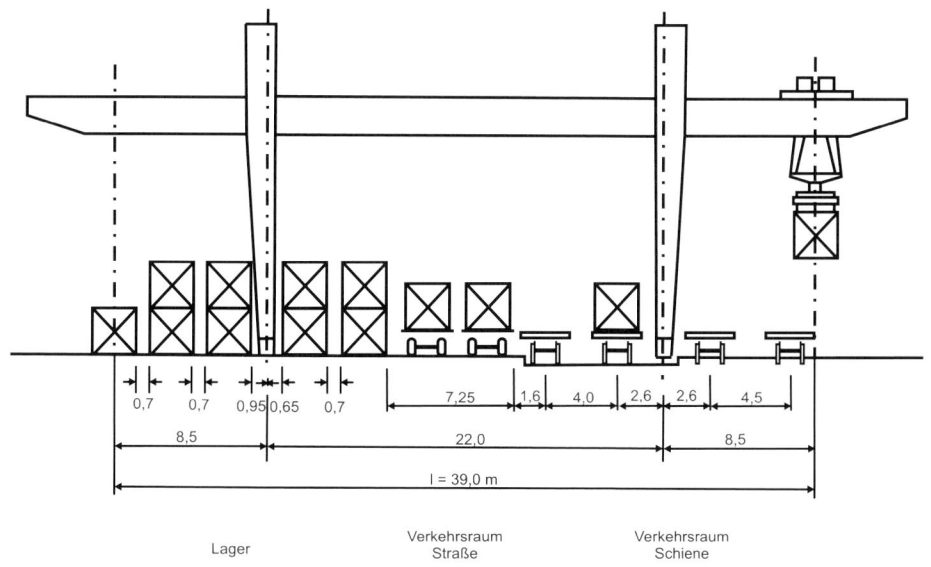

Bild 8.41 Gleisgruppen im Containerbahnhof (Beispiel)

Das Ausführungsbeispiel in *Bild 8.41* zeigt eine Möglichkeit der gegenseitigen Zuordnung der genannten Gleisgruppen. An das äußere Gleis der Ladegruppe schließt sich die Ladespur für die Straßenzustellfahrzeuge an. Der Portalkran überspannt außerdem die Fahrspur und die Flächen zur Zwischenlagerung von Containern beim indirekten Umschlag.

Anzahl und Nutzlänge der Gleise der Ein- und Ausfahrgruppe und der Ladegruppe sind abhängig von:

- Verkehrsaufkommen,
- Ankunftsverteilung der Züge,
- Bedienungszeiten der Wagengruppen in den Ladegleisen,
- Bedienungsstrategie (Stand- oder Fließverfahren).

Standverfahren und Fließverfahren

Standverfahren
Der Zug wird nach Ankunft im Einfahrgleis sofort ins Ladegleis überführt und bleibt dort nach Entladung und Wiederbeladung bis zu seiner Abfahrt am Abend stehen. Für jeden ankommenden Zug muss ein Ladegleis vorgesehen werden. Die Ladegleise dienen gleichzeitig als Zwischenlager für Behälter. Für die Ein-/Ausfahrgruppe genügt eine geringere Anzahl an Gleisen.

Fließverfahren
Die Ein- und Ausfahrgruppe besitzt eine größere Anzahl von Aufstellgleisen. Von hierher werden die Ladegleise mehrfach mit Wagengruppen beschickt. Anzahl und Länge der Ladegleise können deshalb geringer dimensioniert werden.

Beim Standverfahren sind die erforderlichen Kranbewegungen geringer, da in den meisten Fällen direkt umgeschlagen wird. Das Zwischenlager kann deshalb erheblich kleiner gehalten werden als beim Fließverfahren. Bei größeren Umschlagmengen erfordert das Standverfahren jedoch einen erheblichen Investitionsaufwand; hier kommt dann nur noch das Fließverfahren in Betracht.

9 Grundlagen der Signaltechnik

9.1 Signaltechnik und Sicherheit

Das wichtigste Ziel der Sicherheitstechnik bei Eisenbahnen besteht darin, Zusammenstöße zwischen Zügen zu verhindern. Auf Streckengleisen außerhalb von Bahnhöfen müssen Züge einen ausreichenden Abstand voneinander einhalten. In Bahnhöfen und bei Abzweigstellen muss darüber hinaus sichergestellt sein, dass Züge nur fahren, wenn ihre vorgesehenen Fahrwege keine Konflikte mit den Fahrwegen anderer Züge aufweisen.

Man unterscheidet Zusammenstoß (zwischen Schienenfahrzeugen) und Zusammenprall (zwischen Schienenfahrzeugen und sonstigen Hindernissen im Gleis).

Der Triebfahrzeugführer erhält die Fahrerlaubnis in der Regel über Signale. Vordergründig spielen Signale eine vergleichbare Rolle wie Lichtsignalanlagen im Straßenverkehr. Die Funktion der Signale im Eisenbahnverkehr ist jedoch viel umfassender. Vor allem garantieren sie dem Triebfahrzeugführer, dass der von ihm zu befahrene Abschnitt von anderen Fahrzeugen frei ist. Dazu müssen die Aufenthaltsorte der anderen Fahrzeuge bekannt sein, was im Straßenverkehr nicht der Fall ist.

Genauer wäre es, an dieser Stelle von Hauptsignalen zu sprechen; es gibt noch viele andere Arten von Signalen mit ergänzenden Aufgaben (siehe Abschn. 9.5, 9.6 und 9.10.8).

Weitere Merkmale der Signaltechnik im Schienenverkehr:

- Es muss sichergestellt werden, dass die Triebfahrzeugführer die Signale beachten. Das Vertrauen in das regelgerechte Verhalten der Menschen, wie es im Straßenverkehr vorherrscht, würde bei Eisenbahnen zwar zu zahlenmäßig wenigen, doch dafür sehr schwerwiegenden Unfällen führen.
- Im Schienenverkehr darf es keine allein durch „Vorfahrtsregeln" abgesicherten Kreuzungen oder Einfädelungen geben. Jeder potenzielle Konfliktpunkt zwischen Schienenfahrzeugen muss signaltechnisch abgesichert sein.
- Die Anzeige der Hauptsignale muss zuvor durch weitere Signale angekündigt werden, damit ein Zug bei Bedarf rechtzeitig anhalten kann. Im Straßenverkehr gibt es stattdessen eine allgemeine Einschränkung der Höchstgeschwindigkeit an signalgeregelten Knoten; eine solche Einschränkung existiert im Schienenverkehr nicht.

Prinzipiell sind anstelle von ortsfesten Signalen auch „modernere" Möglichkeiten der Informationsübertragung denkbar (siehe dazu Abschn. 9.7.4 und 9.8), die aber nur selektiv und schrittweise eingeführt werden können.

Resultat des großen Aufwandes ist ein sehr hohes Sicherheitsniveau für die Benutzer der Eisenbahn. Im Vergleich zur Fahrt mit der Bahn ist das Todesfallrisiko als Insasse eines Pkw ungefähr 30-mal höher.

Aus dieser kurzen Einleitung lässt sich bereits erkennen, dass die Signaltechnik bei den Eisenbahnen eine sehr komplexe Technologie ist, verbunden mit einem ausführlichen Regelwerk. Die finanziellen Aufwendungen der Eisenbahnen für Signaltechnik sind erheblich.

In den folgenden Abschnitten werden

- die Prinzipien der Signaltechnik (Abschnitte 9.2, 9.3 und 9.5),
- die Auswirkungen auf die bauliche Infrastruktur (Abschnitte 9.4 und 9.11) und
- einige technische Lösungen (Abschnitte 9.6 bis 9.10)

erläutert.

9.2 Signalabhängigkeit

Der Fahrweg eines Zuges besteht aus einer Abfolge von Gleisen und gegebenenfalls Weichen.

Bevor ein Zug einen Fahrweg befahren darf, muss sichergestellt sein, dass dieser Fahrweg frei von anderen Zügen ist. Mit Hilfe der Weichen wird ausgeschlossen, dass zwei sich überlappende Fahrwege gleichzeitig eingestellt werden können. Die Signale für die überlappenden Fahrwege dürfen keine gleichzeitige Fahrt zulassen. Weiterhin muss sichergestellt sein, dass die Weichen nicht umgestellt werden können, während der Zug über sie hinüberfährt, denn dies würde auf jeden Fall zur Entgleisung führen.

Es besteht somit eine enge Abhängigkeit zwischen Signalen und Weichen sowie zwischen Signalen untereinander. Dies wird als Signalabhängigkeit bezeichnet.

Im Straßenverkehr besteht – auch bei Lichtsignalanlagen – keine Signalabhängigkeit, weil die Fahrzeuggaulichee sich frei bewegen können und die Entscheidung, ob und wohin sie sich bewegen, dem Fahrer überlassen wird. Hierin liegt ein wesentlicher Grund für die wesentlich höhere Unfallhäufigkeit im Straßenverkehr gegenüber dem Schienenverkehr.

Ein Fahrweg kann auch aus mehreren Weichen bestehen. Für die Einfahrt in einen Bahnhof reicht es daher aus, wenn vor der ersten Weiche des Bahnhofs ein Signal angeordnet wird, das für den gesamten Weg des Zuges in den Bahnhof hinein gültig ist. Es wird also nicht vor jeder Weiche ein Signal aufgestellt! Analog gibt ein Signal an jedem Gleis die Ausfahrt aus dem Bahnhof über mehrere Weichen hinweg frei. Ein auf diese Weise gesicherter Fahrweg wird *Fahrstraße* genannt.

Vom Fahrweg zur Fahrstraße

Eine Fahrstraße einzustellen, festzulegen und zu sichern bedeutet demnach:
- Jedes Element der Fahrstraße - Weichen, aber z.B. auch Bahnübergänge - muss in die richtige Position gebracht werden, bevor der Zug die Fahrstraße befährt.
- Die Stellung der Fahrstraßenelemente darf nicht verändert werden können, während der Zug sie befährt. (Ausnahme: Signale können im Notfall auch bevor und während der Zug daran vorbeifährt, auf Halt gestellt werden.)
- Konflikte zwischen den Fahrstraßen mehrerer Züge müssen ausgeschlossen werden.

- Gleise und Fahrstraßen müssen frei von anderen Fahrzeugen sein, andernfalls darf ein Zug nicht fahren können.

9.3 Bahnhof und Strecke

Die Signalabhängigkeit verhindert Unfälle dadurch, dass Fahrwege, die zu Konflikten führen können, nicht simultan freigegeben werden können. Der „erste" Fahrweg, der freigegeben wird, darf jedoch ebenfalls nicht zu Konflikten führen. Dazu muss festgestellt werden können, ob sich ein anderes, „feindliches" Fahrzeug auf dem beabsichtigten Fahrweg befindet.

In der Anfangszeit der Eisenbahn gab es noch keine Technik, mit der dies automatisch überprüft werden konnte. In der Nähe von Bahnhofsanlagen, wo ohnehin Weichen zu stellen sind, lag es nahe, Stellwerke dafür zu bauen und das Personal der Stellwerke mit der optischen Kontrolle der Fahrwege zu beauftragen. Außerhalb der Bahnhofsbereiche war dieses Verfahren wegen der Länge der Streckenabschnitte nicht möglich. Hier war eine Erfindung hilfreich, die im 19. Jahrhundert in Deutschland gemacht wurde: der Streckenblock. Durch Drücken einer Taste und gleichzeitiges Betätigen einer Handkurbel wird ein Wechselstrom erzeugt, der ins nächste Stellwerk übertragen werden kann. Der Streckenblock muss betätigt werden, sobald ein Zug in einen Streckenabschnitt eingefahren ist, und wird vom nächsten Bahnhof auf die gleiche Weise „zurückgegeben", sobald der Zug dort angekommen ist. Auf diese Weise sind beide Stellwerke zu jeder Zeit darüber informiert, ob sich ein Zug auf der Strecke zwischen den beiden Bahnhöfen aufhält.

Gleise, die von Zügen befahren werden sollen, müssen frei von anderen Fahrzeugen sein. Es gibt verschiedene Techniken, um dies zu überprüfen.

Die automatische Gleisfreimeldung, die den manuell bedienten Streckenblock überflüssig macht, wurde zu einem späteren Zeitpunkt erfunden. In Deutschland und einigen benachbarten Ländern waren zu diesem Zeitpunkt bereits zahlreiche Stellwerke mit Streckenblock in Betrieb. Die neue Technik der Gleisfreimeldung wurde daher allmählich in die Stellwerkstechnik integriert, ohne dass der manuelle Streckenblock sofort abgeschafft wurde. Aus diesem Grunde besteht bis heute im Regelwerk der deutschen Bahnen die grundsätzliche Unterscheidung zwischen „Bahnhof" und „Strecke". In der modernen Stellwerkstechnik ist diese Unterscheidung im Grunde nicht mehr erforderlich. Sie hat jedoch eine gewisse Bedeutung hinsichtlich der Zulassung von Rangierfahrten (siehe Abschn. 9.5) und der Regelung von Geschwindigkeitsbegrenzungen und wird deshalb beibehalten.

Vor der Einführung des Streckenblocks wurden die Züge lediglich per Telefon weitergemeldet. Dieses Verfahren wird heute noch in Störungsfällen durchgeführt. Im Regelfall erfolgt die Zugmeldung heute jedoch automatisch.

In Ländern, die im 19. Jahrhundert den Streckenblock nicht eingeführt haben, gibt es die Unterscheidung zwischen Bahnhof und Strecke nicht. In diesen Ländern, zum Beispiel Großbritannien und die USA, werden die Bereiche, in denen beispielsweise rangiert werden darf, auf andere Weise definiert.

9.4 Durchrutschwege und Flankenschutz

Das Konzept der Signalabhängigkeit sorgt dafür, dass Fahrwege von gleichzeitig verkehrenden Zügen sich nicht überschneiden. Die Beachtung der Signale wird dabei vorausgesetzt. Leider muss man damit rechnen, dass Signale gelegentlich durch Unaufmerksamkeit oder Fahrlässigkeit nicht beachtet werden. Um auch für diesen Fall Unfälle zu verhindern, gibt es zwei Möglichkeiten:

- Zug von außen zum Stehen bringen;
- Sicherheitsabstände einplanen.

Zwischen Gefahrpunktabständen und Durchrutschwegen wird in diesem Buch nicht unterschieden.

Die erstgenannte Lösung, Zugbeeinflussung, wird im Abschnitt 9.7 behandelt. Bevor Systeme zur Zugbeeinflussung entwickelt waren, musste mit einfacheren Mitteln gearbeitet werden. Dazu wurden Sicherheitsabstände (Gefahrpunktabstände) geschaffen. Die gängige Bezeichnung Durchrutschweg rührt von der Vorstellung her, dass ein Zug zu spät bremst, nicht vor dem Signal zum Stehen kommt und daher – möglicherweise mit durch die Bremsung blockierten Rädern – durch die durch das Signal gegebene Begrenzung des Gleisabschnittes „durchrutscht".

In Deutschland werden sowohl Durchrutschwege als auch Systeme zur Zugbeeinflussung angewandt. Die Funktionsweise der Zugbeeinflussung und die Längen der Durchrutschwege sind dabei aufeinander abgestimmt.

9.4.1 Grenzzeichen und andere Gefahrpunkte

Für die Beurteilung, ob ein Durchrutschweg eingehalten wird, ist der Abstand vom Signal bis zu einem Gefahrpunkt, an dem ein Zusammenstoß mit einem anderen Eisenbahnfahrzeug zu befürchten wäre, zu betrachten. Ein häufiger Fall ist eine vom Weichenende her befahrene Weiche (auch stumpf befahren genannt). Der Gefahrpunkt liegt bei ihr dort, wo sich zwei Wagen, die sich auf den Gleisen einander nähern, berühren können. Bei Normalspur beträgt dieser Abstand 3,50 m. Am Gleis ist diese Stelle mit einem kleinen rot-weißen „Hütchen" markiert, dem Grenzzeichen. Im Lageplan wird das Grenzzeichen als Strich zwischen Stamm- und Zweiggleis mit einem kleinen Kreis dargestellt. In Skizzen wird der Kreis auch häufig weggelassen.

Da im üblichen Vorplanungs-Maßstab 1:1000 der Abstand der Gleise am Grenzzeichen lediglich 3,5 mm beträgt und die Weichenwinkel klein sind, ist es zweckmäßig, die Lage des Grenzzeichens vom Weichenanfang bzw. Tangentenschnittpunkt aus zu berechnen.

Wenn Stamm- und Zweiggleis hinter dem Weichenende gerade verlaufen (siehe *Bild 9.2*), gilt

$\tan \alpha = \dfrac{1}{n} = \dfrac{3{,}50}{x}$. Daraus folgt $x = 3{,}5 \cdot n$.

Bild 9.1 Grenzzeichen

9.4 Durchrutschwege und Flankenschutz

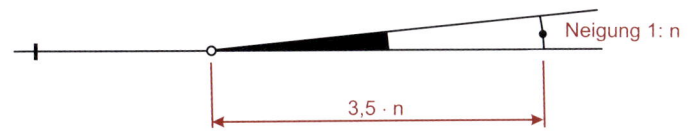

Bild 9.2 Zweiggleis verläuft hinter dem Weichenende gerade

Wenn der Zweiggleisbogen am Weichenende mit gleichem Radius fortgesetzt wird, ist der Abstand von 3,50 m schneller erreicht (*Bild 9.3*).

In der Planung ist das Grenzzeichen wichtig, um die Durchrutschwege zu bemessen und die Nutzlänge der Gleise festzulegen.

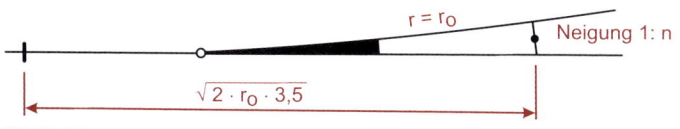

Bild 9.3 Zweiggleisbogen wird hinter dem Weichenende fortgesetzt

Wenn zwei Weichen miteinander verbunden werden, beginnt in den meisten Fällen der Gegenbogen der zweiten Weiche bereits vor dem Grenzzeichen. Dadurch vergrößert sich der Abstand zwischen Weichenanfang und Grenzzeichen etwas. Im Lageplan ist der Unterschied zur einfacheren Berechnung nach *Bild 9.2* in den meisten Fällen gering.

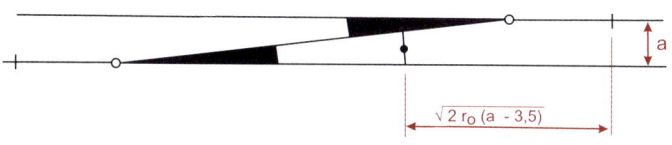

Bild 9.4 Das Grenzzeichen liegt im Bereich des Gegenbogens

Neben dem Grenzzeichen gibt es noch andere Gefahrpunkte:

- Weichenanfang (spitz befahrene Weiche),
- Ende eines am „gewöhnlichen Halteplatz" stehenden Zuges,
- Formsignal „Halt für Rangierfahrten",
- Ende des Bahnsteigs.

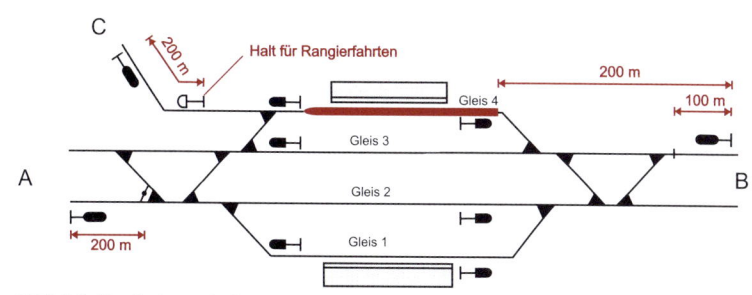

Bild 9.5 Abstände zu Gefahrpunkten

Im Regelfall soll auf den Ausfahrgleisen eines Bahnhofs rangiert werden, weil der Verkehr auf diesen Gleisen vom Bahnhof aus überwacht wird. Wenn auf einem Einfahrgleis rangiert werden muss (wie in *Bild 9.5* auf der eingleisigen Strecke), wird ein Schild mit der Aufschrift „Halt für Rangierfahrten" verwendet, um das Ende des sicheren Bereichs für das Rangieren anzuzeigen. Schilder mit signaltechnischer Funktion werden bei der Eisenbahn als Formsignale bezeichnet (s.a. Abschn. 9.6).

Die Gefahrpunkte müssen bei der Planung anhand der vorgesehenen Fahrwege der Züge identifiziert werden, damit Signalstandorte und zulässige Geschwindigkeiten aufeinander abgestimmt werden können. Die Zusammenhänge zwischen beiden werden im nächsten Kapitel erläutert.

9.4.2 Länge der Durchrutschwege

Die Standardlänge der Durchrutschwege beträgt 200 m zwischen Signal und Gefahrpunkt. Hierfür liegt der gefährlichste Fall, die Flankenfahrt, zugrunde. Bei einer solchen Flankenfahrt können selbst bei geringen Geschwindigkeiten erhebliche Unfallfolgen auftreten, da Züge bauartbedingt nur eine geringe Quersteifigkeit aufweisen. Frontalzusammenstöße würden bei vergleichbaren Geschwindigkeiten wesentlich glimpflicher ablaufen.

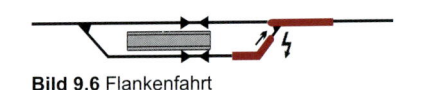

Bild 9.6 Flankenfahrt

Wenn keine Flankenfahrt zu befürchten ist, kann daher die Länge der Durchrutschwege abgemindert werden:

Hinter Einfahrsignalen:
Wenn die Weiche spitz befahren wird, ist ein Zusammenstoß mit einem anderen Fahrzeug nur möglich, wenn dieses in der Weiche liegen geblieben ist. Dies ist sehr unwahrscheinlich, die Folgen eines Aufpralls wären hingegen vergleichsweise mild. Daher ist eine Reduktion des Durchrutschweges auf 100 m zulässig.

Die Länge der Durchrutschwege hinter Ausfahrsignalen hängt von der Einfahrgeschwindigkeit, nicht von der Ausfahrgeschwindigkeit ab!

Hinter Ausfahrsignalen:
Wenn ein Zug nur mit langsamer Geschwindigkeit auf das Signal zufahren darf, sind die Bremswege kürzer. Dies ist der Fall, wenn die Einfahrt in das Bahnhofsgleis nur mit geringer Geschwindigkeit zulässig ist. Abgestuft nach den zulässigen Einfahrgeschwindigkeiten können die Durchrutschwege hinter den Ausfahrsignalen daher folgendermaßen bemessen werden:

Tabelle 9.1 Länge der Durchrutschwege hinter Ausfahrsignalen

Einfahrgeschwindigkeit	Durchrutschweg hinter Ausfahrsignal
größer als 60 km/h	200 m (keine Ermäßigung)
50 km/h, 60 km/h	100 m
40 km/h	50 m
unterhalb 40 km/h	0 m

Weitere Ermäßigungen sind möglich, wenn die Gleise in der Steigung liegen. Andererseits sind in Gefälleabschnitten Zuschläge vorzusehen, sodass es in solchen Fällen Durchrutschwege geben kann, die länger als 200 m sind.

9.4.3 Flankenschutzeinrichtungen

Der Durchrutschweg hinter stumpf befahrenen Weichen ist eine Möglichkeit, das in *Bild 9.6* dargestellte Unfallszenario, die Flankenfahrt, zu verhindern. Der Schutz durch Durchrutschwege ist jedoch nicht lückenlos. Durchrutschwege können beispielsweise nicht verhindern, dass nicht ordnungsgemäß gebremste abgestellte Wagen in Bewegung geraten oder dass Rangierfahrten unerlaubt in einen Fahrweg eindringen.

Aus diesem Grunde gibt es für die Flankenfahrten noch einen besonderen Flankenschutz durch Weichen. Er wird insbesondere dann angeordnet, wenn auf dem Parallelgleis eine größere Anzahl durchgehender Zugfahrten stattfindet.

Bild 9.7 Flankenschutzweiche

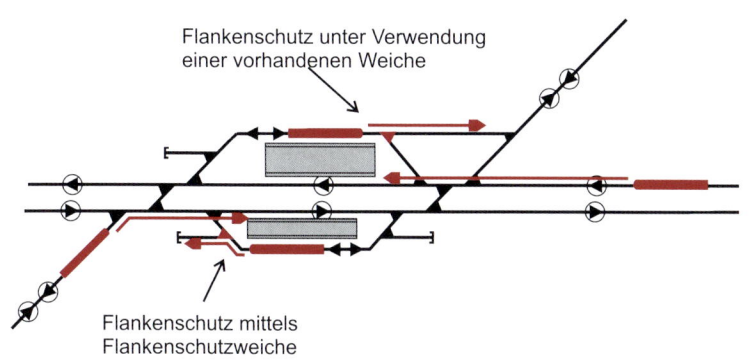

Bild 9.8 Flankenschutz mittels Weichen

Die Skizze in *Bild 9.8* verdeutlicht die Funktionsweise: Auf den durchgehenden Gleisen kann die Fahrt erst freigegeben werden, wenn die Flankenschutzweichen in abweisender Stellung liegen. Das hinter den Flankenschutzweichen liegende Gleis wird als Schutzgleis bezeichnet.

Nach Möglichkeit werden in den Bahnhöfen ohnehin vorhandene Gleise als Schutzgleis genutzt (siehe *Bild 9.8*). Manchmal ist es aber auch erforderlich, Weichen und kurze Gleise ausschließlich zu diesem Zweck einzubauen (siehe *Bild 9.7*).

Neben Flankenschutzweichen und Durchrutschwegen von 200 m Länge gibt es noch andere Möglichkeiten, Flankenschutz herzustellen:

- Verringerung der Einfahrgeschwindigkeiten: Damit verringert sich die erforderliche Länge des Durchrutschweges hinter den Ausfahrsignalen. Bei einer Einfahrgeschwindigkeit von 30 km/h oder weniger kann auf den Durchrutschweg ganz verzichtet werden.
- Fahrtenausschluss: Fahrwege, deren Durchrutschwege sich überschneiden, werden mit Hilfe der Signalabhängigkeit so blockiert, dass nur eine Fahrstraße eingestellt werden kann. Einer der beiden Züge muss warten. Wenn sich nicht nur die Durchrutschwege, sondern auch

Ohne die Aufhebung des Durchrutschwegs bei $v \leq 30$ km/h wäre es nicht erlaubt, in Kopfbahnhöfen ohne vorherigen Halt bis zum Prellbock zu fahren. Auch Einfahrten mit Zügen in besetzte Gleise sind mit der entsprechend verringerten Geschwindigkeit planmäßig möglich, sofern die Haltepunkte der Züge durch Signale markiert sind.

Bild 9.9 Gleissperre

Weiterhin benötigt jede Zugfahrt im Unterschied zu Rangierfahrten einen Fahrplan, mit dem der Triebfahrzeugführer über den Fahrtverlauf des Zuges informiert wird. Der Begriff planmäßig bezieht sich auf die Festlegungen im Fahrplan.

Bild 9.10 Schutzsignal für den Rangierbetrieb („Sperrsignal")

die Fahrwege überschneiden, kann nur diese Lösung angewandt werden. Wird der Bahnbetrieb durch die Wartezeiten stark beeinträchtigt, so ist eine höhenfreie Lösung zu bevorzugen.

- In untergeordneten Gleisen mit geringem Verkehr kommen Gleissperren zum Einsatz. Mit ihnen wird ein Fahrzeug, das sich unerlaubt auf einen Gefahrpunkt zu bewegt, kontrolliert zur Entgleisung gebracht.

9.5 Rangierbetrieb

Die bisherigen Erläuterungen bezogen sich auf den Betrieb von Zügen. Bevor ein Zug verkehren kann, müssen aber zunächst seine Wagen zusammengestellt werden. Dafür muss ein Triebfahrzeug in ein Gleis fahren, in dem bereits andere Fahrzeuge stehen. Bei Zugfahrten ist dies nur möglich, wenn in dem Gleis Signale angeordnet sind. Für das Zusammenstellen eines Zuges wäre eine solche Konfiguration außerordentlich unpraktisch.

Aus diesem Grund gibt es außer Zugfahrten noch Rangierfahrten. Die Fahrzeugeinheit wird ebenfalls nicht als Zug, sondern als Rangiereinheit bezeichnet. Die Rangierfahrt wird durch einen Lokrangierführer gefahren.

Rangierfahrten müssen in besetzte Gleise einfahren können, daher werden Rangierstraßen definiert, die dieses im Gegensatz zu Zugstraßen (= Fahrstraßen für Zugfahrten) zulassen. Rangierstraßen können daher keine Durchrutschwege absichern. Bei Rangierstraßen kann es sinnvoll sein, Signale vor jeder Weiche aufzustellen. Diese Schutzsignale geben an, ob die folgende Weiche gefahrlos befahren werden kann. Um eine Verwechslung mit einer Zugstraße auszuschließen, zeigen diese Signale niemals grün, sondern bei Freisein des Fahrwegs zwei weiße Lichter. Signale für den Rangierbetrieb sind nicht erforderlich; fehlen sie, kann trotzdem rangiert werden.

Auch wenn Signale für den Rangierbetrieb vorhanden sind und vom Stellwerk gestellt werden, ist für die Sicherung der Rangierfahrten der Lokrangierführer verantwortlich. Dies ist ein großer Unterschied zu den Zugfahrten, bei denen fast immer das Stellwerk die Sicherheitsverantwortung trägt.

Die eingeschränkte Sicherung durch Signale sowie die alleinige Sicherheitsverantwortung des Lokrangierführers – der sich auf der Lok, an der Spitze einer geschobenen Rangierabteilung oder außerhalb einer Rangierabteilung befinden kann – bringt eine gegenüber Zugfahrten höhere Unfallgefahr mit sich. In der Tat passieren im Rangierbetrieb bedeutend mehr Unfälle als im Zugbetrieb. Aus diesem Grund ist die Geschwindigkeit von Rangierfahrten auf 25 km/h begrenzt. Nur bei gezogenen Rangierabteilungen, bei denen das Stellwerk einen Teil der Sicherheitsverantwortung

9.6 Signalsysteme und Signalbilder

übernimmt („Ansage des freien Fahrwegs"), darf mit einer Geschwindigkeit bis zu 40 km/h rangiert werden.

Wenn ein Zug an einen anderen gekuppelt werden soll, muss er vor dem Kuppelvorgang zunächst anhalten. Er kann dann als Rangierfahrt auf den vor ihm stehenden Zug auffahren. Beide Fahrzeuge sind danach zu einem neuen Zug vereinigt. Dieses Verfahren wird bei einigen ICE-Zügen sowie im Nachtverkehr praktiziert. Rangierfahrten sind also auch mit Reisenden möglich.

9.6 Signalsysteme und Signalbilder

9.6.1 Einfahrsignale und Ausfahrsignale

Bei der Betrachtung von Bahnhöfen in Abschnitt 9.3 wurde die Existenz von Signalen, welche die Einfahrt in einen Bahnhof und die Ausfahrt aus einem Bahnhof erlauben, bereits vorausgesetzt. Allgemein werden bei allen Eisenbahnen Ein- und Ausfädelungen mit Signalen geschützt, auch wenn die Unterscheidung zwischen Bahnhof und Strecke eine Spezialität der deutschsprachigen Länder ist.

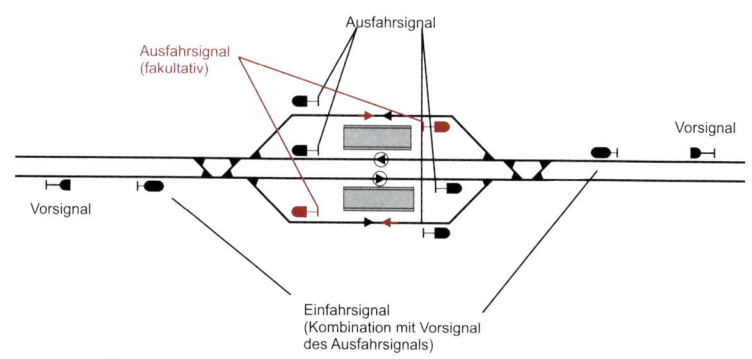

In Bild 9.11 sind auch Vorsignale dargestellt. Über Zweck und Notwendigkeit von Vorsignalen siehe Abschnitt 9.6.3.

Bild 9.11 Überholungsbahnhof mit Signalen (Beispiel); Erläuterung zu Vorsignalen siehe Abschn. 9.6.3

Ein- und Ausfädelungen, die nicht im Bereich von Bahnhöfen liegen, werden in Deutschland als Abzweigstellen bezeichnet. Auch Abzweigstellen werden durch Signale gesichert.

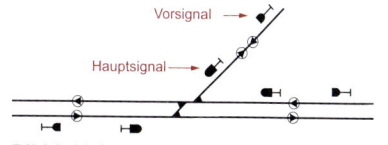

Bild 9.12 Skizze Abzweigstelle

Wie die bisherigen Skizzen gezeigt haben, stehen Signale in der Regel rechts vom Gleis. Bei mehreren parallelen Gleisen wird durch diese einheitliche Regelung die Gefahr vermindert, dass Signale verwechselt werden.

Einfahrsignale erlauben die Fahrt in den Bahnhof bis zum vorgesehenen Halteplatz des Zuges. Dies ist häufig das Ausfahrsignal (in diesem Fall als Zielsignal bezeichnet), besonders bei Güterzügen. Die Ausfahrsignale liegen oft weit hinter dem Bahnsteigende, um für die längsten Güterzüge eine ausreichende Gleislänge herzustellen. Reisezüge müssen aber am Bahnsteig halten. Als Zielsignal für Reisezüge werden daher H-Tafeln verwendet, die den Halteplatz für Reisezüge markieren. Halten Reisezüge unterschiedlicher Länge planmäßig am Bahnsteig, können auch mehrere H-Tafeln hintereinander aufgestellt werden – mit Zusatzangaben versehen, welche Tafel für welchen Zug gilt.

Da die Fahrstraße vom Einfahrsignal bis zum Zielsignal verschlossen wird, werden zwischen Einfahr- und Ausfahrsignal keine weiteren Signale für den Zugverkehr aufgestellt.

Ausfahrsignale werden an jedem Gleis aufgestellt, das die planmäßige Ausfahrt aus einem Bahnhof erlaubt, und gelten für die gesamte Ausfahrt über alle Weichenverbindungen.

Ein einfaches Eisenbahnnetz würde für den Zugverkehr mit Einfahrsignalen, Ausfahrsignalen und den Signalen vor Abzweigstellen auskommen. Zur Verbesserung der betrieblichen Leistungsfähigkeit ist es aber sinnvoll, noch weitere Signale anzuordnen. Diese werden im Abschnitt 9.6.2 behandelt.

Bild 9.13 H-Tafeln

Beispiel 9.1

Ergänzen Sie im skizzierten Bahnhof die Hauptsignale. Die Überholungsgleise sollen in beide Richtungen befahrbar sein.

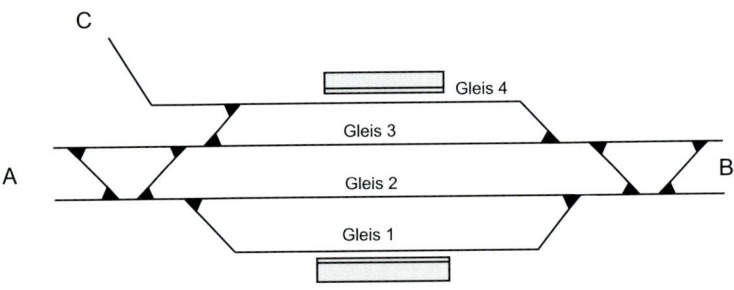

Bild 9.14 Bahnhof (Darstellung ohne Signale)

Lösung:

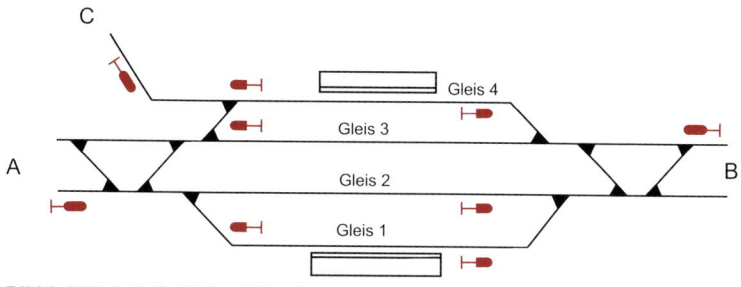

Bild 9.15 Bahnhof mit Hauptsignalen

9.6.2 Bremswegabstand und Blocksignale

Durch Einfahrsignale und Ausfahrsignale ist gesichert, dass Züge nicht gleichzeitig Fahrwege (einschließlich Durchrutschwegen) befahren können, die einander überschneiden. Es muss aber auch sichergestellt werden, dass zwei Züge, die einander auf dem gleichen Fahrweg folgen, einen ausreichenden Abstand voneinander haben.

Im Straßenverkehr soll zu diesem Zweck ein Sicherheitsabstand zwischen den Fahrzeugen eingehalten werden. Wenn das vordere Fahrzeug plötzlich bremst, muss die Reaktionszeit für den Fahrzeugführer im hinteren Fahrzeug ausreichend sein, ebenfalls die Bremse zu betätigen und das Fahrzeug zu verlangsamen bzw. es anzuhalten.

Die Häufigkeit von Auffahrunfällen sowie das gelegentliche Vorkommen von Massenkarambolagen zeigen, dass dieses Verfahren große Gefahren beinhaltet. Angesichts der deutlich längeren Bremswege ist es für den Schienenverkehr von vornherein ungeeignet.

Da im Schienenverkehr Aus- und Einfädelungen ohnehin durch Signale oder gleichwertige Techniken abgesichert werden müssen, liegt es nahe, auch die Abstandsregelung mittels Signalen durchzuführen. Dies ist bisher die übliche technische Lösung.

Um absolute Sicherheit vor einem Auffahrunfall zu bieten, muss – für den Fall, dass der erste Zug plötzlich zum Stehen kommt, zum Beispiel durch einen Aufprall – der Abstand mindestens so groß sein wie der Bremsweg des zweiten Zuges. Hierfür ist nicht die schnellstmögliche Bremsung anzusetzen, sondern mit Rücksicht auf Fahrgäste bzw. Ladung eine planmäßige Bremsung mit einer Verzögerung von etwa 1 m/s². Größere Verzögerungen würden eine Anschnallpflicht für Fahrgäste erfordern.

Außerhalb von Ein- und Ausfädelungen wäre es auch denkbar, auf ortsfeste Signale zu verzichten und stattdessen den Abstand der Züge untereinander zu überwachen. Dazu müssten zu jedem Zeitpunkt der Ort und die Geschwindigkeit der einander folgenden Fahrzeuge bekannt sein. Technisch ist dies lösbar (siehe Abschn. 9.7.4 und 9.8), doch betriebswirtschaftlich betrachtet auf absehbare Zeit nicht sinnvoll.

Bei einer Geschwindigkeit von 160 km/h lässt sich daraus der Bremsweg berechnen zu

$$s = \frac{1}{2} \cdot \frac{v^2}{a} = \frac{1}{2} \cdot \frac{\left(\frac{160}{3{,}6}\right)^2}{1{,}0} = 988 \text{ m} \approx 1000 \text{ m} \tag{9.1}$$

Bei kleineren Geschwindigkeiten würde der Bremsweg entsprechend kürzer, bei größeren Geschwindigkeiten länger.
Zum Beispiel:

- bei v = 300 km/h: Bremsweg 3.472 m
- bei v = 100 km/h: Bremsweg 386 m
- bei v = 40 km/h: Bremsweg 62 m
- bei v = 30 km/h: Bremsweg 35 m

Der Zusammenhang zwischen Geschwindigkeit und Bremsweg wird auch bei der Bemessung der Durchrutschwege genutzt (vgl. Abschn. 9.4.2).

Eine variable Berechnung des Bremsweges in Abhängigkeit von der Geschwindigkeit ist insbesondere dort nützlich, wo sich die Geschwindigkeit verändert, d.h. in den Ein- und Ausfahrbereichen von Bahnhöfen. Aufgrund der Möglichkeit, verschiedene Fahrwege zu benutzen, ist sie aber dort besonders aufwendig. Auf freier Strecke ohne Ein- und Ausfädelungen ist die Berechnung der Bremswege einfacher, aber dort sind die erforderlichen Abstände zwischen den Zügen so lang, dass auch eine feste Einteilung der Strecken in Sektionen vorgenommen werden kann. Aus diesem Grunde wird eine variable Berechnung des Bremswegabstandes bei der Eisenbahn nicht vorgenommen, sondern es werden Blockabschnitte gebildet, die mit Blocksignalen überwacht werden.

Die Blocksignale stehen untereinander und mit den Einfahr- und Ausfahrsignalen, nicht aber mit Weichen in Signalabhängigkeit. Sie können daher von den Zügen automatisch gestellt werden.

Die für die Gegenrichtung gültigen Symbole sind in *Bild 9.16* zur besseren Veranschaulichung rot dargestellt. Man erkennt, dass die für die Gegenrichtung gültigen Signale in diesem Fall ausnahmsweise links vom Gleis stehen dürfen, weil der Gleisabstand auf der freien Strecke zu gering ist, um sie, wie im Bahnhof, zwischen die Gleise zu stellen.

Auf freier Strecke zwischen Bahnhöfen werden mittels Weichenverbindungen Gleiswechsel (Überleitverbindungen) angeordnet, damit Züge im Falle von Störungen über das Gleis der Gegenrichtung (Gegengleis) fahren können Die Weichen werden vom Stellwerk gestellt, die zugehörigen Blocksignale – die ansonsten nur das Freisein eines Abschnitts überwachen und dafür von den Zügen selbst gestellt werden – können dann so umgeschaltet werden, dass sie ebenfalls vom Stellwerk aus bedient werden können (siehe *Bild 9.16*).

Bild 9.16 (Zweifache) Überleitverbindung

Ist ein Bahnhof länger als zwei Blockabschnitte, so kann er zur Erhöhung der Leistungsfähigkeit in zwei Bahnhofsteile geteilt werden. Die Fahrt von einem Bahnhofsteil in den anderen wird dann mit Hauptsignalen geregelt, die wie Ausfahrsignale angeordnet werden. Da sich hinter ihnen aber noch ein Bahnhofsteil befindet, werden sie nicht als Ausfahrsignale, sondern als Zwischensignale bezeichnet.

Bei manchen Bahnhöfen liegen die Gleise für Reisezüge und Güterzüge hintereinander, um die Breite des Bahnhofs gering zu halten; dies sind die typischen Anwendungsbeispiele für Zwischensignale.

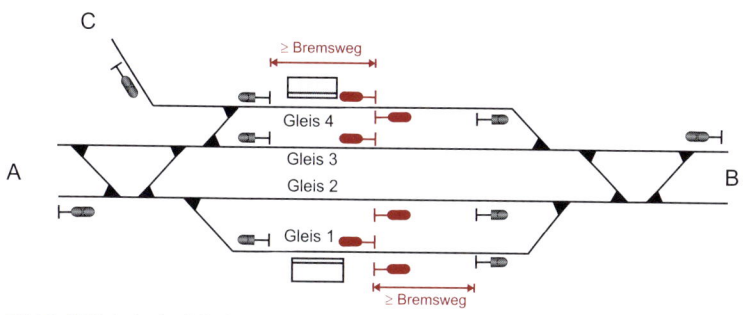

Bild 9.17 Bahnhof mit Zwischensignalen (rot)

9.6.3 Haupt- und Vorsignale

Die bisher behandelten Signale zeigen an, ob die Fahrt eines Zuges über einen Fahrweg sicher durchgeführt werden kann und darf. Aufgrund der langen Bremswege reicht es aber nicht aus, dem Triebfahrzeugführer erst unmittelbar vor dem Anfang eines Fahrweges anzuzeigen, ob dieser frei oder besetzt ist. Es muss ihm so frühzeitig angezeigt werden, dass er den Zug mittels einer Betriebsbremsung (Verzögerung ca. 1 m/s²) vor dem Signal bis zum Stand abbremsen kann. Bei einer Geschwindigkeit von 160 km/h sind dazu etwa 1.000 m erforderlich (siehe Abschn. 9.6.2).

Es wird daher im Abstand von 1.000 m vor dem Signal ein Vorsignal angeordnet. Die bisher behandelten Signale werden zur Unterscheidung von den Vorsignalen als Hauptsignale bezeichnet.

Auf Strecken, auf denen nur geringe Geschwindigkeiten gefahren werden, darf der Vorsignalabstand je nach Geschwindigkeit auf 700 m oder 400 m verkleinert werden. Diese Abminderung ist sinnvoll, denn wenn der Vorsignalabstand viel länger ist als der Bremsweg, fahren Triebfahrzeugführer unnötig langsam an das Signal heran, was die planmäßige Fahrzeit verlängert und die betriebliche Leistungsfähigkeit der Strecke vermindert.

Die Abstände zwischen zwei Hauptsignalen sind in der Regel mindestens so groß wie der Vorsignalabstand, damit die Zuordnung zwischen Vorsignal und folgendem Hauptsignal für den Triebfahrzeugführer eindeutig ist.

Wenn Haupt- und Vorsignalabstand ungefähr gleich groß sind, können Haupt- und Vorsignal auch in einem Signal kombiniert werden oder – bei den älteren Signalsystemen – an einem Signalmast zusammen angezeigt werden. Es ist üblich, dass an den Einfahrsignalen zugleich die Vorsignale der folgenden Ausfahrsignale angezeigt werden.

9.6.4 Plansymbole für Signale

In den Lageplänen von Eisenbahnanlagen werden die Standorte der Signale ebenfalls eingezeichnet. Um die Signale hinsichtlich ihrer Funktion voneinander unterscheiden zu können, wurden Symboldarstellungen entwickelt. Die wichtigsten Symbole sind in *Bild 9.18* dargestellt und wurden teilweise bereits in den vorangegangenen Abschnitten verwendet.

Da in Deutschland verschiedene Signalsysteme verwendet werden, kann eine Signalfunktion mit unterschiedlichen Symbolen dargestellt werden, je nachdem, welches Signalsystem eingebaut ist. Die Unterschiede zwischen den Signalsystemen werden in Abschnitt 9.6.6 erläutert.

Für die Planung und die Bestandserfassung werden außerdem signaltechnische Lagepläne angefertigt. In ihnen sind außer den genauen Standorten und den Funktionen auch alle – hier nur zum Teil (z.B. in Abschn 9.6.6 und 9.6.7) behandelten – Zusatzanzeigen der Signale eingetragen.

- Symbol Hauptsignal
- Symbol Vorsignal
- Symbol Kombinationssignal
- Symbol Schutzsignal für Rangierfahrten

Bild 9.18 Signalsymbole (Auswahl)

Hauptsignale zeigen Halt und Fahrt, Vorsignale zeigen Halt erwarten und Fahrt erwarten. Für weitere Signalbilder siehe Abschnitt 9.6.7.

9.6.5 Grundlegende Signalbilder für Fahren und Halten

Während in den Lageplänen symbolisch verzeichnet ist, welche Anzeigemöglichkeiten ein Signal bietet, sieht der Triebfahrzeugführer ein gegenständliches Signal mit einer Anzeige, die ihm eine konkrete Anweisung gibt (Signalbild oder Signalbegriff genannt).

Bei Hauptsignalen gibt es zwei grundsätzliche Anzeigemöglichkeiten: Halt und Fahrt. Für Halt steht stets ein rotes Licht, für Fahrt ein grünes. Weitere Signalbilder werden in Kapitel 9.6.7 behandelt.

Vorsignale beziehen sich auf die folgenden Hauptsignale und zeigen an, welche Fahrtstellung dort zu erwarten ist. Sie zeigen also Fahrt erwarten oder Halt erwarten. Für „Fahrt erwarten" wird ebenfalls die Farbe grün gewählt. Für „Halt erwarten" kann nicht rot gewählt werden, weil es erlaubt ist, an dem „Halt erwarten" zeigenden Vorsignal vorbeizufahren. Es wird deshalb die Farbe Gelb verwendet. Diese Farbe ist bei verschiedensten Sichtverhältnissen von weitem zu erkennen und nicht mit anderen Farben verwechselbar. Aufgrund der unterschiedlichen Signalsysteme gibt es kleine Unterschiede zwischen den Signalbildern. Zum Beispiel wird „Halt erwarten" je nach System mit einem oder zwei gelben Lichtern angezeigt.

9.6.6 Signalsysteme in Deutschland

In der Anfangszeit der Eisenbahn gab es noch kein flächendeckendes Stromnetz. Deshalb wurden die ersten Signalsysteme auf mechanischer Basis entwickelt. Die damals entwickelten Signale zeigen durch ihre Form das Signalbild an und werden daher Formsignale genannt. Die dahinter stehende mechanische Technik ist sehr robust, sodass heute noch viele dieser Signale im Einsatz sind.

9.6 Signalsysteme und Signalbilder

Der waagerechte Querbalken (Signalarm) eines Form-Hauptsignals bedeutet Halt, der schräg nach oben gestellte Fahrt. Zwei schräg nach oben gestellte Signalarme zeigten ursprünglich an, dass die Fahrt nicht in das durchgehende Gleis der anschließenden Weiche, sondern durch ein Zweiggleis führt, und deshalb die Geschwindigkeit ermäßigt werden muss. Als später verschiedene Weichentypen mit verschiedenen Zweiggleisgeschwindigkeiten in Gebrauch kamen, wurde das System der Anzeige des Fahrwegs über das Signal unübersichtlich und schließlich durch eine reine Geschwindigkeitsanzeige ersetzt. Zwei schräg stehende Signalarme bedeuten nun lediglich „Langsamfahrt" mit 40 km/h. Näheres zur Signalisierung von Geschwindigkeiten siehe Abschnitt 9.6.7.

Das Form-Vorsignal besteht aus einer kreisrunden Scheibe. Ist diese zu sehen, so gilt „Halt erwarten"; ist sie in die Waagerechte geklappt, so gilt „Fahrt erwarten". „Langsamfahrt mit 40 km/h erwarten" wird durch die stehende Scheibe und einen zusätzlichen, schräg stehenden Balken angezeigt.

Bild 9.19 Hauptsignal als Formsignal

Signalarme sind auf der Vorderseite farblich auffällig gestaltet, um sie gut sichtbar zu machen. Bei Nacht reicht auch das nicht aus. Deshalb verfügen sie über ein Nachtlicht. In früheren Zeiten waren dies Gaslichter, die bei Einbruch der Dunkelheit manuell angezündet und morgens wieder ausgelöscht wurden. Die Farben wurden mechanisch erzeugt, indem zusammen mit dem Signalarm ein farbiges Glas vor die Leuchte bewegt wurde. Später wurde das Gaslicht durch elektrisches Licht ersetzt und der Ein- und Ausschaltvorgang automatisiert.

Im Unterschied zu den Formsignalen werden bei den heute vorherrschenden Lichtsignalen einzelne Leuchten mit unterschiedlichen Farben verwendet. Das Licht muss wesentlich kräftiger sein als bei Formsignalen, weil es auch bei Tag die einzige Information für den Triebfahrzeugführer darstellt. Ausschlaggebend für die Sichtbarkeit und die Erkennbarkeit der Farbe ist die Vermeidung von Reflexionen. Deshalb sind Signalschirme und andere Bauteile in der Nähe des Leuchtkörpers in schwarz gehalten.

Bild 9.20 Vorsignal als Formsignal

Bei dem in der Bundesrepublik Deutschland nach 1950 entwickelten Lichtsignalsystem wurde die Anordnung der Nachtlichter des mechanischen Signalsystems übernommen. Damit wurde die Umstellung auf das neue System vereinfacht. Durch vielfältige Zusatzanzeigen wurde das System jedoch zunehmend unübersichtlich. Erst nach 1990, nach der Vereinigung der beiden deutschen Bahnen, gelang die Einführung eines bereits um 1970 vollständig neu konzipierten Signalsystems. Die Signalbegriffe des neuen Signalsystems wurden dabei konsequent aus der Sicht des Triebfahrzeugführers entwickelt:

Unter anderem wegen des noch nicht vollständig gelösten Problems der Reflexion werden bei der Eisenbahnen LED-Leuchten bisher nur vereinzelt verwendet. Überwiegend kommen noch konventionelle Glühlampen zum Einsatz.

- „Grün" bedeutet „Fahren", also „Fahrt" am Hauptsignal oder „Fahrt erwarten" am Vorsignal.

- „Rot" bedeutet „Halt" wie bisher.
- „Gelb" bedeutet „Bremsen", also „Halt erwarten".
- „Grün blinkend" bedeutet „Langsamere Geschwindigkeit erwarten".

Mit dieser Farbsymbolik ist es nicht mehr erforderlich, Vor- und Hauptsignale anhand der Stellung ihrer Lichter zu unterscheiden. Vor- und Hauptsignal können in einem Signalschirm kombiniert werden – ein Vorteil, dem das Signalsystem seinen Namen verdankt: Ks-System. Dadurch wird die durchschnittliche Anzahl der Lichter eines Signals sowie die Anzahl der möglichen Lichtkombinationen verringert. Da es in seltenen Fällen, vor allem bei Störungen, wichtig sein kann, zwischen Vor- und Hauptsignal zu unterscheiden, werden die Funktionen der Signale (Vorsignal, Hauptsignal, kombiniertes Vor-/Hauptsignal) weiterhin durch unterschiedliche Kennzeichnungen des Signalmastes kenntlich gemacht.

Für die Darstellung in den Plänen musste für das neue System eine neue Symbolik entwickelt werden. Leider ist sie für schnelle Skizzen nicht so praktisch wie die Symbolik des alten Systems. Einen Überblick über die Symboldarstellungen der Signale in den drei genannten Systemen gibt das folgende Bild.

Tabelle 9.2 Überblick über Symboldarstellungen von Signalen

Signalsystem	Vorsignale		Hauptsignale	Kombinationen	Schutz-bzw. Rangiersignale	
HV-Signalsystem, Formsignale						
HV-Signalsystem, Lichtsignale	stellwerksbedient				alleinstehend, - hoher Mast - niedriger Mast	
	zugbedient				am Hauptsignalschirm	
Ks-Signalsystem	stellwerksbedient			Mehrabschnittssignal	alleinstehend, - hoher Mast - niedriger Mast	
	zugbedient					
	zug- und stellwerksbedient				am Hauptsignalschirm	

Aufgrund der langen Lebensdauer von Stellwerken wird das Ks-System nur schrittweise eingeführt. In den westlichen Bundesländern herrscht weiterhin das „alte" Lichtsignalsystem vor, in den östlichen Bundesländern trifft man häufig noch auf ein Lichtsignalsystem nach russischem Vorbild, das dort verwendet worden ist. Das Formsignalsystem findet man immer noch in ganz Deutschland, vor allem auf Nebenstrecken, auf denen die Investition in moderne Stellwerkstechnik bisher größer war als die Einsparungen (vor allem Personaleinsparungen), die damit erzielt werden konnten.

Bild 9.21 Lichtsignale
Oben: Lichtsignal mit Halttafel, daneben Voranzeige einer Langsamfahrstelle
Unten: Hauptsignal mit Vorsignal und Fahrtrichtungsanzeiger (HV)

9.6 Signalsysteme und Signalbilder

Für die S-Bahn-Systeme in Berlin und Hamburg gibt es spezielle Lichtsignalsysteme, die aber ebenfalls Schritt für Schritt durch das modernere Ks-System ersetzt werden. Diese Systeme vereinigen ebenfalls Vor- und Hauptsignal in einem Signal: Jedes Signal zeigt eine Information über den anschließenden und ein bis zwei darauf folgende Streckenabschnitte an.

In vielen Ländern sind diese Mehrabschnittssysteme sehr verbreitet. In Großbritannien beispielsweise stehen Signale auf dicht befahrenen Strecken in Abständen, die deutlich geringer als der Bremsweg sind. Mit dem alten System von Vor- und Hauptsignal wäre dies problematisch.

Dagegen hat das Haupt-/Vorsignalsystem (HV-System) Vorteile bei Strecken, die wegen schwachen Verkehrs Signale nur in großen Abständen benötigen. Bei Mehrabschnittssystemen wird entweder der Abstand zwischen den Signalen zum Bremsen viel zu lang, oder die Abstände werden auf Bremsweglänge verkürzt, was einen unnötigen Mehrbedarf an Signalen nach sich zieht. Beim HV-System hingegen befindet sich das Vorsignal immer im Bremswegabstand zum Hauptsignal – unabhängig von der Blocklänge, die daher beliebig groß sein kann.

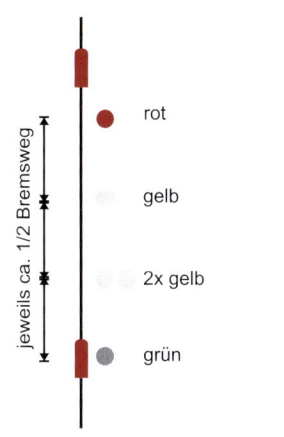

Bild 9.22 Britisches Mehrabschnittssystem

9.6.7 Signalisierung von Geschwindigkeiten

Im Gegensatz zum Straßenverkehr müssen Triebfahrzeugführer bei der Eisenbahn die Strecken, auf denen sie eingesetzt werden sollen, erst kennenlernen („Streckenkenntnis erwerben" im Eisenbahnerdeutsch).

Die Lage der Bahnhöfe und Haltepunkte, Bahnübergänge, Besonderheiten wie große Steigungen, aber auch Geschwindigkeitsbeschränkungen sind den Triebfahrzeugführern daher dem Grunde nach bekannt. Sie benötigen lediglich eine „Erinnerung" an die Besonderheiten und eine Auskunft über den Standort, an dem sie sich befinden. Zu diesem Zweck wird der Standort längs der Strecke mittels auffälliger Kilometertafeln angegeben. Diese Angabe korrespondiert mit den Angaben im „Fahrzeiten- und Geschwindigkeitsheft", in dem für jeden Zug der Fahrplan, die zulässigen Geschwindigkeiten sowie sonstige Besonderheiten der Strecke angegeben sind. Das „Fahrzeiten- und Geschwindigkeitsheft" wird überwiegend in digitaler Form auf einem Bordcomputer abgespeichert und dem Triebfahrzeugführer per Bildschirm angezeigt. Es kann aber auch in traditioneller Papierform mitgeführt werden.

Durch dieses System sind „Verkehrsschilder" wie im Straßenverkehr entlang Eisenbahnstrecken weitgehend überflüssig. Lediglich in besonderen Fällen werden zusätzlich Schilder angebracht, zum Beispiel:

Bild 9.23 Kilometertafel

- Bei besonders gefährlichen oder unerwarteten Besonderheiten, zum Beispiel bei sehr starken Geschwindigkeitseinbrüchen;
- an Baustellen;
- bei Besonderheiten in der Fahrleitung (z.B. Ende der Fahrleitung);
- bei der Einfahrt in Bahnhöfe.

Geschwindigkeitsanzeige bei der Einfahrt in Bahnhöfe

Die Einfahrt in Bahnhöfe ist eine Besonderheit, weil dort durch das Stellwerk festgelegt wird, in welches Gleis der Zug einfährt. Dies muss nicht das fahrplanmäßig zu befahrende Gleis sein. In diesem Fall muss daher der Triebfahrzeugführer durch das Einfahrsignal über die für seinen Fahrweg zulässige Geschwindigkeit unterrichtet werden. Eine Information, in welches Gleis er einfährt, wird ihm hingegen nicht gegeben.

Bei ausländischen Eisenbahnen ist auch das umgekehrte Verfahren üblich: Das Signal gibt an, welchen Fahrweg der Zug nimmt, und Schilder zeigen die zulässige Geschwindigkeit an.

In welcher Weise die Information über die Einfahrgeschwindigkeit in den Bahnhof gegeben wird, ist vom Signalsystem abhängig. Für alle Signalsysteme gilt: Keine Angabe bedeutet zulässige Streckengeschwindigkeit (in der Regel Fahrt durch das durchgehende Hauptgleis)

Langsamfahrt

Bei Formsignalen kann nur ein Langsamfahrtbegriff angezeigt werden (Tageszeichen: zwei schräg nach oben zeigende Signalarme, Nachtzeichen: Lichtkombination grün-gelb). Damit ist die Geschwindigkeit auf 40 km/h beschränkt. Andere Geschwindigkeiten als Streckengeschwindigkeit und 40 km/h können nicht angezeigt und demnach auch nicht gefahren werden.

Unterschiede zwischen Hv-System und Ks-System

Im HV-Lichtsignalsystem (seit ca. 1955) wurde das Signalbild für Langsamfahrt mit 40 km/h übernommen (grün-gelb), doch durch Zahlen ergänzt. Angezeigt wird die Geschwindigkeit geteilt durch 10, also zum Beispiel eine 6 für 60 km/h. Bei 40 km/h wird weiterhin keine Zahl angezeigt.

Bei Geschwindigkeiten über 60 km/h wird v/10 als Zahl, jedoch „grün", nicht „grün-gelb", als Lichtzeichen angezeigt. Dies ist nur dadurch zu erklären, dass zur Zeit der Einführung des Systems die höchste zulässige Streckengeschwindigkeit im deutschen Eisenbahnnetz bei nur 120 km/h lag und daher eine Absenkung auf 70 km/h nicht als „Langsamfahrt" empfunden wurde.

Das Ks-System löst dieses in sich unlogische System auf lange Sicht ab: Geschwindigkeitsbeschränkungen werden ausschließlich durch Zahlen angezeigt, nicht mehr durch Kombinationen verschiedenfarbiger Lichter. Auch bei v = 40 km/h wird nun konsequenterweise eine 4 angezeigt.

Die Geschwindigkeitsbegrenzungen, die von den Signalen angezeigt werden, gelten bei Einfahrsignalen bis zum nächsten Hauptsignal und bei Ausfahrsignalen bis zur letzten Weiche des Bahnhofs. Nach Überqueren der letzten Weiche darf der Zug wieder auf Streckengeschwindigkeit beschleunigen. Ein Formsignal zur zusätzlichen Anzeige des Endes dieses „anschließenden Weichenbereichs" steht zur Verfügung, wird aber selten eingesetzt. Der verbreitete Einsatz dieses Formsignals würde die allgemeine auf der Streckenkenntnis basierende Regelung unterlaufen und müsste sie dann konsequenterweise gänzlich ersetzen.

9.7 Zugbeeinflussung

In *Bild 9.24* wird ein Bahnhof mit signal- und infrastrukturtechnischen Elementen im Ks-Signalsystem dargestellt.

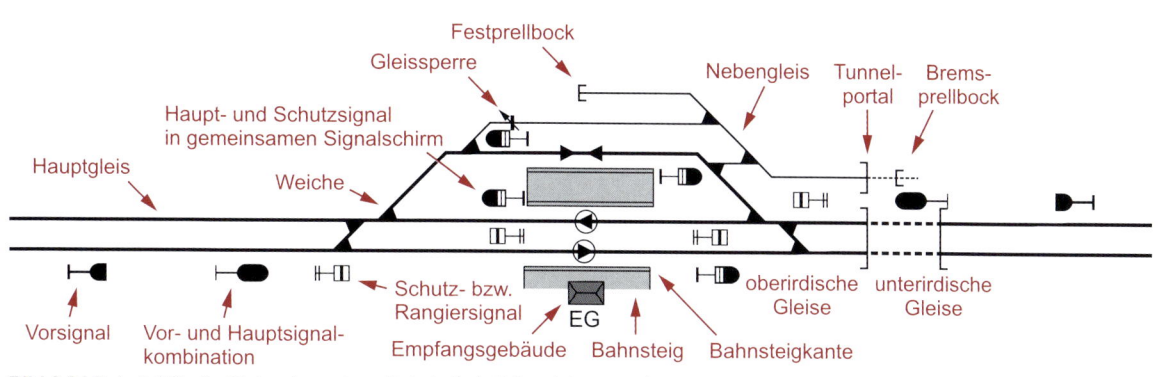

Bild 9.24 Beispiel für die Gleisanlage eines Bahnhofs (mit Bezeichnungen)

9.7 Zugbeeinflussung

9.7.1 Warnsysteme und Zugbeeinflussungssysteme

Mit Signalen können sich überschneidende Fahrwege und Durchrutschwege abgesichert werden, doch funktioniert diese Sicherung nur, wenn die Signale auch beachtet werden. Durch Unaufmerksamkeit, Übermüdung oder Fahrlässigkeit, selten auch vorsätzlich, werden Signale immer wieder missachtet. Eine Auswahl:

- Zwei oder mehr Personen auf dem Triebfahrzeug, in Unterhaltung vertieft;
- Verwechslung mit Signal vom Nachbargleis;
- Irritation durch Lichtreflexion (reflektierender Schirm kann rotes Licht weiß erscheinen lassen);
- Fälschliche Annahme eines Signaldefektes.

Die Unfallgefahr durch die Missachtung von Signalen ist groß, deshalb wurden seit Beginn des 20. Jahrhunderts Systeme entwickelt, den Triebfahrzeugführer an der Missachtung zu hindern. Das einfachste Mittel ist die Anordnung von Durchrutschwegen; diese bieten Schutz, wenn zum Beispiel das „Gelb" des Vorsignals übersehen, das „Rot" des Hauptsignals aber (verspätet) erkannt wird.

Durchrutschwege bieten keinen Schutz, wenn ein Halt zeigendes Hauptsignal vollständig übersehen oder ignoriert wird. Die technischen Systeme, die in diesem Fall eingreifen, lassen sich in zwei Gruppen einteilen:

- Automatic Train Control (ATC),
- Automatic Train Protection (ATP).

Beispiel für ein ATC-System: Das französische/belgische „Krokodil". Steht das Signal auf Halt, so wird ein im Gleis liegendes metallenes (optisch an ein Krokodil erinnerndes) Bauteil mechanisch angehoben und mit einem am Triebfahrzeug befindlichen Schleifer in Kontakt gebracht. Der induzierte Strom löst ein Warnsignal im Führerstand des Triebfahrzeugs aus.

Die älteren ATC-Systeme warnen den Triebfahrzeugführer akustisch, wenn er an einem „Halt erwarten" anzeigenden Vorsignal und/oder an einem „Halt" zeigenden Hauptsignal vorbeifährt. Die Fahrt des Zuges wird auf diese Weise zwar „kontrolliert" (control), aber nicht „geschützt" (protection), weil der Triebfahrzeugführer die akustische Warnung überhören oder ignorieren kann. Systeme dieser Art finden sich wegen ihres technisch geringen Aufwandes dennoch bei vielen Eisenbahnen in Europa.

Zuweilen gibt es auch Mischformen von ATC und ATP: Beim englischen Automatic Warning System (AWS) wird der Triebfahrzeugführer gewarnt, wenn er an einem „Halt erwarten" zeigenden Signal vorbeifährt. Ignoriert er die Warnung, wird der Zug automatisch angehalten. Er kann die Warnung aber ausschalten: dies für den Fall, dass die Anzeige des nächsten Signals – das sich unter Umständen nur wenige hundert Meter entfernt befindet – zwischenzeitlich auf Fahrt gewechselt hat. Schaltet er die Warnung aus, obwohl der folgende Abschnitt doch noch besetzt ist – das System kann dies nicht überprüfen – fährt er ungeschützt weiter.

Auf neuen Strecken werden heutzutage ausnahmslos ATP-Systeme eingesetzt. Diese Systeme beeinflussen unmittelbar den Bremsvorgang des Zuges. Einige Eisenbahnen, zum Beispiel die DB in Deutschland oder die NS in den Niederlanden, haben auch vorhandene ältere Strecken mit ATP-Systemen ausgerüstet. In Deutschland muss jede Strecke, auf der Geschwindigkeiten von 100 km/h oder mehr gefahren werden, mit ATP ausgerüstet sein.

Zwangsbremsung

Im Unterschied zu ATC werden Züge durch ATP automatisch angehalten (zwangsgebremst), wenn der Triebfahrzeugführer

- ein „Halt" zeigendes Hauptsignal überfährt oder
- ein „Halt erwarten" zeigendes Vorsignal überfährt und anschließend nicht bremst.

9.7.2 Punktförmige Zugbeeinflussung (PZB 90)

Im konventionellen Signalsystem liest der Triebfahrzeugführer die Information über das Freisein des Fahrwegs vom Signal ab. Zwischen zwei Signalen bekommt er, von Vorsignalen und Signalwiederholern (siehe Randspalte nächste Seite) abgesehen, keine weitere Informationen über Fahrwege

9.7 Zugbeeinflussung

und Fahrstraßen. Dies ist auch nicht nötig, weil die Fahrstraßen im Verschluss der Signale liegen (Signalabhängigkeit). Eine auf das Signalsystem abgestimmte Zugbeeinflussung kann daher ebenfalls nur an diesen speziellen Punkten Überwachungs- und Eingriffshandlungen vornehmen. Daher spricht man von punktförmiger Zugbeeinflussung (PZB).

Bei den einfachsten Systemen der punktförmigen Zugbeeinflussung wird lediglich festgestellt, ob der Zug ein Hauptsignal passiert hat, das auf Halt steht. Diese Überprüfung ist sogar an Formsignalen möglich: Die Haltstellung des Signals bringt einen Hebel in eine Stellung, die den Hebel des Bremsventils öffnet und auf diese Weise eine Zwangsbremsung des Zuges auslöst. Nach diesem Prinzip arbeitet die Zugbeeinflussung der Berliner S-Bahn heute noch auf den Strecken mit altem Signalsystem.

Bei größeren Geschwindigkeiten (etwa ab 100 km/h) reicht diese Form der Sicherung nicht mehr aus, weil der Durchrutschweg hinter dem Hauptsignal in diesem Fall zu kurz ist, um den Zug vor dem Gefahrpunkt zum Stehen zu bringen. Daher wird die Überwachung auf das Verhalten des Triebfahrzeugführers zwischen Vor- und Hauptsignal ausgeweitet.

Signalwiederholer stehen zwischen Vorsignal und Hauptsignal und zeigen das aktualisierte Bild des Vorsignals. Sie werden zum Beispiel eingesetzt, wenn das Hauptsignal erst spät zu erkennen ist, zum Beispiel in Kurven.

Ein Beispiel für die punktförmige Zugbeeinflussung, das britische AWS-System, wurde schon in Abschnitt 9.7.1 genannt. Auch der Nachteil der punktförmigen Überwachung wird an diesem Beispiel bereits deutlich: Wenn ein Hauptsignal zunächst auf Halt steht, aber nach Passieren des Vorsignals auf Fahrt geht, soll der Triebfahrzeugführer die Möglichkeit haben, die Bremsung abzubrechen und wieder zu beschleunigen. Er wird dabei aber von der Zugbeeinflussung nicht überwacht.

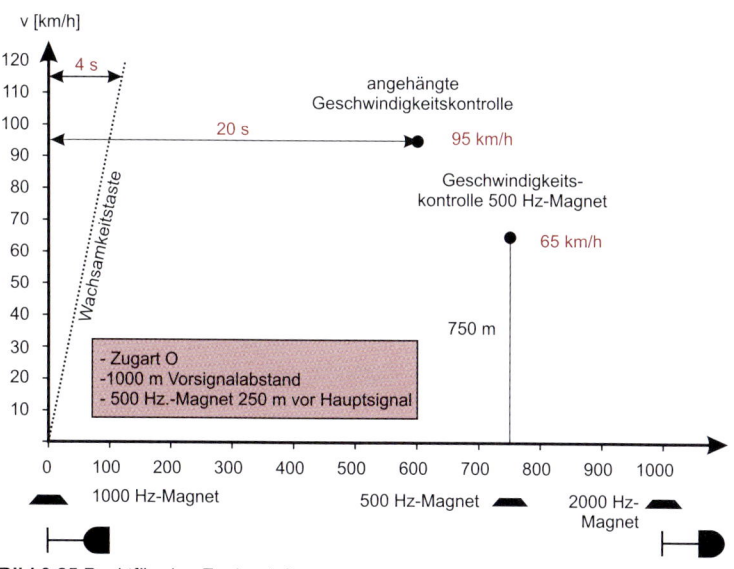

Bild 9.25 Punktförmige Zugbeeinflussung

Die punktförmige Zugbeeinflussung in ihrer ursprünglichen Form enthält daher Sicherheitslücken, die zu wenigen, aber schwerwiegenden Unfällen geführt haben. In Deutschland wurde daher das um 1930 entwickelte System der induktiven Zugbeeinflussung (INDUSI) schrittweise so erweitert und verbessert, dass Unfälle durch unerlaubtes Beschleunigen zwischen Vor- und Hauptsignal fast gänzlich ausgeschlossen werden können.

Der letzte große Entwicklungsschritt wurde in den neunziger Jahren des 20. Jahrhunderts vollzogen. Das weiterentwickelte System trägt seitdem die Bezeichnung PZB 90.

Die Überwachungstechnik basiert auf dem Prinzip der elektromagnetischen Induktion. An ausgewählten Punkten (Hauptsignal, Vorsignal, 250 m vor dem Hauptsignal) werden im Gleis Elektromagnete angebracht. Die Magnete an Haupt- und Vorsignal sind mit dem Signal verbunden. Wenn das Hauptsignal auf „Halt" steht, wird Strom durch den Magneten geleitet, ansonsten bleibt er unwirksam (beim Vorsignal entsprechend, wenn es „Halt erwarten" anzeigt). In einem Magneten am Triebfahrzeug des Zuges wird eine elektrische Spannung induziert, mit der eine Reaktion des Fahrzeugs ausgelöst werden kann. Ein weiterer Gleismagnet ist in ca. 250 m Entfernung vom Hauptsignal angebracht und mit diesem gekoppelt.

Welche Reaktion des Fahrzeugs jeweils ausgelöst wird, wird von der Frequenz des Magneten gesteuert: 1000 Hz am Vorsignal, 2000 Hz am Hauptsignal, 500 Hz am Magneten zwischen Vor- und Hauptsignal.

Bild 9.26 Indusi-Magnet

Funktionsweise der PZB 90

Die Überwachungslogik der PZB 90 besteht aus folgenden Komponenten:
- Ein Zug, der am Halt zeigenden Hauptsignal vorbeifährt, wird zwangsgebremst, sofort und ausnahmslos.
- Wenn ein Zug am „Halt erwarten" zeigenden Vorsignal vorbeifährt, muss der Triebfahrzeugführer eine Wachsamkeitstaste betätigen. Unterlässt er dies, so wird der Zug zwangsgebremst. Die Taste dient also dazu festzustellen, ob der Triebfahrzeugführer das Signal wahrgenommen hat. Er hat dafür 4 Sekunden Zeit. In dieser Zeit kann der Zug maximal 200 m weit gefahren sein; er kommt also innerhalb des Durchrutschwegs zum Stehen.
- Bedient der Triebfahrzeugführer die Wachsamkeitstaste, so läuft die beim Passieren des Vorsignals aktivierte Zeitschaltuhr weiter und überprüft, ob eine zuvor definierte Bremskurve eingehalten wird. Es wird also erwartet, dass der Triebfahrzeugführer den Zug bis zum Stand abbremst. Überschreitet er die laut Bremskurve vorgegebene Geschwindigkeit, so wird eine Zwangsbremsung eingeleitet.
- Ein erneutes Beschleunigen des Zuges soll möglich sein, damit nicht angehalten werden muss, wenn das Hauptsignal wieder auf Fahrt umschaltet. Es gibt für den Triebfahrzeugführer daher die Möglichkeit, sich aus der Überwachungs-Bremskurve wieder zu befreien. Der 500-Hz-Magnet überprüft, ob die Befreiung zulässig gewesen ist.
- Nach der Befreiung aus der Überwachungs-Bremskurve und dem Überfahren des 500-Hz-Magneten wird eine neue Bremskurve vorgegeben, die keinen Halt erzwingt, aber nur eine geringe Geschwindigkeit der Weiterfahrt zulässt und so lange gilt, bis der Zug am Hauptsignal vorbeigefahren ist. Dort übernimmt der 2000-Hz-Magnet wieder die Überwachung und leitet eine Zwangsbremsung ein, falls das Signal doch noch auf Halt steht.

9.7 Zugbeeinflussung

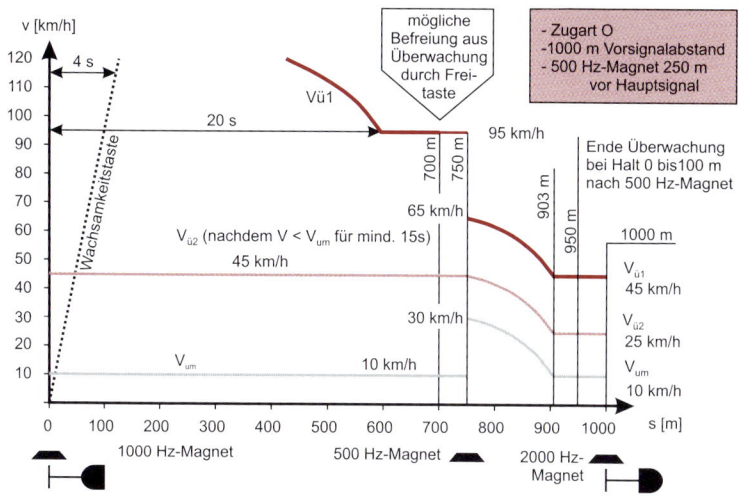

Bild 9.27 Wirkungsweise PZB 90

Mit den komplizierten und hier in möglichst einfacher Form geschilderten Mechanismen wird weitgehend ausgeschlossen, dass ein Zug trotz Halt zeigenden Signals beschleunigt oder nach einem (planmäßigen) Halt gegen ein Halt zeigendes Signal wieder anfährt. Zugleich erlaubt das System aber auch die Weiterfahrt, wenn das Hauptsignal auf Fahrt schaltet, während der Zug sich zwischen Vor- und Hauptsignal befindet. Diese Möglichkeit ist essenziell für eine effiziente Betriebsführung, die Begrenzung von Verspätungen und eine energiesparende Fahrweise.

Möglichkeit weiterzufahren, wenn das Hauptsignal während der Annäherung auf Fahrt umschaltet

Der Grund für die Komplexität der Geschwindigkeitsüberwachung ist letztlich die Tatsache, dass die Gleismagnete der PZB 90 nicht in der Lage sind, Geschwindigkeiten unmittelbar zu messen. Modernere Techniken sind dazu in der Lage, und Bahnen, die noch nicht über ein flächendeckend eingebautes ATP-System verfügen, greifen selbstverständlich auf diese Techniken zurück. In Deutschland ist wegen der bestehenden Ausrüstung der Strecken mit PZB 90 eine Umstellung auf ein anderes System in absehbarer Zeit nicht vorgesehen.

9.7.3 Die Sicherheitsfahrschaltung

Eine andere Art der Überwachung, die ebenfalls zur Zugbeeinflussung gerechnet werden kann, ist die Sicherheitsfahrschaltung (Sifa). Sie überwacht laufend die Handlungsbereitschaft des Triebfahrzeugführers, unabhängig von Signalen. Der Triebfahrzeugführer muss in regelmäßigen Abständen ein Fußpedal betätigen, um der Überwachungseinrichtung anzuzeigen, dass er wach und aufmerksam ist. Vergisst er die Bedienung, so

Die Sifa wird auch Totmannschaltung genannt. Die etymologische Geschichte dieses Begriffes ist nicht eindeutig geklärt.

wird er durch eine Warnleuchte sowie eine Klingel erinnert. Reagiert er darauf ebenfalls nicht, wird der Zug zwangsgebremst.

9.7.4 Signaltechnik und Zugbeeinflussung für Hochgeschwindigkeitsverkehr

Bei Geschwindigkeiten, die größer als 160 km/h sind (Hochgeschwindigkeitsverkehr), kann das konventionelle Signalsystem aus zwei Gründen nicht mehr verwendet werden:

- Der Vorsignalabstand von 1.000 m ist kürzer als der erforderliche Bremsweg;
- das Signalbild ist für den Triebfahrzeugführer aufgrund der hohen Geschwindigkeit erst spät und für kurze Zeit zu erkennen.

Zur Signalisierung des Hochgeschwindigkeitsverkehrs können bestehende konventionelle Signalsysteme grundsätzlich folgendermaßen verändert werden:

- Es wird ein spezielles Signalsystem nur für Hochgeschwindigkeitsstrecken eingeführt; andere Strecken bleiben beim konventionellen Signalsystem oder werden nur Schritt für Schritt umgestellt.
- Das bestehende Signalsystem wird durch zusätzliche Komponenten ergänzt.

Änderungen des Signalsystems bewirken Änderungen an der Ausrüstung der Infrastruktur und der Fahrzeuge.

Die Umstellung eines Signalsystems bedeutet auch die Anpassung der Fahrzeuge und der Zugbeeinflussung an das neue System. Die erste Variante eignet sich daher gut, wenn auf einer neuen Hochgeschwindigkeitsstrecke ausschließlich oder überwiegend neue Fahrzeuge verkehren und diese die hohen Geschwindigkeiten auch ausnutzen. Dies trifft zum Beispiel auf die französischen Hochgeschwindigkeitsstrecken zu; deshalb wurde dort die erste Variante gewählt.

Auf den meisten deutschen Hochgeschwindigkeitsstrecken verkehren hingegen auch Güterzüge und Züge des regionalen Verkehrs mit konventionellen Geschwindigkeiten. Aus diesem Grund wurde bereits um 1970 entschieden, das konventionelle Signalsystem mit der punktförmigen Zugbeeinflussung zu belassen und auf den Strecken mit Hochgeschwindigkeitsverkehr um zusätzliche Komponenten zu ergänzen.

Auch bei der technischen Lösung der beiden oben genannten Probleme - Länge des Bremswegs und Erkennbarkeit der Signale - gibt es zwei unterschiedliche Wege:
- Beibehaltung des signalgeregelten Systems;

- Aufgabe des signalgeregelten Systems zugunsten einer unmittelbaren Zugbeeinflussung.

Im ersten Fall wäre der Vorsignalabstand anzupassen, die Signallampen müssten vergrößert oder durch lichtstärkere Lampen zu Verbesserung der Erkennbarkeit ersetzt werden. Die frühzeitige Sichtbarkeit der Signale kann durch verschärfte Vorschriften für die Signalsicht, möglicherweise unterstützt durch Signalwiederholer, hergestellt werden.

Ein Beispiel für diesen Lösungsansatz findet sich in Großbritannien, wo mit einer Ausnahme alle Hochgeschwindigkeitsstrecken durch Ausbau vorhandener Strecken entstanden sind. Das britische Mehrabschnittssystem (vgl. Abschn. 9.6.3) kann praktisch unverändert für Geschwindigkeiten bis 200 km/h eingesetzt werden.

Die britischen Triebfahrzeugführer beklagen allerdings, dass bei hohen Geschwindigkeiten die Signalsicht sehr kurz ist und das Signalbild bei dichtem Verkehr häufig kurz vor der Vorbeifahrt wechselt. In Verbindung mit dem veralteten System für die Zugbeeinflussung, das leicht „überlistet" werden kann, können daraus Sicherheitsrisiken entstehen. Dennoch ist auch in Großbritannien die Eisenbahn erheblich sicherer als der Verkehr auf der Straße.

Unterschiedliche Lösungen für Hochgeschwindigkeitsverkehr bei Ausbau bzw. Neubau

In Deutschland hätte eine Vergrößerung des Vorsignalabstandes zur Folge, dass „Halt erwarten" für die langsamen Züge genauso früh angezeigt wird wie für die schnellen Züge. Zu früh bremsende Züge verlängern ihre Fahrzeit und verringern die Leistungsfähigkeit der Strecke, sodass in Deutschland die Entscheidung zugunsten einer unmittelbaren Zugbeeinflussung ohne Rückgriff auf Signale gefallen ist.

In Deutschland werden daher auch Hochgeschwindigkeitsstrecken mit Signalen für die langsamen Züge ausgerüstet. Die schnellen Züge werden unmittelbar über die Zugbeeinflussung gesteuert.

Zusammenwirken zwischen konventionellem Signalsystem und System für Hochgeschwindigkeitsverkehr

Die technische Lösung, Linienzugbeeinflussung (LZB), besteht aus

- zwei im Gleis verlegten Stromkabeln, Linienleiter genannt;
- einer LZB-Zentrale;
- einer automatischen Fahr- und Bremssteuerung auf dem Triebfahrzeug und
- einer Radumdrehungsmessung.

Funktionsweise der Linienzugbeeinflussung (LZB)

Die Linienleiter werden alle 50 Meter im Gleis gekreuzt. Wenn ein Zug mit seinem LZB-Empfangsgerät – im Prinzip ein Magnet – die Kreuzungsstelle überfährt, wird in die Linienleiter eine Spannung induziert. Auf diese Weise wird der Zug durch die LZB-Zentrale geortet. Außerdem wird die örtlich zulässige Geschwindigkeit sowie die Entfernug bis zum nächsten Geschwindigkeitswechsel an das Fahrzeug übermittelt. Aus diesen Informationen wird im Triebfahrzeug der vom folgenden Zug einzuhaltende Geschwindigkeitsverlauf berechnet. Zwischen den Kreuzungspunkten des Linienleiters wird die Messung der Radumdrehung näherungsweise zur Ortung und Geschwindigkeitsmessung des Zuges verwendet. Reagiert der Triebfahrzeugführer auf einen Befehl zur Geschwindigkeitsverringerung nicht, so wird der Zug automatisch gebremst. Die automatische Fahr- und Bremssteuerung (AFB) ermöglicht sogar die vollautomatische Fahrt des Zuges. Das Eingreifen des Triebfahrzeugführers wird dann lediglich für einige Einfahrten in größere Bahnhöfe (und natürlich Ausfahrten aus diesen Bahnhöfen) benötigt, weil hier die LZB aus Kostengründen häufig nicht oder nur in die durchgehenden Hauptgleise eingebaut wird.

Ähnliche Systeme für den Hochgeschwindigkeitsverkehr gibt es auch in anderen Ländern. Anstelle von Linienleitern können auch die Schienen selbst als Übertragungsmedien verwendet werden. Noch nicht ausgereift ist die Übertragung über Funk, da die Ausfallhäufigkeit noch zu hoch ist.

Die Übertragung über Funk ist aber ein wichtiges Merkmal der ETCS Level 2 und 3, die eines Tages die nationalen Systeme ersetzen sollen (siehe Abschn. 9.8).

Die meisten mit LZB ausgerüsteten Strecken sind für die langsameren Züge zusätzlich mit dem konventionellen Signalsystem ausgerüstet. Diese Züge müssen somit nicht mit LZB-Geräten ausgerüstet werden. Außerdem kann mit Hilfe des konventionellen Signalsystems bei einem Ausfall der LZB auch der Betrieb der Hochgeschwindigkeitszüge – wenn auch mit einer auf 160 km/h reduzierten Geschwindigkeit – aufrecht erhalten werden. Lediglich auf Strecken, auf denen der Hochgeschwindigkeitsverkehr dominiert, werden Blocksignale eingespart. An Stelle der Blocksignale werden an den Kreuzungsstellen der Linienleiter LZB-Tafeln aufgestellt, damit der Triebfahrzeugführer im Störungsfall informiert ist, in welchem LZB-Block er sich befindet. Angesichts der Länge der LZB-Blöcke von nur 50 Metern verhält sich das System in der Praxis ähnlich wie eine Überwachung des absoluten Bremswegabstands.

Bild 9.28 Kreuzungspunkt der Linienleiter

9.8 ETCS

In der Mitte des 20. Jahrhunderts wurden die meisten Eisenbahnen in Europa staatlich gelenkt und behördenähnlich organisiert. Die stark nationale Ausrichtung hat sehr viele nationale, international inkompatible Entwicklungen mit sich gebracht. Neben den Unterschieden in den Spurweiten, die noch aus dem 19. Jahrhundert stammen, und den Unterschieden der Fahrleitungsspannung ist auch die Sicherungstechnik uneinheitlich aufgebaut.

Zur „Dampflokzeit" wurden die Unterschiede in der Sicherungstechnik nicht als großes Hindernis empfunden, weil die Triebfahrzeuge ohnehin wegen des Verbrauchs von Kohlen und Wasser regelmäßig gewechselt werden

mussten und diese Wechsel bei grenzüberschreitenden Zügen in die Grenzbahnhöfe verlegt wurden.
Für den heutigen Bahnverkehr stellt der Wechsel des Triebfahrzeuges an Triebkopf- oder Triebwagenzüge grenzüberschreitend verkehren, so müssen in diesen Fahrzeugen die Systeme aller beteiligten Bahnen implementiert sein.

Im Rahmen der europäischen Union wurde daher in langwierigen Verhandlungen eine Konzeption entwickelt, die eine schrittweise Umstellung auf ein einheitliches Zugbeeinflussungssystem vorsieht. Dieses European Train Control System (ETCS) besteht aus drei unterschiedlich anspruchsvollen Ebenen (Levels), die jeder Eisenbahngesellschaft einen an ihren Bedürfnissen orientierten flexiblen Einstieg ermöglichen sollen.

Ein TGV von Paris nach Köln muss mit drei verschiedenen Stromsystemen und fünf verschiedenen Zugbeeinflussungssystemen kompatibel sein.

Level 1 sieht die Beibehaltung der landesspezifischen Infrastruktur (Signale und Gleisfreimeldung) vor, lediglich ergänzt durch europaweit einheitliche Balisen und Antennen (Loops) zur Zugortung und Übertragung der Informationen für die Zugüberwachung.
Im Level 2 wird auf die ortsfeste Signalisierung verzichtet. Die Zugbeeinflussung erfolgt über Funk. Die konventionelle Gleisfreimeldung bleibt bestehen.
Bei Level 3 schließlich wird außer Balisen zur Zugortung keine streckenseitige Infrastruktur für die Sicherungstechnik eingesetzt; alle weiteren Informationen sollen per Funk übertragen werden.

Balisen sind technische Einrichtungen am Fahrweg der Eisenbahn, die Informationen speichern und mittels Antennen mit einem vorbeifahrenden Zug Informationen austauschen können. Sie werden auch Transponder oder Baken genannt.

ETCS kann sowohl im konventionellen Eisenbahnverkehr als auch im Hochgeschwindigkeitsverkehr eingesetzt werden.

Angesichts der Investitionskosten für ETCS-kompatible Anlagen tun sich die meisten Bahnen schwer, ETCS einzuführen. Eine Umstellung der deutschen PZB auf ETCS Level 1 würde keinerlei technischen Vorteil bringen, deswegen wird ETCS Level 1 in Deutschland nicht eingeführt. An den ETCS-Levels 2 und 3 als Weiterentwicklung der LZB besteht dagegen langfristig Interesse. Die Strecke Berlin – Bitterfeld wurde als Pilotstrecke für die Erprobung von ETCS Level 2 ausgewählt.

Die erste Strecke, auf der ETCS Level 2 im regulären Betrieb eingesetzt wird, ist die Strecke Zofingen – Sempach in der Schweiz. Anwendungsfälle für ETCS Level 3 gibt es noch nicht.

9.9 Fail-Safe-Technik

Im Luftverkehr ist dagegen nicht „anhalten", sondern „weiterfliegen" der sicherste Zustand. Die sicherheitsrelevanten Systeme werden dort mehrfach vorgehalten (Redundanz), damit bei einem Ausfall das Flugzeug nicht abstürzt.
Die gesamte Sicherungstechnik der Eisenbahn beruht auf dem Prinzip, dass bei einer unklaren Situation oder dem technischen Ausfall eines Systems (fail) automatisch ein Zustand herbeigeführt wird, der eine höhere

Sicherheit bietet (safe). Der einfachste Fall mit der höchsten Sicherheit besteht darin, dass der Zug anhält bzw. stehen bleibt.

Anhand einiger Beispiele lässt sich die Wirkungsweise der Fail-Safe-Technik veranschaulichen:

- Wenn der Stelldraht eines Formsignals reißt, fällt der Signalarm durch seine eigene Schwerkraft automatisch in die Haltstellung.
- Das Vorsignal „Langsamfahrt erwarten" bei Formsignalen kann nur mit „Halt erwarten" verwechselt werden (aufgestellte Scheibe), aber nicht mit „Fahrt erwarten" (weggeklappte Scheibe).
- Reißt ein Glühfaden einer Signallampe, so leuchtet automatisch ein Ersatzfaden. Brennt dieser vor dem Austausch des Leuchtmittels auch durch, so bleibt das Signal dunkel. Ein dunkles Signal bedeutet „Halt". Wird das Signal dagegen absichtlich ausgeschaltet, so leuchtet ein weißes Kennlicht, oder das Signal wird mit weißen Balken als ungültig markiert (z.B. bei Bauarbeiten).
- Die Luftdruckbremse eines Zuges ist so konstruiert, dass sie bremst, wenn der Druck abfällt. Reißt die Luftleitung oder hat sie ein Leck, so bleibt der Zug stehen und kann nicht weiterfahren.

In einigen Sonderfällen ist es nicht sinnvoll, wenn der Zug wegen eines Defekts anhält, zum Beispiel bei einem Brand im Tunnel. Für diesen Fall gibt es eine Notbremsüberbrückung, die es dem Triebfahrzeugführer ermöglicht, die Wirkung einer gezogenen Notbremse so lange zu verzögern, bis der Zug den Tunnel verlassen hat.

Leider gibt es bei der PZB 90 einzelne Komponenten, die nicht in Fail-Safe-Technik ausgeführt sind. So funktioniert die PZB 90 nicht, wenn das Fahrzeuggerät unbemerkt ausfällt. Ebenso ist es beim Streckenmagneten: Bei einem Drahtbruch zwischen dem Signal und dem Gleismagneten wird der Magnet unbemerkt unwirksam. Um diese Gefahrenquelle zu verringern, wurde daher die Schaltung so gestaltet, dass die Länge des gefährdeten Kabels nur einige Zentimeter beträgt.

9.10 Stellwerkstechnik

9.10.1 Zugmeldeverfahren als Grundlage der Zugsicherung

In den Abschnitten 9.2 und 9.3 wurde erläutert, auf welche Weise die Signalabhängigkeit innerhalb eines Bahnhofs für die Sicherheit sorgt, und dass außerhalb von Bahnhöfen die Durchfahrt eines Zuges durch einen Streckenabschnitt nur durch ein indirektes Verfahren kontrolliert werden kann. Dieses Verfahren läuft in den folgenden Schritten ab:

Das Zugmeldeverfahren kann auch ohne signaltechnische Einrichtungen durchgeführt werden.

Auf eingleisigen Strecken muss zusätzlich noch sichergestellt werden, dass nicht zeitgleich zwei Züge aus beiden Bahnhöfen abgeschickt werden. Dafür sind zwei zusätzliche Schritte am Anfang des Verfahrens („Anbieten" von A nach B und „Annehmen" von B nach A) erforderlich.
1. Schritt: Bahnhof A meldet an Bahnhof B, dass sich ein Zug auf dem Weg von A nach B befindet.

9.10 Stellwerkstechnik

2. Schritt: Nach Ankunft des Zuges im Bahnhof B wird die Ankunft an A zurückgemeldet. Damit weiß A, dass der Streckenabschnitt für den nächsten Zug wieder frei ist.

Über den Ablauf dieses indirekten Verfahrens, Zugmeldeverfahren genannt, muss Protokoll geführt werden. Das Verfahren funktioniert auch ohne signaltechnische Einrichtungen. Die Erfindung des Blockfeldes (siehe ebenfalls Abschn. 9.3) vereinfachte lediglich das Verfahren und erhöhte seine Sicherheit.

9.10.2 Gleisfreimeldung

Im Gegensatz zur indirekten Gleisfreimeldung im Rahmen des Zugmeldeverfahrens auf der freien Strecke wurde die Gleisfreimeldung in den Bahnhöfen lange Zeit direkt durch Augenschein vorgenommen. Da aus einem einzelnen Stellwerk ein Bahnhof in der Regel nicht vollständig eingesehen werden kann, mussten dazu fast immer zwei oder mehrere Stellwerke zusammenarbeiten. Nach der Erfindung des Blockfeldes wurden dazu in Deutschland ebenfalls Blockeinrichtungen benutzt. In mechanischen Stellwerken (siehe Abschn. 9.10.5) werden Blockfelder noch heute eingesetzt.

Gleisfreimeldung
- durch Augenschein,
- mit Achszählern,
- mit Gleisstromkreisen.

Eine elegantere Methode besteht darin, dass die Züge selbst das Gleis frei melden. Die dazu erforderliche Technik besteht aus Achszählern oder Gleisstromkreisen.

Achszähler
Ein Zug, der in einen Abschnitt hineinfährt und wieder verlässt, muss mit der gleichen Anzahl Achsen hinaus- wie hineingefahren sein. Durch Schienenkontakte werden die Achsen bei Ein- und Ausfahrt gezählt und die Ergebnisse miteinander verglichen. Stimmen sie nicht überein (Zug eingefahren, aber noch nicht wieder ausgefahren), so wird der Abschnitt im Stellwerk in rot als besetzt angezeigt und feindliche Fahrstraßen bzw. Signalstellungen werden gesperrt: Nach der vollständigen Ausfahrt des Zuges aus dem Abschnitt und dem Durchrutschweg stimmen die Zahlen überein, und das Gleis wird als frei gemeldet.

Bild 9.29 Achszähler

Gleisstromkreise
An einem elektrisch isolierten Abschnitt des Gleises liegt eine kleine Gleichspannung an. Wenn ein Zug in den Abschnitt einfährt, stellt er durch seine Achse eine leitende Verbindung zwischen den Schienen her. Der Kurzschluss führt zu einem Spannungsabfall; die nach dem Fail-Safe-Prinzip angeordnete Schaltung der Zustandsanzeige des Gleises sorgt dafür, dass bei Spannungsabfall dieser Abschnitt im Stellwerk rot ausgeleuchtet wird.

Eine modernere Bauform sind Tonfrequenz-Gleisstromkreise. Bei ihnen wird nicht eine konstante Gleichspannung an das Gleis angelegt, sondern eine in einer Frequenz schwingende modulierte Wechselspannung. Benachbarte Gleisabschnitte bekommen unterschiedliche Frequenzen zugeteilt, sodass die Gleisabschnitte nicht isoliert werden müssen. Dies ist ein großer Vorteil, da die Isolationsprofile eine Schwachstelle des Gleises darstellen.

Vor- und Nachteile der Gleisfreimeldetechniken
Gleisstromkreise konventioneller Art können nicht verwendet werden, wenn, wie bei den Niederländischen Eisenbahnen, Informationen der Zugbeeinflussung über die Schienen übertragen werden. Sie sind außerdem wegen Spannungsverlusten in den Schienen nur für kurze Abschnitte geeignet. Ihr Vorteil gegenüber Achszählern ist, dass sie das Gleis nicht nur punktuell, sondern kontinuierlich überwachen. Abgestellte Fahrzeuge werden ebenso zuverlässig erkannt wie Baufahrzeuge, die selbsttätig vom Planum auf das Gleis wechseln (Zweiwegefahrzeuge).

Ist eine Gleisfreimeldeanlage vorhanden, müssen die Gleise nicht mehr durch Augenschein geprüft werden.

9.10.3 Grundsätze der Fahrwegsicherung in Stellwerken

Der Fahrweg für Züge wird im Rahmen der Signalabhängigkeit auf spezielle Weise gesichert und darf nicht geändert werden, während der Zug ihn befährt. Einen derart gesicherten Fahrweg – Fahrstraße genannt – einzustellen, festzulegen und zu sichern bedeutet, dass folgende grundsätzliche Forderungen erfüllt werden müssen:

Sicherung von Fahrstraßen

- Jedes Fahrstraßenelement muss in die richtige Position gebracht werden, bevor der Zug die Fahrstraße befährt.
- Die Stellung von Fahrwegelementen (z. B. Weichen) darf nicht verändert werden können, während der Zug sie befährt.
- Konflikte zwischen den Fahrstraßen mehrerer Züge müssen ausgeschlossen werden.
- Gleise und Fahrstraßen müssen frei von anderen Fahrzeugen sein, andernfalls darf ein Zug nicht einfahren können.
- Ausnahme: Rangierfahrten. Rangierfahrten müssen in besetzte Gleise einfahren können, daher werden Rangierstraßen definiert, die dieses im Gegensatz zu Zugstraßen (= Fahrstraßen für Zugfahrten) zulassen.

Alle Stellwerkstechnologien erfüllen diese Forderungen, wenn auch mit unterschiedlichen technischen Lösungen. Bei der ältesten Technologie, den mechanischen Stellwerken, ist die Abfolge der Sicherungslogik besonders gut in den Bedienungshandlungen erkennbar. Dieser Stellwerkstechnik kommt daher, obwohl technisch veraltet, immer noch eine besondere Rolle hinsichtlich des Verständnisses von Stellwerkstechnik zu. Sie wird deswegen auch in diesem Lehrbuch ausführlich – wenn auch bei weitem nicht vollständig – in Abschnitt 9.10.5 erläutert.

9.10.4 Elektronische Stellwerke

Elektronische Stellwerke sind die modernste Stellwerksbauform.

Funktionsweise und Bestandteile elektronischer Stellwerke

Bedienungsweise

Aus dem vorgesehenen Fahrweg eines Zuges ergibt sich eindeutig, welche Weichen und Signale gestellt werden müssen. Es genügt daher – sinnbildlich gesprochen - ein „Knopfdruck", um einen Fahrweg einzustellen, zu sichern und das Signal auf Fahrt zu stellen. Bei elektronischen Stellwerken werden dazu Tastatur, Maus oder ein grafisches Tableau verwendet. Zum Schutz vor Fehlbedienungen müssen jedoch mehrere Aktionen hintereinander ausgeführt werden: Auswahl des Startpunktes, Auswahl des Zielpunktes und die Bestätigung mit „O.K.". Der Bahnhof ist symbolisch am Bildschirm dargestellt.

Gleisfreimeldung

Gleisfreimeldeanlagen sind ein selbstverständlicher Bestandteil jedes elektronischen Stellwerks. Für die Prüfung des Fahrwegs auf Freisein ist dadurch keine Sicht auf das Gleis mehr erforderlich. Das Stellwerk kann ohne Sicht auf die Gleise gebaut werden.

Informationsübertragung

Die Übertragung der Stellbefehle an die Stelleinrichtungen (Weichen und Signale) erfolgt auf elektronischem Wege. Signale und Weichen werden vor Ort mit Motoren angetrieben. Damit ist die Entfernung zwischen Stellwerk und Stelleinrichtungen lediglich durch den Spannungsabfall in den Stromleitungen beschränkt. Bei großen Entfernungen werden daher abgesetzte Stellrechner gebaut, die den Auftrag haben, die Stellbefehle des Stellwerks weiterzuvermitteln. Mit dieser Technik sind der Übertragungsentfernung keine technischen Grenzen mehr gesetzt. Mehr und mehr Stellwerke werden daher in Betriebszentralen zusammengefasst.

Verschlusssicherheit

Die rapide Weiterentwicklung der Hardware mit den daraus folgenden Problemen bei der Ersatzteilbeschaffung sorgt dafür, dass für die derzeitigen elektronischen Stellwerke mit einer Lebensdauer von lediglich 20 bis 30 Jahren gerechnet wird.
Im Falle eines Fehlers kann bei Hardwarekomponenten nie mit Sicherheit vorausgesagt werden, ob das System sich auf der sicheren oder unsicheren Seite befindet. Aus diesem Grunde werden bei elektronischen Stellwerken alle Bedienungshandlungen von mindestens zwei parallel laufenden Computern überprüft. Befehle, die geeignet sind, das Gefahrenpotenzial zu erhöhen (z.B. Signal auf Fahrt stellen) werden nur ausgeführt, wenn beide Computer das gleiche Ergebnis ermitteln.
Eine weitere Gefahrenquelle ist die Software. Sie muss verhindern, dass feindliche Fahrstraßen gleichzeitig eingestellt werden können. Vor der

Inbetriebnahme eines elektronischen Stellwerks muss daher jede mögliche Kombination von Stellbefehlen geprüft werden, um Programmierfehler aufzudecken – ein Prozess, der mehrere Monate dauern kann.

9.10.5 Mechanische Stellwerke

Mechanische Stellwerke markieren historisch den Beginn der Stellwerkstechnik. Sie sind in mehreren Entwicklungsschritten im 19. bis zum Beginn des 20. Jahrhunderts entstanden. In ihrer Entstehungszeit gab es noch kein allgegenwärtiges elektrisches Netz. Die Stellbefehle sowie die Überwachung der Sicherheit werden somit mit mechanischen Mitteln durchgeführt. Gleisfreimeldeanlagen sind nicht vorhanden; die Fahrwege müssen durch das Stellwerkspersonal optisch überwacht werden.

Die meisten Bahnhöfe verfügen über mindestens zwei Stellwerke, da der Bereich der Gleisanlagen in der Regel zu groß ist, um von einem Standort aus eingesehen zu werden. Zudem müssen die Weichen und Formsignale mittels Drahtzügen mit Muskelkraft gestellt werden, was die Stellentfernung einschränkt.

In *Bild 9.30* ist die Prinzipskizze eines mechanischen Verschlussmechanismus dargestellt, mit dem die Signalabhängigkeit im mechanischen Stellwerk hergestellt wird. Die Weichen sind untereinander und mit den Signalen verbunden und blockieren sich gegenseitig, wenn andernfalls ein Konflikt zweier Fahrstraßen entstehen würde.

Signale in Bahnhöfen werden mit einer Kombination aus Großbuchstaben und Zahlen bezeichnet. Die Fahrstraße, die durch die jeweilige Signalbedienung gesichert wird, trägt die gleichlautende Bezeichnung mit kleinen Buchstaben.

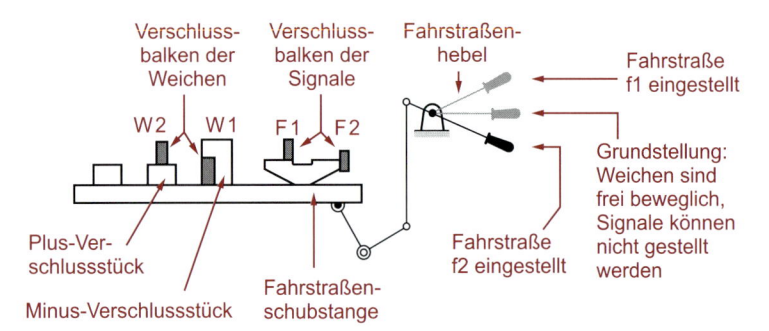

Bild 9.30 Stellstange und Verschlussstücke im mechanischen Stellwerk (Prinzipskizze)

Um Missverständnisse in der Kommunikation der beiden Stellwerke zu vermeiden, wird einem Stellwerk die Leitung des Bahnhofs übertragen. Dort befindet sich der Fahrdienstleiter des Bahnhofs. Das andere Stellwerk ist mit einem (Weichen-) Wärter besetzt. Je nach Fahrweg des Zuges arbeiten Fahrdienstleiter und Wärter auf unterschiedliche Weise zusammen. Es sind zu unterscheiden:

9.10 Stellwerkstechnik

- Ausfahrt auf der Seite des Fahrdienstleiters;
- Ausfahrt auf der Seite des Wärters;
- Einfahrt auf der Seite des Fahrdienstleiters;
- Einfahrt auf der Seite des Wärters.

Ausfahrt auf der Seite des Fahrdienstleiters

Der Fahrweg des Zuges berührt den Bahnhofsteil des Wärters nicht, daher braucht dieser nicht einzugreifen. Der Fahrdienstleiter stellt die Weichen und Signal(e), die in seinem Bahnhofsteil liegen. Nach der Ausfahrt des Zuges werden Signale und Weichen wieder in die Ausgangsstellung zurückgelegt. Durch die Bedienung des Streckenblocks wird die Strecke für andere Züge gesperrt.

Ausfahrt auf der Seite des Wärters

Der Fahrweg des Zuges berührt den Bahnhofsteil des Fahrdienstleiters nicht. Da dieser jedoch die Leitung des Bahnhofs innehat, darf der Wärter nicht eigenständig handeln, sondern benötigt den Befehl des Fahrdienstleiters. Dieser Befehl wird vom Fahrdienstleiter an den Wärter durch den Bahnhofsblock, ein dem Streckenblock ähnliches Wechselstrom-Blockfeld, übermittelt. Der Wärter stellt Weichen und Signal(e); nach der Ausfahrt des Zuges werden sie wieder in die Ausgangsstellung zurückgelegt. Der Streckenblock wird betätigt und der Befehl wird über den Bahnhofsblock an den Fahrdienstleiter zurückgegeben. Erst nach Rückgabe des Befehls kann der Fahrdienstleiter den Befehl für eine weitere Ausfahrt erteilen.

Einfahrt auf der Seite des Fahrdienstleiters

Der Zug ist vom rückwärtig liegenden Stellwerk telefonisch vorgemeldet und mittels des Streckenblocks vorgeblockt worden. Der Fahrdienstleiter überprüft den Fahrweg in seinem Bahnhofsteil auf Freisein des vorgesehenen Fahrwegs. Da er den Fahrweg im Bahnhofsteil des Wärters nicht einsehen kann, benötigt er von diesem die Zustimmung. Die Zustimmung wird vom Wärter an den Fahrdienstleiter mittels eines dem Befehlsfeld analogen Zustimmungsfeldes erteilt. Erst nach Erhalt der Zustimmung kann der Fahrdienstleiter Weichen und Einfahrsignal stellen.
Nach der Einfahrt des Zuges gibt der Fahrdienstleiter die Zustimmung über den Bahnhofsblock an den Wärter zurück und bedient den Streckenblock, der dem rückwärtig gelegenen Stellwerk das Streckengleis wieder frei meldet.

Einfahrt auf der Seite des Wärters

Der Fahrdienstleiter erhält in seinem Stellwerk die Zugmeldung und entscheidet über den Fahrweg des Zuges im Bahnhof. Er überprüft den von ihm einsehbaren Teil des Bahnhofs und erteilt dann dem Wärter den Befehl, den Zug einfahren zu lassen. Der Wärter überprüft nun seinen Bahnhofsteil auf Freisein des Fahrwegs. Danach stellt er die Weichen und das Einfahrsignal. Nach der Einfahrt des Zuges gibt der Wärter den Befehl

Zusammenarbeit zwischen Fahrdienstleiter und Wärter

über den Bahnhofsblock an den Fahrdienstleiter zurück und bedient den Streckenblock, der dem rückwärtig gelegenen Stellwerk das Streckengleis wieder frei meldet.

Weichenverschlüsse

Damit die Weichen nicht während der Überfahrt des Zuges umgestellt werden können, müssen sie verschlossen werden.

In Ländern, welche die deutsche Blocktechnik nicht eingeführt haben, werden anstelle der Blockfelder Schlüsselwerke verwendet. Wird ein Schlüssel umgelegt, so blockiert er andere Schlüssel und verhindert somit feindliche Bedienungshandlungen. In Deutschland wird diese Technik angewandt, um zum Beispiel Weichen auf der freien Strecke sicher zu verschließen.

Über diese grundsätzlichen Abläufe hinaus gibt es in allen Bahnhöfen örtliche Besonderheiten, die Ergänzungen der Bedienungshandlungen erfordern, zum Beispiel die Bedienung von Schutzsignalen für den Rangierbetrieb oder die Überwachung von Bahnübergängen.

Fahrstraßenhebel und Fahrstraßenfestlegefeld zur Sicherung von Fahrstraßen

In der deutschen Technik wird die Fahrstraße mit einem Fahrstraßenhebel mechanisch eingestellt und danach mit einem Gleichstromfeld oder Wechselstromfeld elektrisch festgelegt. Ein umgelegter Fahrstraßenhebel blockiert das Umstellen „feindlicher" Weichen durch Verschlussstangen, die die Bewegung der entsprechenden Weichenhebel blockieren. Die elektrische Festlegung wird dennoch zusätzlich benötigt, um sicherzustellen, dass der Fahrstraßenhebel erst wieder zurückgelegt werden kann, wenn der Zug tatsächlich gefahren ist und sein Ziel im Bahnhof erreicht hat. Dazu meldet entweder ein Zugschlussmeldeposten mittels Wechselstromfeld die vollendete Einfahrt des kompletten Zuges, oder der Zug selbst „entblockt" die Fahrstraße nach der Überfahrt mittels eines Kontaktes am Gleis (die „Zugschlussstelle") über das Gleichstromfeld.

9.10.6 Elektromechanische Stellwerke

Die Verbreitung der elektronischen Stellwerke begann erst in den neunziger Jahren des 20. Jahrhunderts. Zwischen der Blütezeit der mechanischen Stellwerke (bis etwa 1930) und 1990 herrschten zwei andere Technologien vor: die elektromechanischen Stellwerke und die Relaistechnik.

In elektromechanischen Stellwerken werden Weichen und Signale statt mit Muskelkraft mittels Gleichstrommotoren gestellt. Im Vergleich zu mechanischen Stellwerken war dies eine wesentliche Arbeitserleichterung.

Die Fahrstraßen- und Signalhebel sowie die Fahrstraßenfestlegung des mechanischen Stellwerks werden in einem Drehknopf vereinigt. Die Stellwerkslogik selbst arbeitet jedoch weiterhin mechanisch.

Stellwerke dieser Technik wurden hauptsächlich von ca. 1920 bis 1955 erstellt. Die Einführung der Relaistechnik (siehe Abschn. 9.10.7) führte zu einer Einstellung der Entwicklung in diese Stellwerkstechnik. Da die Technik störanfälliger als die rein mechanische Vorläufertechnologie ist, werden die elektromechanischen Stellwerke voraussichtlich von ihren unverwüstlichen mechanischen Vorgängern überlebt werden.

9.10.7 Relaisstellwerke

Die Entwicklung der Relais ermöglichte es ab etwa 1950 erstmals, auf herkömmliche mechanische Verschlüsse zu verzichten und sie durch die Verschachtelung von Relaisschaltungen zu ersetzen.

Wird ein Relais so angeordnet, dass es im stromlosen Zustand infolge seiner eigenen Schwerkraft abfällt, kann damit das Fail-Safe-Prinzip verwirklicht werden. Die Schaltungen müssen lediglich so angeordnet werden, dass bei einem Fehler immer dieser stromlose Zustand eintritt.

Die auf diesem Prinzip basierenden Stellwerke stellen aus folgenden Gründen eine erhebliche Verbesserung gegenüber der mechanischen und elektromechanischen Stellwerkstechnik dar:

- Die Entfernung zwischen Bedienungselement und Gleiseinrichtung (Weiche, Signal) ist nur durch den Spannungsverlust der elektrischen Kabelverbindungen eingeschränkt.
- Weiter entfernt gelegene Anlagen können ferngesteuert werden. Dazu können stellwerksähnliche Anlagen vor Ort aufgestellt werden, die von einem Zentralstellwerk aus bedient werden. Diese Technik findet Anwendung, wenn die unmittelbare Fernstellung aufgrund zu großen Spannungsabfalls in den Kabelverbindungen (ab ca. 5 km) nicht mehr möglich ist.
- Problemlose Integration automatischer Zugmeldeeinrichtungen. Damit entfällt das Erfordernis, das Gleisfeld optisch einsehen zu können. Wärterstellwerke werden somit entbehrlich.
- Platzaufwendige mechanische Einrichtungen werden im Stellwerksraum nicht mehr benötigt. Die Relaisschränke können in einem abgetrennten Raum aufgestellt werden und machen Platz im eigentlichen Bedienungsraum frei. Damit können bedienerfreundliche graphische Benutzeroberflächen eingerichtet werden.
- Die Bedienung von Weichen, Fahrstraßen und Signalen kann prinzipiell mittels eines einzigen Tastendrucks erfolgen, weil die komplette Fahrstraßenlogik in den Schaltungen der Relaisketten abgebildet wird. Wird per Knopfdruck eine bestimmte Fahrstraße angefordert, so werden die Weichen und die Fahrstraße automatisch gestellt, die Fahrstraße festgelegt sowie das Signal gezogen. Erreicht eine Weiche beim Stellvorgang nicht ihre vorgesehene Endlage, so wird das entsprechende Überwachungsrelais nicht angezogen, der Stromkreis bleibt offen, und das Sig-

Relais sind fernbetätigte elektromechanische Schalter mit zwei Schaltstellungen.

Aus der Bedienung durch Druckknöpfe folgt die Bezeichnung der Relaisstellwerke als „Drucktastenstellwerke" bzw. Dr-Stellwerke.

nal kann nicht auf Fahrt gestellt werden. Das Hauptproblem besteht darin, versehentliche Bedienungen zu verhindern. In Deutschland wird dafür das Zweiknopfsystem angewendet. Ein Druckknopf repräsentiert symbolisch den Startpunkt, der andere Druckknopf den Zielpunkt des Fahrwegs. Nur wenn beide Tasten gleichzeitig gedrückt werden, läuft der Fahrweg ein. In anderen Ländern werden stattdessen Drehknöpfe verwendet, denn auch hier ist eine versehentliche Bedienung weitgehend ausgeschlossen.

Gleisbildstellwerke

In der Anfangszeit dieser Technik wurden alle Fahrstraßen individuell verkabelt. Später wurden jedoch modular aufgebaute Schaltungen verwendet. Dabei repräsentiert jede Schaltgruppe einen Standardbestandteil einer Fahrstraße (z.B. eine Weiche), und durch eine Kombination weniger Standardelemente kann jede beliebige Fahrstraße zusammengesetzt werden. Störungen können somit durch Modulaustausch leichter behoben werden, und bei Änderungen der Infrastruktur kann die Bedienoberfläche leichter angepasst werden. Stellwerke dieser Bauform werden als Gleisbildstellwerke bezeichnet.

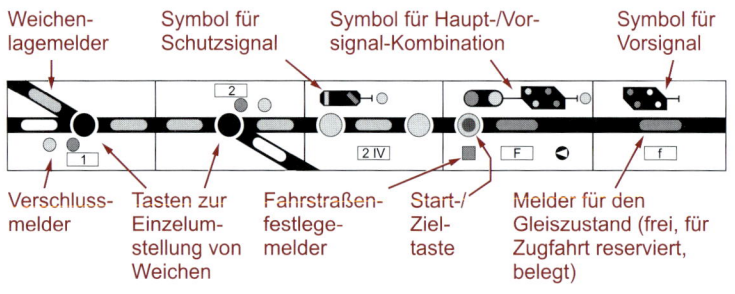

Bild 9.31 Bedienfelder beim Dr-Stellwerk

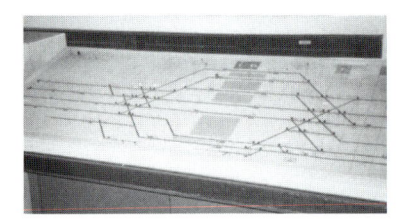

Bild 9.32 Stelltisch eines Dr-Stellwerks

Wie die Aufzählung zeigt, gibt es zwischen Relaisstellwerken und elektronischen Stellwerken viele Ähnlichkeiten. In der Anfangszeit der elektronischen Stellwerke wurde weithin bezweifelt, ob elektronische Stellwerke gegenüber Relaisstellwerken wirtschaftlich vorteilhaft sind. Dennoch wurde in den neunziger Jahren des 20. Jahrhunderts die Weiterentwicklung der Relaistechnik in Deutschland endgültig aufgegeben und alle neuen Stellwerke in elektronischer Bauform erstellt. Andere Bahnen, zum Beispiel in Frankreich, zögerten mit der Umstellung länger, sind aber letztlich dem Schritt der Deutschen Bahn gefolgt.

9.10.8 Betrieb bei Störungen

Eine Störung an Signalanlagen führt entsprechend dem Fail-Safe-Prinzip zu einem Halt der betreffenden Züge und beeinträchtigt somit den Bahnbetrieb erheblich. Diesem Problem wird auf zweierlei Weise begegnet:

- Verwendung von Anlagenkomponenten mit geringer Ausfallhäufigkeit;
- Regelungen zur Weiterführung des Betriebs bei gestörten technischen Anlagen.

Die erste Maßnahme ist in erster Linie elektrotechnischer Natur und kann in diesem Lehrbuch nicht vertieft behandelt werden. Aus wirtschaftlicher Sicht hat sie den Nachteil, dass technische Innovationen erst einer aufwendigen Erprobung unterzogen werden müssen, bevor sie in größerem Maßstab eingeführt werden können.

Die zweite Maßnahme, die Weiterführung des Betriebs bei gestörten Anlagen, erfordert einen Rückgriff auf die „Papiertechnologie": Zugmeldungen und Fahraufträge werden mündlich oder telefonisch übermittelt und in einem standardisierten Protokoll festgehalten. Diese „Papiersicherheit" ist der technischen Sicherheit deutlich unterlegen. Deswegen müssen weitere Sicherungsvorkehrungen getroffen werden, zum Beispiel die Räumungsprüfung:

Räumungsprüfung

Wenn die Gleisfreimeldung gestört ist und daher nicht sicher ist, ob ein Streckenabschnitt von Zügen frei ist, muss das Personal des voraus liegenden Stellwerks per Augenschein feststellen, ob der letzte Zug vollständig dort angekommen ist. Dieser Feststellung dient das Schlusslicht des Zuges, das den letzten Wagen markiert und ohne das ein Zug nicht verkehren darf. Nur wenn diese Feststellung eindeutig erfolgt ist, darf der folgende Zug in den Streckenabschnitt mit unverminderter Geschwindigkeit einfahren. Er bekommt dazu per Zugfunk einen Befehl diktiert, der in einem standardisierten Formular protokolliert wird. Um die Zeit zur Übermittlung dieses Befehls zu verkürzen, ist an vielen Signalen ein Ersatzsignal angebracht, dessen Anzeige den Befehl ersetzt. Die Benutzung des Ersatzsignals wird im Stellwerk automatisch protokolliert.

Ersatzsignal (Zs1):
Ein weißes Blinklicht oder drei weiße Lichter in Form eines Λ.

Vorsichtssignal (Zs7):
Drei gelbe Lichter in Form eines V.

Schlusslicht:
Bei Reisezügen in der Regel mindestens ein rotes Licht, bei Güterzügen zwei rot-weiße rückstrahlende Scheiben.

Kann die Räumungsprüfung nicht erfolgreich durchgeführt werden, so darf der Zug nur „auf Sicht" fahren, d.h. so langsam, dass er vor einem Hindernis zum Stehen kommt. Auch bei bester Sicht darf er eine Geschwindigkeit von 40 km/h dabei nicht überschreiten. Dies gilt so lange, bis er entweder im nächsten Bahnhof angekommen ist oder ein Signal erreicht, das Fahrtstellung zeigt. Das Vorsichtssignal entspricht diesem Befehl „auf Sicht". Es wird häufig an Einfahrsignalen eingesetzt, weil der kurze Weg „auf Sicht" in ein Bahnhofsgleis weniger Zeit erfordert als die Überprüfung des Fahrwegs – vor allem bei modernen Stellwerken ohne optische Sicht auf die Gleise.

Eine weitere häufige Maßnahme ist das Befahren des Gegengleises. Dies wird angewandt, wenn ein Gleis blockiert ist, aber auch häufig bei Bauarbeiten an einem Gleis. Auch hierfür gibt es einen entsprechenden Befehl. Vielbefahrene Strecken werden in der Regel vorsorglich in beide Richtungen signalisiert und mit Zugsicherung ausgerüstet, sodass bei Bedarf auf dem Gegengleis ohne Geschwindigkeitseinschränkungen gefahren werden kann (siehe *Bild 9.16*).

9.11 Sicherung von Bahnübergängen

Die Sicherung von Bahnübergängen stellt einen Sonderfall der Sicherungstechnik dar, weil Anlagen des Bahnverkehrs und des Straßenverkehrs betroffen sind. Regelwerk und Technik müssen drei grundsätzliche Aufgaben erfüllen:

- bahnseitige Sicherung,
- Sicherung des Straßenverkehrs (verkehrstechnische Sicherung),
- Überwachung des Bahnübergangs.

Grundsätzlich hat auf Bahnübergängen der Schienenverkehr Vorrang. Dies ist sinnvoll, weil Schienenfahrzeuge längere Bremswege haben als Straßenfahrzeuge. Unfälle an Bahnübergängen sind jedoch die mit Abstand häufigste Unfallquelle im Bahnverkehr. Die Vorrangregel allein reicht daher nicht aus, es müssen weitere Sicherungsmaßnahmen getroffen werden.

Nach einer Analyse des Eisenbahnbundesamtes werden 97 Prozent aller Unfälle an Bahnübergängen von den Teilnehmern des Straßenverkehrs verschuldet.

Die bahnseitige, nichttechnische Sicherung kann aus folgenden Komponenten bestehen:
- Übersicht auf das Gleis,
- akustische Signale (Pfeifen oder Läuten),
- Langsamfahrstelle (Geschwindigkeitsbeschränkung für die Züge),
- Umlaufsperre (für das Gleis querende Fußgänger).

Welche der vier Komponenten bzw. Kombination der Komponenten eingesetzt wird, hängt von der Anzahl der Gleise, der Verkehrsbelastung und den Geschwindigkeiten auf Straße und Schiene ab. Die Mehrzahl der Bahnübergänge ist nichttechnisch gesichert.

Bei größeren Verkehrsbelastungen, mehrgleisigen Bahnstrecken und/oder großen Zuggeschwindigkeiten werden anstelle der nichttechnischen Sicherung technische Sicherungsmaßnahmen eingesetzt. Die technische Sicherung steht dabei im Zusammenhang mit der verkehrstechnischen Sicherung und der Überwachung.

9.11 Sicherung von Bahnübergängen

Die verkehrstechnische Sicherung beinhaltet immer das Andreaskreuz als Zeichen dafür, dass hier der Schienenverkehr Vorrang hat. Das Andreaskreuz als alleinige Sicherungsmaßnahme genügt aber nur, wenn der Verkehr schwach ist, die Geschwindigkeiten der Züge klein sind und eine ausreichende Sichtbarkeit von der Straße auf das Gleis besteht. In den anderen Fällen sind zusätzliche Sicherungsmaßnahmen vorgeschrieben. Folgende sind möglich:

- Lichtzeichen mit Halbschranken,
- Vollschranken.

Halbschranken ermöglichen es den Verkehrsteilnehmern, den Bahnübergang zu verlassen, nachdem die Schranken schon geschlossen sind. Vollschranken würden dagegen die Verkehrsteilnehmer einschließen und dürfen daher erst geschlossen werden, wenn der Raum zwischen ihnen frei ist.
Derzeit sind auch noch Lichtzeichen (rote Blinklichter) ohne Halbschranken im Einsatz. Weil bei dieser Sicherungsart viele Unfälle aufgrund von Nichtbeachtung der Lichtzeichen verzeichnet werden mussten, dürfen diese Anlagen nicht mehr gebaut werden.

Die Überwachung eines Bahnübergangs ist erforderlich, weil zum Beispiel Vollschranken erst geschlossen werden dürfen, wenn der Raum zwischen ihnen frei ist. Die Überwachung von Vollschrankenanlagen erfolgt als Nahüberwachung

- durch Wärter vor Ort;
- durch Wärter per Kamera oder
- durch automatische Freimeldeeinrichtungen.

Automatische Freimeldeeinrichtungen registrieren mittels Radar oder mit einem Bildvergleichsystem, ob Gegenstände oder Lebewesen im Gleis sind. Der Bahnübergang wird erst geschlossen, wenn der Bereich zwischen den Schranken frei ist. Der Personalaufwand für die Überwachung sinkt durch diese noch recht junge Technik erheblich.

Anlagen mit Halbschranken müssen nicht nahüberwacht werden; bei ihnen genügt die Überwachung der Funktionsfähigkeit, die in der Regel in das nächstgelegene Stellwerk integriert ist und als Fernüberwachung bezeichnet wird.

Funktioniert eine Anlage nicht ordnungsgemäß, so muss der Zug vor dem Bahnübergang angehalten werden. Dazu gibt es zwei Möglichkeiten:

Bild 9.33 Bahnübergang mit Vollschranken

Bild 9.34 Bahnübergang mit Halbschranken

Bild 9.35 Gefahrenraum-Freimeldeanlage

Bild 9.36 Bahnübergang mit Vollschranken und Lichtzeichen, integriert in Lichtsignalanlage des Straßenverkehrs

- Überwachung durch den Triebfahrzeugführer: Ein im Bremsweg vor dem Bahnübergang stehendes Bahnübergangssignal zeigt durch ein weißes Blinklicht an, ob der Bahnübergang ordnungsgemäß funktioniert.
- Überwachung durch Hauptsignal: Befindet sich der Bahnübergang in der Nähe eines Hauptsignals, kann dieses zur Überwachung genutzt werden. Es kann nur auf Fahrt gestellt werden, wenn der Bahnübergang ordnungsgemäß funktioniert.

Trotz aller Sicherungsmaßnahmen und der dadurch erreichten Verringerung der Unfallzahlen liegt ein wesentliches Ziel zur Verbesserung der Verkehrssicherheit in der Verringerung der Zahl der Bahnübergänge. Dazu werden Bahnübergänge durch Überführungen ersetzt oder ganz aufgelassen. Neue Bahnübergänge dürfen nur noch in seltenen Ausnahmefällen gebaut werden.

10 Bahnbetrieb und Fahrpläne

10.1 Sperrzeiten als Basis für konfliktfreie Fahrpläne

Basis für einen reibungslosen Zugverkehr ist ein Fahrplan. Ohne Fahrplan wäre es nicht möglich, zeitliche Konflikte zwischen Zügen frühzeitig zu erkennen. In Zeiten hohen Verkehrsaufkommens würde dies zu beträchtlichen Stauerscheinungen führen. Außerdem müssen die Fahrgäste über Abfahrtszeiten informiert werden; auch dafür ist ein Fahrplan unerlässlich.

Ziel eines Fahrplanentwurfs ist es somit, dass die Züge ohne gegenseitige Behinderung verkehren. Dafür müssen die Fahrzeiten der Züge, Haltezeiten und Durchfahrtszeiten an Konfliktpunkten genau bekannt sein. Da die Abstände der Züge untereinander durch das Signalsystem vorgegeben sind, spielt die Anordnung der Signale eine wichtige Rolle beim Entwurf eines konfliktfreien Fahrplans.

Betrieb ist das Fahren von Zügen und dessen Organisation;
Verkehr ist das den Kunden zugängliche Angebot an Beförderungsleistungen.

10.1.1 Elemente der Sperrzeit

Bild 10.1 zeigt das Grundmodul eines konfliktfreien Fahrplans, die Sperrzeit, auch Belegungszeit genannt.

Fb   Fahrstraßenbildezeit
Sz   Sichtzeit
Af   Annäherungsfahrzeit
Fz   Fahrzeit
Rf   Räumfahrzeit
Fa   Fahrstraßenauflösezeit

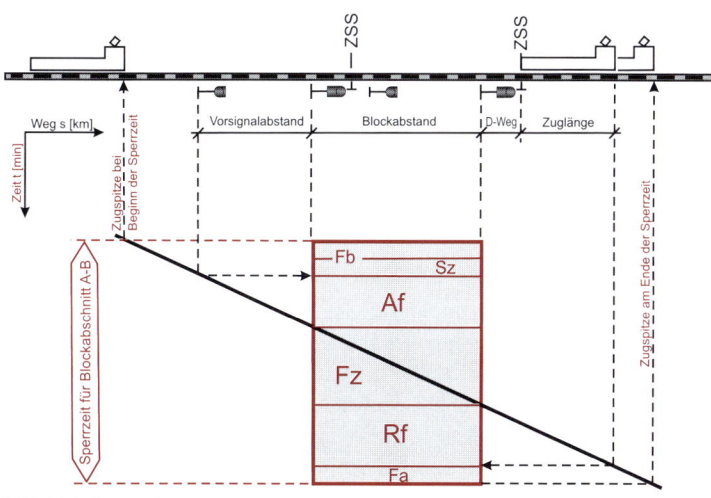

Bild 10.1 Sperrzeit

In *Bild 10.1* durchfährt ein Zug einen Abschnitt zwischen zwei Hauptsignalen mit gleichbleibender Geschwindigkeit. Die Fahrzeit (Fz) durch den

Abschnitt ist die zeitliche Differenz der Vorbeifahrten der Zugspitze an den Signalen.

Nun ist der Zug aber kein Massepunkt, sondern hat eine nicht vernachlässigbare Länge. Wenn die Zugspitze den Abschnitt verlässt, befindet sich das Zugende noch innerhalb des Abschnitts. Diese Zeit muss zur Fahrzeit addiert werden. Weiterhin befindet sich hinter dem Signal ein Sicherheitsabstand (Durchrutschweg). Der Abschnitt ist erst dann frei, wenn der Durchrutschweg ebenfalls vom Zug durchfahren worden ist. Beide Zeiten werden mit dem Begriff Räumfahrzeit (Rf) zusammengefasst.

Die Stelle am Ende des Durchrutschwegs heißt Zugschlussstelle (ZSS).

Als weiteres Zeitelement muss die Annäherungsfahrzeit (Af) hinzugefügt werden. Sie entspricht der Fahrzeit des Zuges zwischen Vorsignal und Hauptsignal. Sofern das Hauptsignal noch auf Halt steht, wenn der Zug das Vorsignal passiert, würde der Zug wegen des „Halt erwarten" zeigenden Vorsignals den Bremsvorgang einleiten. Ein konfliktfreier Fahrplan setzt daher voraus, dass das Vorsignal bereits auf „Fahrt erwarten" steht, wenn der Zug daran vorbeifährt. Während der Annäherungsfahrzeit stehen demnach das Hauptsignal auf Fahrt und das Vorsignal auf „Fahrt erwarten".

Diese Betrachtung setzt voraus, dass das Vorsignal genau im Augenblick der Vorbeifahrt auf „Fahrt erwarten" umschaltet. Der Triebfahrzeugführer muss sich jedoch, um dieses Umschalten noch wahrnehmen und darauf reagieren zu können, in ausreichendem Abstand vor dem Vorsignal befinden. Die Fahrzeit für diese Distanz, Sichtzeit genannt, muss ebenfalls berücksichtigt werden. Sie hängt genau genommen von der Geschwindigkeit des Zuges ab, wird aber zur Vereinfachung pauschal mit 0,2 Minuten (12 Sekunden) angesetzt.

Physikalisch korrekt werden die Sperrzeitelemente mit den Formelzeichen t_{Fz} usw. bezeichnet.

Bevor das Hauptsignal auf Fahrt gestellt werden kann, müssen gegebenenfalls noch Weichen in die richtige Lage gestellt werden. Auch wenn dies nicht der Fall ist, vergehen von der Fahrwegprüfung bis zur Freigabe des Signals mehrere Sekunden. Bei mechanischen Stellwerken ist diese Fahrstraßenbildezeit wegen der vielen einzelnen manuell durchgeführten Bedienungshandlungen bedeutend länger als bei modernen Stellwerken.

In der praktischen Fahrplanermittlung werden für die verschiedenen Stellwerkstypen standardisierte Zeiten angesetzt: Bei modernen Stellwerken sind dies für die Fahrstraßenbildezeit 12 Sekunden, d.h. 0,2 Minuten. Für das Umschalten des Signals auf Halt nach Vorbeifahrt des Zuges, die Fahrstraßenauflösezeit, werden bei modernen Stellwerken 0,1 Minuten, d.h. 6 Sekunden angesetzt.

Die Addition aller Zeiten ergibt die Sperrzeit (Belegungszeit) des Abschnittes für den betrachteten Zug. Während dieser Zeit ist der Abschnitt für andere Züge signaltechnisch gesperrt. Die Sperrzeiten der Züge dürfen

10.1.2 Sonderfall: anfahrender Zug

Die Sperrzeit kann für einen mit konstanter Geschwindigkeit fahrenden Zug sowohl grafisch als auch rechnerisch recht einfach ermittelt werden. Bei einem anfahrenden Zug ist jedoch die Zeit-Weg-Linie nicht linear. Eine zeichnerische Ermittlung ist daher nur möglich, wenn zuvor die Schnittpunkte der Zeit-Weg-Linie mit den Signalen und Zugschlussstellen berechnet worden sind. In der Praxis wird die zeichnerische Ermittlung allerdings ohnehin nicht mehr durchgeführt.

Güterzüge können bis zu 750 m lang sein, Reisezüge nur bis zu 420 m. Das Ausfahrsignal befindet sich daher häufig ein Stück hinter dem Bahnsteig. Da für die Reisezüge der Bahnsteig der gewöhnliche Halteplatz ist, ist die Annäherungsfahrzeit zwischen Bahnsteig und Ausfahrsignal für Reisezüge nicht vernachlässigbar.

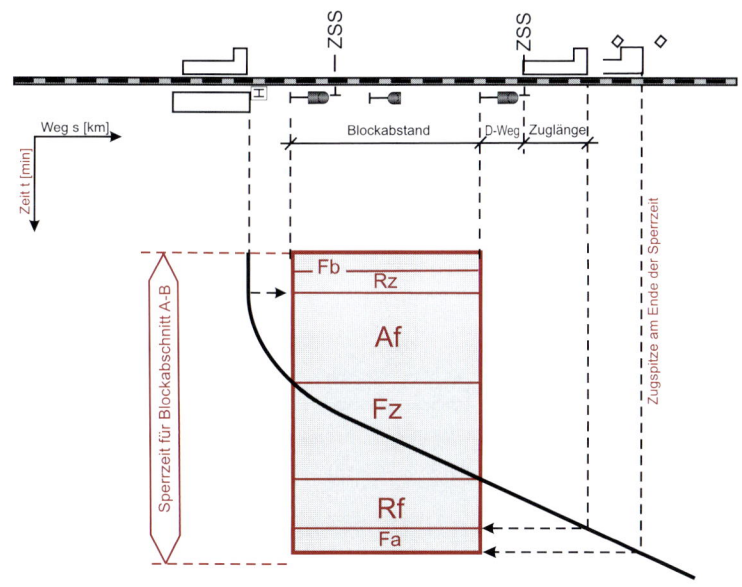

Bild 10.2 Sperrzeit beim anfahrenden Zug

Eine weitere Besonderheit beim (am Bahnsteig) anfahrenden Zug ergibt sich aus einer abweichenden Interpretation der Annäherungsfahrzeit und der Sichtzeit. Ein im Bahnhof am Bahnsteig stehender Zug hat unmittelbare Sicht auf das Ausfahrsignal. Die Annäherungsfahrzeit ergibt sich somit aus der Fahrzeit zwischen seinem Halteplatz und dem Hauptsignal, das Vorsignal spielt hierbei keine Rolle. Je nach der Anordnung der Halteplätze sind die Annäherungsfahrzeiten unterschiedlich groß. Güterzüge halten in der Regel unmittelbar vor dem Hauptsignal, während die kürzeren Reisezüge gegebenenfalls bis zu mehrere hundert Meter vor dem Hauptsignal am Bahnsteig halten.

Diese Reihenfolge ist nicht umkehrbar. Würden die Türen geschlossen, bevor das Signal auf Fahrt geht, stünde der Zug während einer unbestimmten Zeit mit geschlossenen Türen am Bahnsteig. Gefährliche Versuche verspäteter Fahrgäste, sich Zugang zu dem Zug zu verschaffen, wären die Folge.

Ein Zug, der aus einem Bahnhof ausfahren soll, wartet zunächst ab, bis das Hauptsignal auf Fahrt geht. Danach werden die Türen geschlossen. Dieser Vorgang wird vom Triebfahrzeugführer („Lokführer"), einem den Zug begleitenden Zugführer oder einer Bahnsteigaufsicht überwacht. Erst wenn die Türen geschlossen sind, kann der Zug abfahren. Die Zeit, die während dieses Vorgangs vergeht – Reaktionszeit genannt – ist ungefähr so groß wie die Sichtzeit und wird dieser gleichgesetzt.

10.1.3 Sonderfall: haltender Zug

Bei der Einfahrt in einen Bahnhof passiert der Zug zunächst das Einfahrsignal. Ist er mit Zuglänge plus Durchrutschweg daran vorbeigefahren, so wird der vor dem Bahnhof liegende Abschnitt frei. Sobald er in das für ihn vorgesehene Gleis gefahren ist, werden aber auch die anderen, parallel liegenden Gleise des Bahnhofs frei. Es ist also zu unterscheiden zwischen der Signal-Zugschlussstelle, welche den rückwärtig liegenden Block freigibt, und den Fahrstraßen-Zugschlussstellen, welche die einzelnen Weichen freigeben. Bei ausreichendem Abstand zwischen den Weichen kann hinter jeder Weiche eine Fahrstraßen-Zugschlussstelle angeordnet werden. Die Fahrstraße wird dann schrittweise aufgelöst; man spricht von Teilauflösungen. Die Leistungsfähigkeit eines Bahnhofs wird dadurch erhöht.

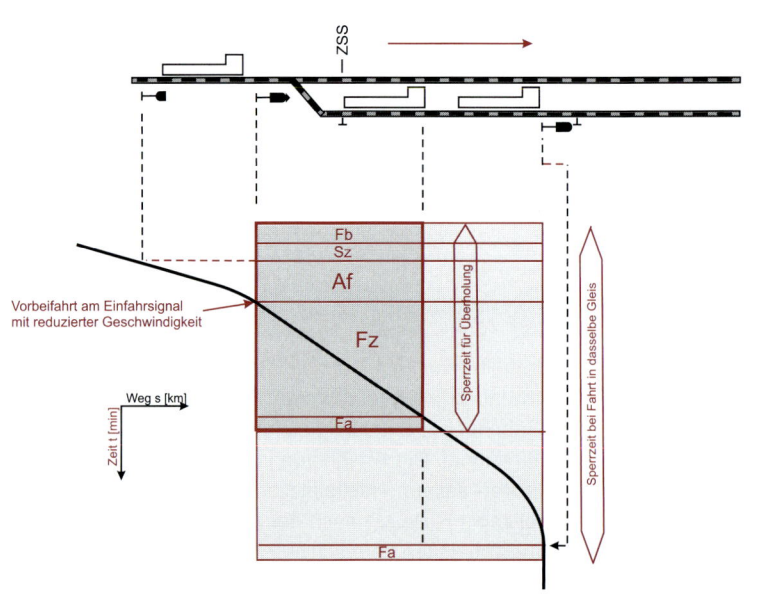

Bild 10.3 Sperrzeit beim haltenden Zug

In *Bild 10.3* ist ein einfaches Beispiel mit nur einer Fahrstraße dargestellt. Es ist zu erkennen, dass die Freigabe des rückwärtig liegenden Blocks, aber auch die Auflösung der Fahrstraße bereits erfolgt ist, bevor der Zug angehalten hat. Aus der Skizze ist ebenfalls der häufige Fall zu erkennen, dass bei der Einfahrt die Geschwindigkeit reduziert werden muss, zum Beispiel bei der Einfahrt in ein Überholungsgleis.

10.2 Mindestzugfolgezeiten

Mit Hilfe der Sperrzeiten kann mit großer Genauigkeit ermittelt werden, welche zeitlichen Abstände einander folgende Züge haben müssen, damit sie sich nicht gegenseitig behindern. Die Bemessung dieser zeitlichen Abstände ist das zentrale Element bei der Erstellung eines behinderungsfreien Fahrplans.

Die Erstellung eines behinderungsfreien Fahrplans wird auch als Fahrplankonstruktion bezeichnet.

Bild 10.4 veranschaulicht die Sperrzeiten mehrerer Blockabschnitte und Züge in einem Überholungsabschnitt. In der Zeit-Weg-Darstellung ergeben sich treppenähnliche Gebilde. Die Treppen verlaufen nicht parallel, wenn die Züge unterschiedliche Geschwindigkeiten besitzen. Daraus ergeben sich Abstände zwischen den Treppen, die nicht für den Zugverkehr genutzt werden können: nicht nutzbare Zeitlücken.

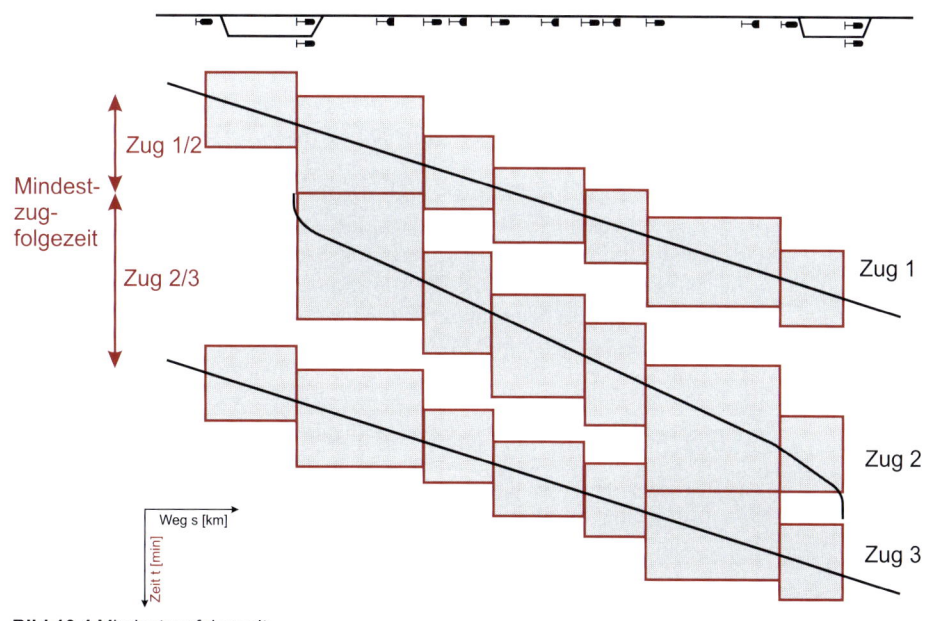

Bild 10.4 Mindestzugfolgezeit

Der kürzeste zeitliche Abstand zwischen zwei Zügen, die Mindestzugfolgezeit, wird gefunden, indem die Treppen so angeordnet werden, dass sich die Stufen an einer Stelle berühren. Ein kürzerer Abstand ist behinderungsfrei nicht möglich. Innerhalb eines Überholungsabschnitts kann dieser maßgebende Abschnitt an verschiedenen Stellen liegen:

Faustregeln zur Bestimmung des maßgebenden Abschnitts für die Mindestzugfolgezeit

- bei gleich schnellen Zügen: im längsten Block;
- wenn der erste Zug schneller ist als der zweite: im ersten, zweiten oder längsten Block.

Als Eingangsgrößen für die Fahrplankonstruktion werden für jeden Zug benötigt:

- Zugkraft-Geschwindigkeits-Diagramme und Masse: zur Berechnung der Fahrplanlinie, insbesondere bei Beschleunigungen;
- Länge des Zuges, für die Räumfahrzeit;
- Längsneigungen und zulässige Geschwindigkeiten der Infrastruktur, zur Berechnung der Geschwindigkeiten der Züge;
- Signalstandorte und Durchrutschwege, zur Berechnung der Annäherungsfahrzeiten und Räumfahrzeiten;
- wenn der erste Zug langsamer ist als der zweite: im letzten Block vor dem nächsten Bahnhof oder im längsten Block.

Im Fahrplan werden die Abfahrtszeiten an den Bahnhöfen angegeben. Deshalb ist es sinnvoll, diesen Ort als die maßgebende Stelle für die Festlegung der zeitlichen Abstände der Züge zu verwenden. Es wird jedoch nicht die Abfahrtszeit, sondern der Beginn der Sperrzeiten verwendet, weil sich dies für die Berechnung der Betriebsqualität (siehe Kap. 10.5) anbietet. Die Mindestzugfolgezeit ist die maßgebende Eingangsgröße für die Konstruktion eines behinderungsfreien Fahrplans.

Sowohl die zugspezifischen als auch die streckenseitigen Daten erfordern eine umfangreiche Datenverwaltung und ständige Aktualisierungen. Bei der deutschen Bahn gibt es zu diesem Zweck geeignete Software (RUT). Bei kleineren Eisenbahnen, deren Strecken keiner hohen Belastung unterliegen, werden die Mindestzugfolgezeiten aus Erfahrung geschätzt, und der Fahrplan wird als reiner Bildfahrplan ohne Sperrzeiten hergestellt.

10.3 Pufferzeiten und Fahrzeitzuschläge

Die in Abschnitt 10.2 erläuterte Fahrplankonstruktion mittels Sperrzeiten beruht auf der Ermittlung des maßgebenden Abschnitts für die Mindestzugfolgezeit. Der maßgebende Abschnitt ist dort, wo die Sperrzeiten einander folgender Züge einander berühren.

Ist nun der vorausfahrende Zug geringfügig verspätet, so muss der nachfolgende Zug aus seiner Lage verschoben werden und erleidet ebenfalls eine Verspätung. Die Verspätung wird somit vom ersten an den zweiten Zug weitergegeben. Würden alle Züge einander im Abstand der Mindestzugfolgezeiten folgen, so gäbe es keine Möglichkeit, die Verspätung wieder zu tilgen. Wenn weitere Verspätungen hinzukommen, wächst die Ge-

10.3 Pufferzeiten und Fahrzeitzuschläge

samtverspätung von Zug zu Zug so lange immer weiter an, bis eine Phase geringer Zugzahlen folgt.

Für den praktischen Betrieb ist ein Fahrplan, der auf den rechnerischen Mindestzugfolgezeiten basiert, daher nicht geeignet, weil er nicht verhindert, dass jede noch so kleine Verspätung an den folgenden Zug weitergegeben wird. Aus diesem Grund wird die Sperrzeitentreppe des zweiten Zuges nach „unten" geschoben, sodass im maßgebenden Block eine zeitliche Lücke entsteht. Diese zeitliche Lücke wird Pufferzeit genannt und „dämpft" die Verspätungsübertragung zwischen den Zügen. In der Praxis wird die Pufferzeit anhand von Erfahrungswerten angesetzt und liegt zwischen 2 und 5 Minuten.

Die Verspätung, die ein Zug erleidet, weil er von einem anderen, verspäteten Zug behindert wird, bezeichnet man als Folgeverspätung.

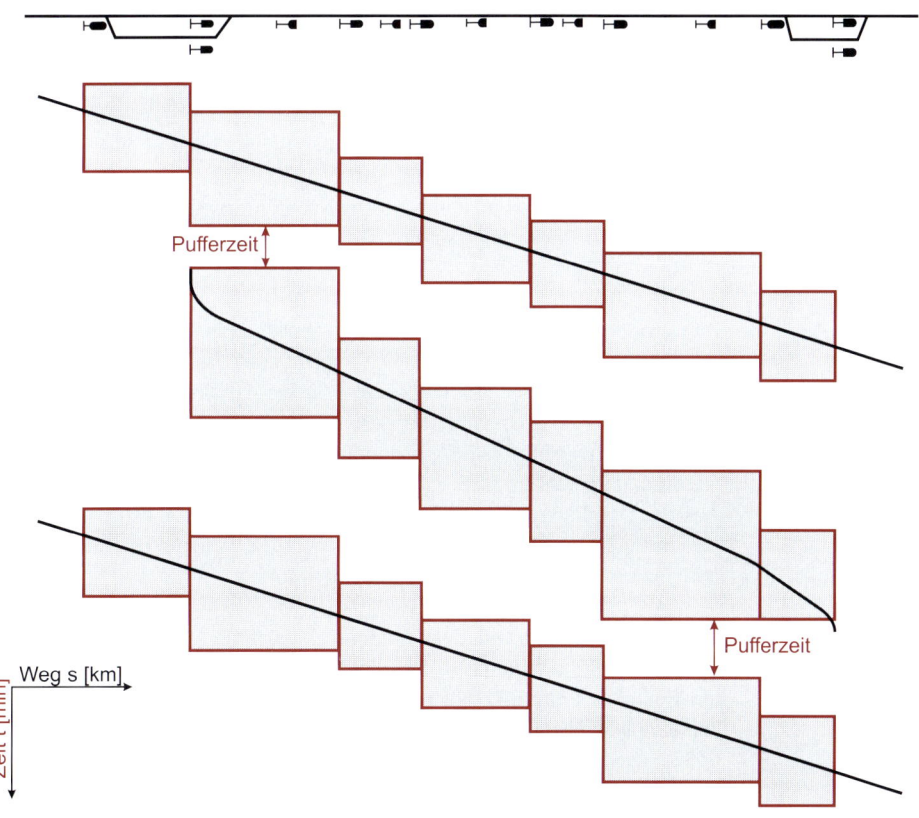

Bild 10.5 Pufferzeit

Eine andere Möglichkeit zur Verringerung von Verspätungen sind Fahrzeitzuschläge. Mit diesen wird die rechnerische Fahrzeit künstlich verlängert, damit kleine Störungen während der Fahrt eines Zuges wieder ausgeglichen werden können. Fahrzeitzuschläge werden in Abhängigkeit von der Zuggattung bemessen und zwischen 2 % und 6 % der technischen

Fahrzeit angesetzt. Eine besondere Form der Fahrzeitzuschläge sind Bauzuschläge. Sie werden auf den Verkehrskorridoren (d.h. einer Abfolge von Streckenabschnitten) zu Beginn des Fahrplanjahres als „Platzhalter" eingesetzt und dann nach Bedarf zum Beispiel für Langsamfahrstellen an Baustellen „verbraucht". Ziel ist, die Verspätungen infolge von Bauarbeiten möglichst gering zu halten. Es gilt:

Summe der Fahrzeiten der Züge
+ Fahrzeitzuschläge
+ Bauzuschläge
+ Pufferzeiten
= Betrachtungszeitraum

Die gelegentlich erhobene populäre Forderung nach zusätzlichen Fahrzeitzuschlägen zur Verringerung der Verspätungen führt, sofern Zahl der Züge und Zugmischung unverändert bleiben, zu einer Verringerung der Pufferzeiten und somit zu größeren Folgeverspätungen.

10.4 Fahrpläne

Um die Bedürfnisse der Reisenden im Fernverkehr und Nahverkehr sowie im Übergang zwischen beiden zu berücksichtigen, wurde bei den meisten Bahnen ein System verschiedener Zuggattungen entwickelt. Fernverkehrszüge halten selten, um eine hohe Beförderungsgeschwindigkeit zu erreichen; die Bedienung der kleineren Haltepunkte bleibt den Zügen des Nahverkehrs überlassen.

Bei Straßenbahnen und anderen Stadtschnellbahnen (S-Bahnen) werden Taktfahrpläne schon seit langer Zeit angewendet. Da sie häufiger verkehren als Fernzüge, in der Regel alle 10 bis 20 Minuten, wird auf die Planung von Anschlussverbindungen meist verzichtet. Ausnahmen gibt es während Schwachlastzeiten, in denen die Bahnen in größeren zeitlichen Abständen verkehren.
Aus der Überlagerung verschiedener Zugsysteme ergibt sich die Notwendigkeit umzusteigen. Auf dieses verkehrliche Bedürfnis muss bei der Planung eines Bahnhofs besonders geachtet werden.

Seit der Einführung von Taktfahrplänen bestimmen im Personenverkehr Linienverkehre und damit ein regelmäßiges Verkehrsangebot auf bestimmten Relationen das Bild. Nachteilig ist, dass bei einem starren Liniennetz keine individuellen Zugläufe möglich sind und die Fahrgäste daher häufig umsteigen müssen, um ein bestimmtes Ziel zu erreichen. Um die Attraktivität von Umsteigeverbindungen zu gewährleisten, müssen planmäßige Umsteigeverbindungen im Fahrplan enthalten sein.

Bei planmäßigen Anschlussverbindungen werden jedoch auch Verspätungen von einem Zug auf einen anderen übertragen, wenn dieser wartet. Um die Auswirkungen von Anschlussverspätungen zu begrenzen, werden zwei Maßnahmen ergriffen:

- **Begrenzung der Wartezeiten:** Überschreiten die Verspätungen eine festgelegte Größenordnung, so fährt der Anschlusszug ab.
- Es werden Rangordnungen eingeführt: Züge mit weitem Laufweg, die viele Anschlüsse bedienen, bekommen bei Verspätungen im Betriebsablauf Vorrang vor solchen Zügen, die nur im Nahbereich verkehren oder über größere zeitliche Reserven verfügen.

Die Bevorzugung der Fernzüge gegenüber dem Nahverkehr gerät zunehmend in die Kritik, weil sie augenscheinlich den Nahverkehr benachteiligt. Sie ist aber dennoch im Grundsatz sinnvoll, weil verspätete Fernzüge den Bahnverkehr besonders stark stören.

Möglichst müheloses Umsteigen soll durch folgende Randbedingungen erreicht werden:

- Umsteigen am gleichen Bahnsteig (Vorteil des Richtungsbetriebs, siehe Abschn. 8.2.3);
- gleiche Wagenklassen stehen einander gegenüber;
- optische und akustische Information über den Umsteigevorgang (Faltblätter und Ansagen im Zug, Abfahrtstafeln auf Papier oder elektronisch, Zielanzeiger und Ansagen auf dem Bahnsteig);
- sinnvoll bemessene Übergangszeit: (zu kurz bedeutet Gefahr der Verspätungsübertragung, wenn Anschlüsse abgewartet werden; zu lang bedeutet unnötige Reisezeitverlängerung).

10.5 Betriebsqualität

Bei der Infrastrukturplanung für Strecken und Bahnhöfe soll der Umfang der Infrastruktur so bemessen werden, dass einerseits keine überflüssige Infrastruktur gebaut und unterhalten wird, andererseits aber auch die Infrastruktur nicht überlastet ist. Wie die Betrachtungen in Abschnitt 10.2 zur Mindestzugfolgezeit gezeigt haben, hängt die Belastung von den Gegebenheiten der Infrastruktur und der Züge ab. Zum Beispiel beeinflusst die Zugmischung zwischen langsamen und schnellen Zügen die Mindestzugfolgezeiten und ist daher ein wichtiger Parameter, der über die Zahl der Züge, die im Netz behinderungsfrei verkehren können, bestimmt.

Ein weiterer wichtiger Faktor sind die Pufferzeiten. Mathematisch gilt folgender Zusammenhang:

Ein großer Teil der Verspätungen, insbesondere der Folgeverspätungen, beruht auf Überlastung der Infrastruktur. Auch punktuelle Überlastungen an kurzen Gleisabschnitten, bei Einfädelungen oder Kreuzungen können erhebliche Auswirkungen auf die Qualität des Betriebes haben.

$$\text{Zahl der Züge} = \frac{\text{Bezugszeitraum}}{\text{mittl. Pufferzeit} + \text{mittl. Mindestzugfolgezeit}}$$

Je größer die Pufferzeiten gewählt werden, desto besser wird zwar die Pünktlichkeit, desto weniger Züge jedoch können den Streckenabschnitt fahrplanmäßig befahren. Auf der anderen Seite kann die Zahl der Züge nicht beliebig gesteigert werden, weil dann die Pufferzeiten zunehmend aufgezehrt werden.

Um für einen Streckenabschnitt oder auch einen Knoten (Bahnhof) das richtige Maß von Pufferzeiten und maximal zulässiger Zugzahl zu bestimmen, bedarf es entweder Simulationen oder analytischer Rechnungen.

Die Eisenbahnbetriebswissenschaft befasst sich im Detail mit den Methoden zur Ermittlung der Betriebsqualität. Die Grundüberlegungen werden hier extrem verkürzt dargestellt.

Bei der Simulation wird das Geschehen des Bahnbetriebs mittels einer speziellen Software möglichst realitätsnah nachgebildet. Bei der einstufigen Simulation wird ein Fahrplan vorgegeben und der praktische Ablauf des Fahrplans getestet. Dabei werden Verspätungen zufällig eingespielt. Die zweistufige Simulation bildet auch den Prozess der Fahrplanerstellung nach, wodurch auch die im Fahrplan nicht mehr sichtbaren Verschiebungen der Züge aus ihrer zeitlichen Wunschlage erfasst werden können.

Ergebnis einer Simulationsrechnung sind Wartezeiten bei der Fahrplanerstellung sowie im Betrieb (Verspätungen). Der Ort, an dem die Wartezeiten auftreten, wird im Detail ausgewiesen.

Auswahlmöglichkeiten für eine einbahnbetriebswissenschaftliche Untersuchungsmethode:
- fahrplanabhängig oder fahrplanunabhängig
- Simulation oder analytische Rechnung

Im Gegensatz dazu liefert die analytische Rechnung Angaben über den Zusammenhang zwischen Pufferzeiten, Zugzahlen und Wartezeiten. Für die Berechnung wird die oben angegebene Formel benutzt sowie die Tatsache, dass sich die Mindestzugfolgezeiten errechnen lassen, wenn der maßgebende Block für die Mindestzugfolgezeit bekannt ist. Verspätungen werden in Form ihrer stochastischen Verteilung berücksichtigt. Der mathematische Zusammenhang ist auch anwendbar, wenn die Abfahrtszeiten des Fahrplans noch nicht bekannt sind. So lassen sich auch fahrplanunabhängige Untersuchungen von Strecken und Bahnhöfen durchführen. Die Ergebnisse sind weniger detailliert als bei der Simulation.

11 Organisation und Richtlinien

11.1 Organisation der Bahnen in Deutschland

11.1.1 Eisenbahnbundesamt

Das Eisenbahnbundesamt (EBA) nimmt seit 1994 die hoheitlichen Aufgaben des Eisenbahnwesens wahr. Dazu gehören

- technische Genehmigungen von Fahrzeugen und Infrastruktur;
- Durchführung von Verfahren der Planfeststellung;
- Genehmigung von sicherheitsrelevanten Richtlinien;
- finanzielle Abwicklung von Maßnahmen, die mit Mitteln des Bundes gefördert werden.

11.1.2 Infrastruktur und Verkehr

Das Eisenbahnwesen wird seit 1994 in die Bereiche Infrastruktur und Verkehr getrennt. Der größte Teil der Infrastruktur befindet sich im Besitz des Bundes, doch es gibt auch nichtbundeseigene Eisenbahnen (NE-Bahnen). Die Eisenbahn-Infrastrukturunternehmen (EIU) sind verpflichtet, allen Eisenbahn-Verkehrsunternehmen (EVU) diskriminierungsfreien Zugang zum Netz zu gewähren. Ausnahmen gibt es für nicht-öffentliche Infrastruktur (z.B. einige Werksbahnen und Hafenbahnen). Die grundsätzliche Struktur wird in *Bild 11.1* dargestellt.

Diskriminierungsfreiheit bedeutet, dass unter gleichen Voraussetzungen auch die Bedingungen der Benutzung für alle gleich sein müssen.

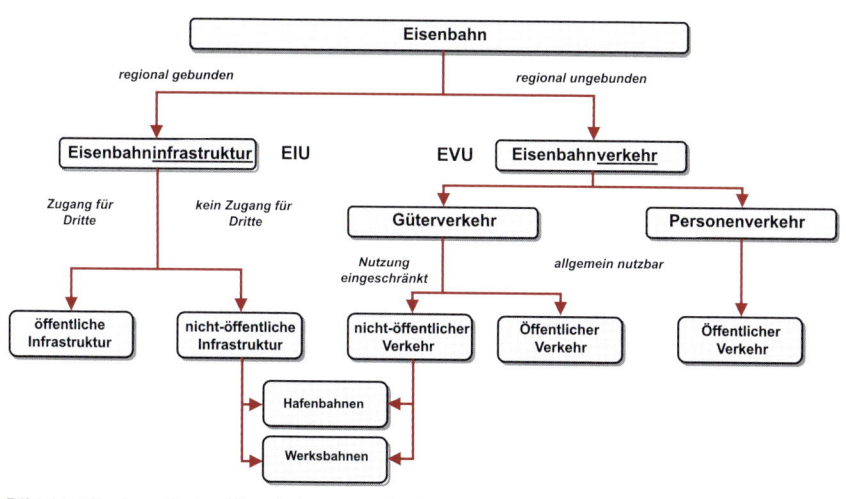

Bild 11.1 Systematik des Eisenbahnwesens in Deutschland

In Deutschland sind neben der Deutschen Bahn ca. 300 weitere Eisenbahngesellschaften tätig. Die nicht dem Bund gehörenden Eisenbahnen werden unter der Bezeichnung NE-Bahnen zusammengefasst. Dazu gehören

- Hafenbahnen (in der Regel im Besitz der Kommunen oder kommunaler Nahverkehrsunternehmen)
- Werksbahnen (i. d. R. in Privatbesitz)
- kommunale Eisenbahngesellschaften, tätig im Güter- und Nahverkehr
- Anschlussbahnen im Güterverkehr
- Touristische Bahnen (i. d. R. im Besitz von Vereinen oder kommunaler Unternehmen)

EIU = Eisenbahn-Infrastrukturunternehmen
EVU = Eisenbahn-Verkehrsunternehmen

Einige dieser Unternehmen verfügen über eigene Infrastruktur (EIU) und unterliegen somit grundsätzlich den Regelungen der Europäischen Union zur Diskriminierungsfreiheit. Andere sind reine Transportunternehmen (EVU), die im Wettbewerb auf fremder Infrastruktur tätig sind. Zunehmend beteiligen sich auch ausländische Eisenbahnunternehmen an existierenden Unternehmen oder gründen eigene Tochtergesellschaften für den deutschen Markt.

Der Blick ins Ausland zeigt eine Vielzahl unterschiedlicher Lösungen für die Struktur des Eisenbahnwesens. Welche Modelle langfristig den besten Erfolg versprechen, ist bisher nicht absehbar. Einige Beispiele aus Europa:

Der Versuch der Privatisierung der Infrastruktur in Großbritannien scheiterte nach wenigen Jahren aufgrund der Insolvenz der Gesellschaft. Die Infrastruktur wurde daraufhin zunächst vorübergehend, dann auf Dauer wieder dem Staat übertragen.

- Beibehaltung der nationalen Bahn als integriertes Unternehmen mit Fahrweg, Betrieb und Verkehr (Schweiz);
- formale, aber praktisch kaum praktizierte Trennung von Fahrweg und Betrieb/Verkehr (Frankreich, Belgien);
- selbständige (staatseigene) Gesellschaften für den Eisenbahnverkehr und die Instandhaltung der Infrastruktur; langfristige Planung der Infrastruktur durch staatliche Behörde (Niederlande);
- selbständige (staatseigene) Gesellschaft für den Eisenbahnverkehr, staatliche Behörde für Verwaltung und Weiterentwicklung des Fahrwegs (Schweden);
- eine Vielzahl selbständiger privater Gesellschaften für den Eisenbahnverkehr, Fahrweg staatlich (Großbritannien).

Außerhalb Europas wird die Trennung von Fahrweg und Betrieb weitgehend abgelehnt. Das Eisenbahnnetz der USA ist auf einige wenige große private Unternehmen aufgeteilt, die Infrastruktur und Betrieb aus einer Hand organisieren. Ähnlich ist die Situation in Kanada, Australien und Japan. Weniger entwickelte Länder wie Russland, Indien oder China halten derzeit noch an ihren Staatseisenbahnen fest.

11.1.3 Deutsche Bahn

Die Deutsche Bahn ist die einzige Bahn im Bundesbesitz, verfügt über einen großen Teil der deutschen Eisenbahn-Infrastruktur und ist Marktführer im Eisenbahnverkehr. Sie spielt daher im Eisenbahnwesen in Deutschland eine gewisse Sonderrolle und wird deshalb in diesem Abschnitt gesondert betrachtet.

Die Deutsche Bahn ist als Aktiengesellschaft privatrechtlich organisiert, der Bund hält jedoch die Anteile und kann als Eigentümer Einfluss auf die Geschäftspolitik ausüben.

Das 1994 gegründete neue Unternehmen Deutsche Bahn, eine privat organisierte Gesellschaft im Bundesbesitz als Rechtsnachfolger von Deutscher Bundesbahn und Deutscher Reichsbahn, hatte zunächst die Aufgabe, die in beiden Teilen Deutschlands in unterschiedlichem Maße veraltete Infrastruktur auf einen zeitgemäßen Stand zu bringen. Mit Hilfe erheblicher Mittel aus dem Haushalt des Bundesverkehrsministers gelang dies auf den bedeutenden Strecken der ehemaligen Deutschen Reichsbahn schnell. Im Streckennetz der ehemaligen Deutschen Bundesbahn sowie bei den Gleisanlagen der Bahnhöfe beider Deutschen Bahnen ging es langsamer voran. Insbesondere die Modernisierung von Gleisanlagen in Bahnhöfen bleibt in absehbarer Zeit eine dringliche Aufgabe.

Bis 1994 operierte die Deutsche Bundesbahn im Westteil Deutschlands, die Deutsche Reichsbahn auf dem Gebiet der DDR. Die Deutsche Bundesbahn war als staatliche Behörde Monopolist mit eigenem Schienennetz, d.h. Eisenbahn-Infrastrukturunternehmen, Eisenbahn-Verkehrsunternehmen und Genehmigungsbehörde unter einem Dach. Sie hatte die Aufgabe, wie ein Wirtschaftsunternehmen zu agieren, aber zugleich nicht kostendeckende gemeinwirtschaftliche Aufgaben zu übernehmen. Dieser Spagat, verbunden mit der stets wachsenden Konkurrenz durch Straßen- und Luftverkehr, führte zu stagnierenden Verkehrsleistungen, beständigem Mangel an Investitionskapital und einer allmählichen Überalterung der Anlagen. Der noch stärker von ministeriellen Weisungen abhängigen Deutschen Reichsbahn der DDR wurden besonders im Güterverkehr Verkehrsleistungen staatlich zugeteilt, die sie nur mit Mühe bewältigen konnte. Zum Zeitpunkt der Auflösung der DDR 1990 war die Infrastruktur der Deutschen Reichsbahn zu großen Teilen desolat.

Situation vor 1994

Gleichzeitig mit der Umwandlung in eine private Rechtsform wurde die Deutsche Bahn in mehrere Untergesellschaften aufgeteilt. Ziel war es, die Trennung in ein Eisenbahn-Infrastrukturunternehmen (EIU) und mehrere Eisenbahn-Verkehrsunternehmen (EVU) vorzunehmen. Das EIU verfügt weiterhin über das Schienennetz, ist aber verpflichtet, auch anderen Eisenbahnunternehmen gegen Entgelt die Benutzung diskriminierungsfrei zu erlauben. Seit der Öffnung des Schienennetzes für andere Eisenbahnunternehmen haben sich konkurrierende Gesellschaften im Nahverkehr und Güterverkehr einen kleinen, aber signifikanten Marktanteil erkämpft.

Die Aufteilung von Infrastruktur und Verkehr wurde auch unter dem Stichwort Trennung von Netz und Betrieb bekannt.

Argumente zur Neustrukturierung der Deutschen Bahn

Um die Diskriminierungsfreiheit weiter zu verbessern, wird von vielen Seiten gefordert, die institutionelle Verbindung zwischen Fahrweg und Eisenbahnverkehrsunternehmen gänzlich aufzuheben. Die Eisenbahnverkehrsunternehmen der Deutschen Bahn AG könnten dann vollständig privatisiert werden, während der Fahrweg in Bundesbesitz verbliebe. Demgegenüber stehen technologische Argumente, die angesichts der engen technischen Verzahnung von Fahrweg, Fahrplan, Fahrzeugen und Betrieb vor dem Verlust von Synergieeffekten bei einer Trennung warnen. Zudem besteht vielfach die Auffassung, dass die staatliche Verwaltung der Infrastruktur einer effizienten Verwendung von Finanzmitteln nicht förderlich ist.

Nach einem im Jahr 2008 vereinbarten Kompromiss soll der integrierte Bahnkonzern erhalten bleiben, die Transportbereiche als „DB Mobility Logistics" zu 24,9 % privatisiert werden und die Infrastruktur in der Hand des staatseigenen Bahn-Konzerns verbleiben (siehe *Bild 11.2*).

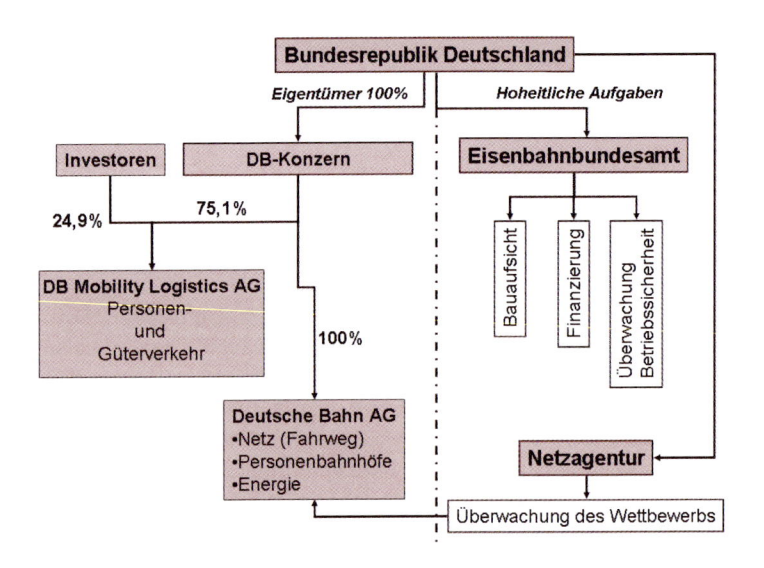

Bild 11.2 Mögliche Struktur Bundeseisenbahn 2010

11.2 Finanzierungsfragen

Der Fahrweg von Bahnen ist technisch deutlich aufwendiger als der Fahrweg des Straßenverkehrs. Dadurch sind die Investitionskosten im Vergleich zu Anlagen des Straßenverkehrs signifikant höher. Demgegenüber steht eine höhere Effizienz der Verkehrsabwicklung – die aber nur zum Tragen kommt, wenn die Auslastung ausreichend hoch ist. Auch Schienenstrecken geringer Auslastung erfüllen jedoch eine wichtige Funktion für die Funktionsfähigkeit eines Bahnnetzes. Da die Existenz eines Bahnnetzes als volkswirtschaftlich sinnvoll erachtet wird, werden Infrastrukturmaßnahmen im Bahnnetz mit staatlichen Mitteln gefördert. Zu diesem Zweck sind in den vergangenen Jahrzehnten zahlreiche Gesetze geschaffen und Vereinbarungen getroffen worden. Die wichtigsten Gesetze sind

- Eisenbahnkreuzungsgesetz (EkrG)
- Gemeindeverkehrsfinanzierungsgesetz (GVFG) und Entflechtungsgesetz;
- Bundesschienenwegeausbaugesetz (BSchWAG);
- Regionalisierungsgesetz (RegG).

Ingenieure, die sich mit der Planung von Bahnanlagen beschäftigen, neigen dazu, die Bedeutung dieser Gesetze für ihre Arbeit zu unterschätzen. Die Kenntnis über die wichtigsten Grundsätze hilft jedoch, Planungsansätze zu vermeiden, die sich später als nicht finanzierbar und dadurch undurchführbar herausstellen.

11.2.1 Eisenbahnkreuzungsgesetz

Ausgehend von dem Willen, zur Erhöhung der Verkehrssicherheit die Zahl der Bahnübergänge zu senken, wird im Eisenbahnkreuzungsgesetz (EkrG) festgelegt, welche finanziellen Beiträge die einzelnen Beteiligten dafür zu leisten haben. Bahnübergänge können ersatzlos aufgehoben, zusammengefasst oder durch Überführungen (Brücken) ersetzt werden. Bei „Straßenüberführungen" liegt die Straße oben, bei „Bahnüberführungen" die Bahn. Die Kosten für Überführungen werden gedrittelt: Jeweils ein Drittel der Kosten tragen

- die Bahn,
- der Baulastträger der Straße,
- der Bund.

Mit der finanziellen Beteiligung eines Drittels der Investitionskosten dokumentiert der Bund sein Interesse an einer Verringerung der Zahl der Bahnübergänge. Die Bahn wiederum kann unter Umständen zur Finanzierung ihres Anteils auf Förderungsmöglichkeiten durch Bund oder Land zurückgreifen, sodass in den allermeisten Fällen ein Ersatz eines Bahnübergangs durch eine Überführung für die Bahn wirtschaftlich interessant ist. Der Anteil des Straßenbaulastträgers ist schwieriger aufzubringen, wenn es sich um Straßen unter der Trägerschaft von kleinen Gemeinden handelt, deren Haushalte Vorhaben dieser Größenordnung oftmals nur unter Schwierigkeiten zulassen. Es kommt hinzu, dass Überführungen auch hinsichtlich des Stadtbildes oftmals nicht gerade vorteilhaft sind. Planungszeiträume von mehreren Jahrzehnten sind in diesen Fällen keine Seltenheit.

Das EKrG legt zudem fest, dass keine neuen Bahnübergänge zwischen Schiene und Straßen mit motorisiertem Verkehr mehr angelegt werden dürfen. Seit wieder verstärkt Eisenbahnstrecken im Nahverkehr neu gebaut werden, erweist sich diese Festlegung immer häufiger als Hindernis für kostengünstige Trassierungslösungen.

Das Eisenbahnkreuzungsgesetz trifft auch Regelungen für Änderungen an vorhandenen Eisenbahnkreuzungen, seien es Überführungen oder Bahnübergänge, sowie für den Neubau von Überführungen. Die wichtigsten Grundsätze lauten wie folgt:

Grundsätze des Eisenbahnkreuzungsgesetzes

- Eine Eisenbahnüberführung gehört der Eisenbahn, eine Straßenüberführung dem Straßenbaulastträger (Verkehrsicherungspflicht und Unterhaltungspflicht).
- Die schienenseitigen Sicherungsanlagen (Überwachungssignale, Lichtsignale, Schranken, Andreaskreuz) gehören der Bahn, die Sicherungsanlagen der Straße (Baken, Beschilderung an der Straße) dem Straßenbaulastträger (jeweils einschließlich Unterhaltspflicht).
- Wer eine Änderung fordert, muss diese bezahlen.
- Wenn Straße und Bahn gleichzeitig neu gebaut werden, werden die Kosten einer Überführung im Verhältnis 1:1 geteilt.
- Wenn eine vorhandene Kreuzung verändert wird, weil beide („Straße" und „Schiene") Änderungen an den Verkehrsanlagen vornehmen, werden die Kosten im Verhältnis der Kosten der jeweils einzeln durchgeführten Maßnahmen geteilt.

Der letztgenannte Punkt bewirkt regelmäßig Fiktivplanungen: Die Maßnahme der Bahn wird ohne die Maßnahme der Straße geplant, die Maßnahme der Straße ohne die Maßnahme der Bahn. Für beide fiktiven Baumaßnahmen werden die Kosten ermittelt und zueinander ins Verhältnis gesetzt. Schließlich wird die gesamte Maßnahme geplant. Ihre Kosten werden nach dem zuvor ermittelten Schlüssel zwischen Straße und Bahn aufgeteilt.

11.2.2 Gemeindeverkehrsfinanzierungsgesetz

Das Gemeindeverkehrsfinanzierungsgesetz (GVFG) entstand in den 1960er Jahren als Reaktion auf die zunehmende Überlastung der Verkehrsinfrastruktur in Städten und Gemeinden. Da die Kommunen nicht über ausreichende Finanzmittel zum Ausbau der Infrastruktur verfügten, wurden mit diesem Gesetz die finanzielle Unterstützung durch Bund und Länder festgeschrieben.

Im Jahre 2007 wurde durch das Entflechtungsgesetz festgelegt, dass die Bundesländer zukünftig in eigener Regie über die Förderung von Maßnahmen des Nahverkehrs entscheiden. Der Bund stellt lediglich Finanzmittel – im Gegensatz zum bisherigen Verfahren zukünftig ohne Zweckbindung für den Nahverkehr – zur Verfügung. Ausgenommen sind Maßnahmen mit besonders hohen Investitionskosten, die der Bund für großräumig bedeutsam hält (z.B. S-Bahn-Strecken in Ballungsräumen) und auch in Zukunft in Zusammenarbeit mit den Ländern finanziert und durchführt.

11.2 Finanzierungsfragen

Nach den bisherigen Regelungen werden mit den Mitteln Maßnahmen des kommunalen Straßenbaus und des öffentlichen Personennahverkehrs gefördert. Dabei können Eisenbahn-, Straßenbahn- (einschließlich U-Bahn-) und Busverkehr gefördert werden. Der wirtschaftliche Mitteleinsatz soll durch folgende wichtige Grundsätze sichergestellt werden:

Die Zweckbindung für 25 Jahre fördert eine gründliche und langfristige Planung, verzögert gelegentlich jedoch auch die Anpassung von Anlagen an neue Gegebenheiten.

- Es werden nur Maßnahmen gefördert, die noch nicht begonnen worden sind.
- Die Maßnahme muss mindestens 25 Jahre Bestand haben, andernfalls sind die Fördergelder in voller Höhe zurückzuzahlen.
- Der Antragsteller (in der Regel Kommune oder Verkehrsunternehmen) muss einen Eigenanteil zahlen, der je nach Maßnahme zwischen 10 und 40 Prozent beträgt.

Grundsätze des Gemeindeverkehrsfinanzierungsgesetzes

Der aufzubringende Eigenanteil soll verhindern, dass unsinnige Maßnahmen durchgeführt werden, nur „weil Geld da ist". Der Grundsatz „Förderung vor Baubeginn" soll sicherstellen, dass der Fördergeber nicht vor „vollendete Tatsachen" gestellt werden kann. In der Praxis hat sich ein umfangreiches „Einplanungsverfahren" entwickelt, in dem Dringlichkeitslisten erstellt werden, nach denen die Maßnahmen entsprechend der verfügbaren Finanzmittel in einer bestimmten Reihenfolge abgewickelt werden.

Das Antragsprocedere ist von Bundesland zu Bundesland bereits jetzt sehr unterschiedlich geregelt. Es ist zu erwarten, dass sich durch die Übertragung der gesamten finanziellen Verantwortung auf die Bundesländer diese Unterschiede in Zukunft noch vergrößern.

11.2.3 Bundesschienenwegeausbaugesetz

Das Bundesschienenwegeausbaugesetz (BSchWAG) von 1994 formuliert die Regeln, nach denen der Bund als Eigentümer des Schienennetzes der (bundeseigenen) Eisenbahn Finanzhilfen zum Ausbau der Infrastruktur gewährt. Im Mittelpunkt steht, wie auch beim GVFG, eine möglichst sparsame Mittelverwendung und die Mitbestimmung durch politische Gremien. Die grundsätzliche Vorgehensweise unterscheidet sich jedoch in einigen Punkten deutlich von dem Verfahren des GVFG. Wesentliche Grundsätze des BSchWAG sind folgende:

- Es werden nur Maßnahmen gefördert, die noch nicht begonnen worden sind (wie beim GVFG, als „Beginn" gilt aber im Gegensatz zur Praxis des GVFG bereits die Ausschreibung);
- Instandhaltung wird nicht gefördert;
- die Maßnahmen werden mit Zuschüssen oder zinslosen Darlehen gefördert (vgl. GFVG: immer Zuschüsse);

Grundsätze des Bundesschienenwegeausbaugesetzes

- die genauen Modalitäten der Förderung werden in einer Finanzierungsvereinbarung festgelegt;
- in der Regel muss die Maßnahme 25 Jahre Bestand haben (analog GVFG).

Antrags- und Genehmigungsbehörde ist das 1994 gegründete Eisenbahnbundesamt (EBA).

Aufgrund der verschiedenen Möglichkeiten der Finanzierung und der individuellen Vereinbarung ist dieses Finanzierungsinstrument flexibler als das GVFG. Dies ist jedoch mit einem Problem verbunden: Die Verwendung der Mittel wird erst im Nachhinein daraufhin kontrolliert, ob die Zuwendungsbestimmungen eingehalten wurden.

Beispiel: Beim Bau einer neuen Eisenbahnbrücke wird auch das vorhandene Gleis auf einer Länge von einigen hundert Metern nachgestopft, weil die Geräte vor Ort zur Verfügung stehen. Diese Instandhaltung ist nicht zuwendungsfähig. Ihr Kostenanteil muss mühsam herausgerechnet werden; geschieht dies nicht oder nicht korrekt, so wird die überschüssige Zuwendung zurückgefordert.

Durch diese Vorgehensweise entstehen jedes Jahr erhebliche Summen an Rückforderungen. Der Aufwand für Kalkulation und Abrechnung einer Maßnahme nach BSchWAG ist aufgrund der Vielfalt der Finanzierungsvarianten und der Notwendigkeit der Separierung von Investitions- und Instandhaltungsanteilen erheblich. Man versucht daher, durch Sammelvereinbarungen wenigstens gleichartige Maßnahmen (z.B. alle Oberbauerneuerungen) auf die gleiche Weise abzuwickeln. Für die Zukunft ist geplant, Maßnahmen nicht mehr einzeln zu fördern, sondern einen pauschalen jährlichen Betrag auszuschütten. Die Deutsche Bahn als Empfänger wird im Gegenzug verpflichtet, die Qualität des Netzes nachweisbar zu verbessern und dies in einem Netzzustandsbericht zu dokumentieren.

11.2.4 Regionalisierungsgesetz

Das Regionalisierungsgesetz (RegG) wurde 1994 zeitgleich mit dem Bundesschienenwegeausbaugesetz erlassen. Im RegG wird geregelt, wie viel Haushaltsmittel der Bund für den öffentlichen Nahverkehr der Länder zur Verfügung stellt. Der Betrag ist nicht in den Mitteln, die der Bund nach BSchWAG zur Verfügung stellt, sowie den GVFG-Mitteln enthalten. Es handelt sich vielmehr um eine Fortschreibung des jährlichen Zuschusses, den bis 1993 die Deutsche Bundesbahn / Deutsche Reichsbahn vom Bund für Verluste im Nahverkehr erhalten hatte. Die Mittel „sollen" daher „überwiegend" für Zwecke des Schienenpersonennahverkehrs verwendet werden. Es ist nicht festgelegt, ob damit in erster Linie betriebliche Leistungen oder Investitionen finanziert werden sollen; entsprechend verfahren die Bundesländer sehr unterschiedlich.

11.3 Aufbau der deutschen Richtlinien

11.3.1 Richtlinien für Eisenbahnen

Im Gegensatz zu Straßenplanung und -bau ist der Aufbau der Eisenbahnrichtlinien juristisch hierarchisch aufgebaut. Grundlage ist das Allgemeine Eisenbahngesetz (AEG). Unterhalb dieses Gesetzes gibt es Gesetzesverordnungen. Für Eisenbahnen sind dies die Eisenbahn-Bau- und Betriebsordnung (EBO) und die Eisenbahn-Signalordnung (ESO). Das Pendant für Straßenbahnen ist die Bau- und Betriebsordnung für Straßenbahnen (BOStrab).

Für Straßenbahnen gilt die Systematik der Richtlinien des Straßenverkehrs. Sie sind rechtlich weniger verbindlich als die Richtlinien des Eisenbahnwesens und erlauben vielfältige lokale Abweichungen.

In Gesetzen und Verordnungen sind lediglich allgemeine Festlegungen enthalten. Die einzelnen Planungsparameter sind fast ausnahmslos den Planungsrichtlinien vorbehalten. Die Planungsrichtlinien für Eisenbahnen wurden bis 1993 von der Deutschen Bundesbahn erarbeitet und in Kraft gesetzt. Mit dem Verlust der Behördeneigenschaft 1994 ging die Genehmigung technischer Bestimmungen an das neu geschaffene Eisenbahnbundesamt (EBA) über.

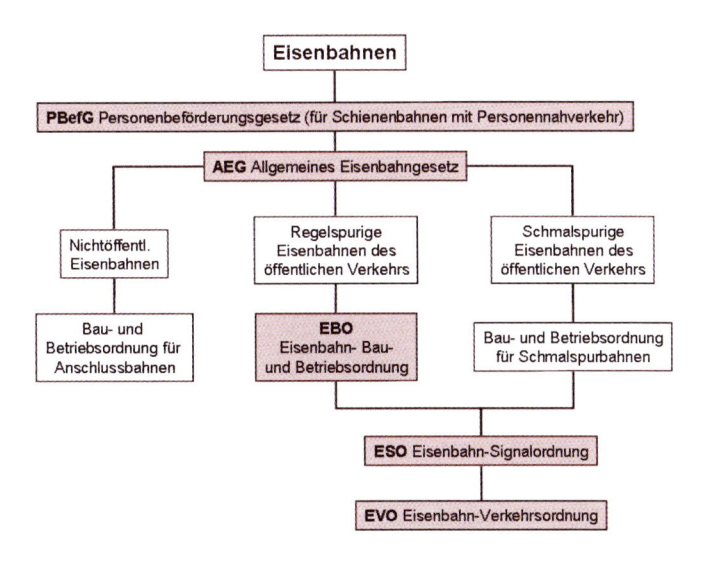

Bild 11.3 Eisenbahngesetze und -verordnungen

Um nicht eine Vielzahl von Richtlinien komplett neu ausarbeiten zu müssen, wurden die vorhandenen Richtlinien der deutschen Bundesbahn kurzerhand für rechtlich verbindlich erklärt. Neue Richtlinien oder Änderungen von Richtlinien müssen seit 1994 vom Eisenbahnbundesamt genehmigt werden, wenn über die anerkannten Regeln der Technik hinausgegangen werden soll. Bei vom Verkehrsunternehmen gewünschten Verschärfungen von Grenzwerten (zum Beispiel bei aus Komfortgründen kleineren Überhöhungsfehlbeträgen) ist keine Genehmigung durch das EBA erforderlich.

11.3.2 Bahninterne Richtlinien

Die Deutsche Bahn und ihr Vorläufer, die Deutsche Bundesbahn, haben als mit Abstand größtes Bahnunternehmen in Deutschland eine Reihe von Richtlinien erarbeitet und herausgegeben. Die kleineren Eisenbahnunternehmen verwenden diese Richtlinien im Regelfall ebenfalls, um keine eigenen Richtlinienwerke erarbeiten zu müssen.

Neben den in diesem Buch ausführlich behandelten Richtlinien zur Trassierung gibt es zahlreiche weitere bauliche Richtlinien sowie Richtlinien über die Bauweise von Fahrzeugen und nicht zuletzt betriebliche Richtlinien.

Während die baulichen Richtlinien und die fahrzeugbezogenen Richtlinien sich auf die Eisenbahn-Bau- und Betriebsordnung beziehen, basieren die – in Kapitel 9 ansatzweise erläuterten – betrieblichen Richtlinien auf der Eisenbahn-Signalordnung (ESO). Die Richtlinien sind dabei erheblich umfangreicher als die zugrunde liegende Verordnung, enthalten aber zahlreiche Spielräume für eigenverantwortliche Entscheidungen des planenden Ingenieurs. Auch die Weiterentwicklung bestehender Richtlinien aufgrund neuer Erkenntnisse und Erfahrungen ist eine Aufgabe der Ingenieure.

Bei der Deutschen Bahn sind die Richtlinien nach Modulgruppen geordnet. Eine führende dreistellige Nummer steht für das Thema der Richtlinie und wird meist stellvertretend für die gesamte Richtlinie zitiert.

Für den Bahnbau und den Bahnbetrieb wichtige Richtliniengruppen (Auswahl, Titel nicht wörtlich zitiert):

301 Signalbuch (= ESO)
402 Fahrplanplanung
406 Fahren und Bauen
408 Züge fahren und rangieren
800 Netzinfrastruktur Technik
809 Infrastrukturmaßnahmen

Daneben gibt es noch zahlreiche Richtlinien über konstruktive Einzelheiten, z.B. Brücken und Erdbauwerke sowie elektro- und maschinentechnische Anlagen.

11.4 Europäische Richtlinien: Technische Spezifikation Interoperabilität (TSI)

Aufgrund der Geschichte der meisten nationalen Eisenbahnen als Staatsunternehmen oder Staatsbehörden steckt die Formulierung international einheitlicher Richtlinien noch in den Kinderschuhen. Dies betrifft planerische, bauliche und betriebliche Regeln. Besonders augenfällig und wirtschaftlich negativ ist dieser Umstand bei den auf der Signaltechnik basierenden betrieblichen Regelungen. Beispielsweise sind für einen grenzüberschreitenden Einsatz von Triebfahrzeugführern die jeweiligen Sprachkenntnisse erforderlich – eine Erschwernis, die im internationalen Straßenverkehr vollkommen indiskutabel wäre.

Ein erster Ansatz zur europäischen Vereinheitlichung ist im Bereich der Signaltechnik das System ETCS (siehe Abschn. 9.8). Ein allgemeinerer Ansatz wird mit den Technischen Spezifikationen für die Interoperabilität im Eisenbahnverkehr (TSI) verfolgt, die von der Europäischen Union stark forciert werden.

Die TSI sollen Basis für eine europaweite Angleichung und gemeinsame Fortentwicklung der nationalen Vorschriften werden. Das Vorhaben bezieht sich auf die „Strukturellen Teilsysteme" Infrastruktur, Energie, Signaltechnik, Fahrzeuge und Betrieb. Die Einführung der TSI ist bereits im deutschen Recht vorgesehen; praktische Auswirkungen für die Planung sind aber bisher erst in Einzelfällen aufgetreten, da die bisher formulierten Teile der TSI viele nationale Entwicklungen einbeziehen und deren weitere Anwendung erlauben. Bei der Planung der Infrastruktur sind die deutschen Grenzwerte vielfach strenger als die im europäischen Konsens gefundenen Regelungen. Eine erwähnenswerte Ausnahme gibt es bei Strecken für den internationalen Hochgeschwindigkeitsverkehr: Dort dürfen nur noch Längsneigungen von maximal 35 ‰ vorgesehen werden, während in Deutschland bisher 40 ‰ zulässig waren.

TSI - Vorgehensweise und Auswirkungen

11.5 Planungsrecht

Das Planungsrecht für Bauwerke des Verkehrs in Deutschland ist ausgesprochen umfangreich. Im Rahmen dieses Lehrbuches können nur einige elementare Aspekte angesprochen werden.

Bahnanlagen bedürfen der Planfeststellung. Dies ist ein besonderes Rechtsverfahren, das speziell für Verkehrsbauwerke und andere große Baumaßnahmen entwickelt worden ist. Wesentlich bei diesem Verfahren ist, dass im Laufe der Planung alle zu hören sind, die von der Planung betroffen sind. Dies sind in der Regel zwei große Gruppen:

- Träger öffentlicher Belange und
- Betroffene.

Betroffene der Planung sind bei der Planfeststellung zu beteiligen.

Träger öffentlicher Belange sind beispielsweise Kommunen, die Bundeswehr, Energie- und Wasserversorgung oder Umweltämter. Die Träger öffentlicher Belange müssen stets gehört werden, damit eine Maßnahme nicht die Funktionsfähigkeit der öffentlichen Infrastruktur gefährdet.
Betroffene sind Personen oder Gesellschaften, deren Eigentumsinteressen direkt von der Maßnahme betroffen sind, etwa Grundstückseigentümer im Verlauf der Trasse, aber auch Anwohner, die von Lärmimmissionen betroffen sind oder Gewerbetreibende, denen die Ausübung des Gewerbes durch die Maßnahme erschwert wird.

Je nach Bedeutung und Größenordnung der Maßnahme gibt es drei Möglichkeiten, wie bei der Planfeststellung vorgegangen werden kann:

Verfahren der Planfeststellung

- Kein Verfahren bei unwesentlichen Änderungen an einer bestehenden Anlage;
- Vereinfachtes Verfahren bei Maßnahmen, bei denen beide Gruppen vorher bekannt sind; Träger öffentlicher Belange und Betroffene werden unmittelbar benachrichtigt und zur Anhörung geladen bzw. zur Stellungnahme aufgefordert;
- Offenes Verfahren bei großen Maßnahmen, bei denen der Kreis der Betroffenen groß und nicht im Voraus bestimmbar ist; die Maßnahme wird öffentlich bekannt gemacht, sodass sich alle beteiligen können, die sich für Betroffene halten.

Die Durchführung des Verfahrens liegt zum Teil beim Eisenbahnbundesamt, zum Teil bei Behörden der Bundesländer. Im Verfahren wird zunächst untersucht, inwiefern die Einwendungen und Anregungen berechtigt sind. Sind sie berechtigt, so müssen individuelle Ansprüche gegen die Interessen der Allgemeinheit an der Durchführung der Maßnahme abgewogen werden. In Teilbereichen, etwa beim Lärmschutz, helfen spezielle Gesetze in diesem Abwägungsprozess.

Rechtsweg

Die Entscheidung der Behörde kann wiederum gerichtlich angefochten werden. Dieser Rechtsweg hat häufig lange Genehmigungszeiträume zur Folge; ein offenes Verfahren ist selten in weniger als fünf Jahren durchzuführen. Wenn die Planungsgrundlagen bereits fehlerbehaftet sind, zum Beispiel die Notwendigkeit der Maßnahme nicht hinreichend nachgewiesen wurde oder die Träger öffentlicher Belange gar untereinander Streitigkeiten über die Notwendigkeit der Maßnahme austragen, kann ein Verfahren noch wesentlich länger andauern.

Baugesetzbuch

In den Städten und Gemeinden ist neben dem Planfeststellungsrecht noch das Baugesetzbuch zu beachten. Es bietet die Möglichkeit, die Bebauung eines Gebietes festzulegen, womit auch für die Verkehrserschließung, etwa mit Straßenbahnen, ein verbindlicher Rahmen vorgegeben wird. Maßgebend für diese Festlegungen ist der Stadt- bzw. Gemeinderat, wenn bestimmte Regeln der Bürgerbeteiligung eingehalten worden sind.

Frist zum Baubeginn

Wenn eine Maßnahme schließlich genehmigt ist (Planfeststellungsbeschluss), muss innerhalb von fünf Jahren mit dem Bau begonnen werden; ansonsten gilt das öffentliche Interesse an der Maßnahme als erloschen, und der gesamte Planungsprozess muss von neuem beginnen. Bei umfangreichen Maßnahmen, die in mehrere Abschnitte aufgeteilt werden, hat dies gelegentlich zur Folge, dass der Baubeginn eines Abschnitts erfolgen muss, bevor die Genehmigung eines benachbarten Abschnitts vorliegt. Aus diesem Grund lassen sich immer wieder Ingenieurbauwerke bewundern, die allem Anschein nach zweckfrei herumstehen.

Literaturverzeichnis

Bücher

Berg, Günter; Henker, Horst: Weichen, transpress Berlin 1978
Berndt, Thomas: Eisenbahngüterverkehr, Teubner Stuttgart 2001
Fendrich, Lothar (Hrsg.): Handbuch Eisenbahninfrastruktur, Springer Berlin/Heidelberg 2007
Fiedler, Joachim: Bahnwesen, 5. Auflage, Werner Düsseldorf 2005
Freystein, Hartmut et al.: Handbuch Entwerfen von Bahnanlagen, Eurailpress Hamburg 2005
Fürmetz, Reinhard: Der Gleisplan, Bauverlag Wiesbaden 1985
Köhler, Johannes: Gleisgeometrie, transpress Berlin 1981
Matthews, Volker: Bahnbau, 7. Auflage, Teubner Stuttgart 2007
Pachl, Jörn: Systemtechnik des Schienenverkehrs, 3. Auflage, Teubner Stuttgart 2002
Porsche, Eberhard: Grundzüge des Bahnbaues, Ernst & Sohn Berlin 1965
Schiemann, Wolfgang: Schienenverkehrstechnik, Teubner Stuttgart 2002
Schramm, Gerhard: Der Gleisbogen, 4. Auflage, Elsner Darmstadt 1962
Schwanter, Rudolf: Die Gestaltung der Gleisbogen, Dissertation RWTH Aachen, Berlin 1928
Weigend, Manfred: Linienführung und Gleisplangestaltung, Eurailpress Hamburg 2004
Wlaikoff, W.: Linienführung der Eisenbahn, transpress Berlin 1966
Wöckel, Ferdinand: Leitfaden für den Eisenbahnbau, Verlagsgesellschaft R. Müller Köln 1963

Beiträge in Fachzeitschriften

Hasslinger, Herbert: Eine moderne Trassierungsvorschrift mit optimaler Regelüberhöhung
EI – Eisenbahningenieur (56) 10/2005, S. 47-52
Hasslinger, Herbert: Das Konzept moderner Gleislinienführung
ETR Eisenbahntechnische Rundschau, Special ETR Austria 1/05, S. 227-233
Hierzer, Ruth; Ossberger, Markus: Trassenoptimierung von U-Bahn-Bestandsstrecken mit dem Wiener Bogen®
ETR Eisenbahntechnische Rundschau Nr. 3, März 2007, S. 134-139
Köppel, Markus: EG-Prüfungen im Teilsystem Infrastruktur
ETR Eisenbahntechnische Rundschau Nr. 7/8, Juli/August 2006, S. 489-503
Renner, Rolf: Der Ruck, das unbekannte Wesen?
Der Nahverkehr, 12/2006, S. 27-29
Weigend, Manfred: Ist die aktuelle Trassierungstechnik noch zeitgemäß für die moderne Bahn?
ETR Eisenbahntechnische Rundschau, Nr. 10, Oktober 2007, S. 612-618
Vitins, Janis: Modular locomotive family meets the needs of Europe's operators,

Sachwortverzeichnis

A

Ablaufberg 161
Abrückmaß 26, 43, 44, 48
Abspannmast 130f
Abspannung 130, 132
Abstellbahnhof 159
Abzweigstelle 91, 93, 157, 167, 175f
Achszähler 195f
Akkutriebwagen 128
Allgemeines Eisenbahngesetz (AEG) 225
Andreaskreuz 205, 222
Annäherungsfahrzeit 207ff, 212
Anrampungsneigung 23, 40
Aufsetz-IBP-Mast 131
Aufsetzwinkelmast 131
Ausfahrgruppe 162, 166
Ausfahrsignal 172f, 175ff, 184, 209
Ausführungsplanung 27
Ausleger 131f
Ausnahmewert 34, 37f, 41, 51, 81
Ausrundungsbereich 23
Außenbogenweiche 37, 46, 73ff, 85ff, 98ff
Automatic Train Control (ATC) 186
Automatic Train Protection (ATP) 186, 189
automatische Fahr- und Bremssteuerung (AFB) 192
automatische Freimeldeeinrichtung 205

B

Backenschiene 73, 113
Bahnhof 49, 68, 91, 96, 111, 129, 131, 133, 147ff, 203, 209ff
Bahnhofsblock 199f
Bahnübergang 204ff, 221
Bake 193, 222
Balise 193
Bau- und Betriebsordnung für Straßenbahnen (BOStrab) 225
Baugesetzbuch 228
Befehl 192, 197, 199, 203f
Begegnungsbahnhof 148, 151
Beharrungsgeschwindigkeit 26
behinderungsfrei 211f, 215
Bergbremse 161
Beschaffungskosten 22
Beschleunigung 16ff, 24, 27, 29ff, 36, 38, 42f, 50, 52, 64, 78, 81, 86, 135ff, 146, 212
Beschleunigungsänderung 20, 27, 52
Beschleunigungsdifferenz 19
Betriebsprogramm 20, 28, 148
Betriebsüberholungsgleis 153
Betriebszentrale 197
Bitumenbauweise 112
Blockabschnitt 178f, 211
BLOSS-Rampe 40ff, 57f
Bogenkreuzung 82f, 93
Bogenkreuzungsweiche 82f
Bogenradius 25, 32, 35, 74, 76, 81, 143
Bogenweiche 37, 46, 61, 64, 73ff, 93, 98ff
Bremse 13, 17, 19, 139ff, 161f, 177, 179, 183, 191, 194
Bremsprobe 140, 162
Bundesschienenwegeausbaugesetz (BschWAG) 221, 223f

C

Container 160, 163ff

D

Deutsche Bahn 32, 111, 219, 224, 226
Deutsche Bundesbahn 219, 224, 226
Deutsche Reichsbahn 219, 224
Drehgestell 15, 35, 40, 45, 141, 143, 145
Dr-Stellwerk 201f
Druckluftbremse 139f
Durchgangsbahnhof 148, 150
Durchrutschweg 170ff, 177f, 185ff, 195, 208, 210, 212

E

Einfahrgeschwindigkeit 172, 184
Einfahrgruppe 161
Eisenbahn-Bau- und Betriebsordnung (EBO) 49
Eisenbahnbundesamt (EBA) 34, 204, 217, 224f, 228
Eisenbahn-Infrastrukturunternehmer (EIU) 217ff
Eisenbahn-Signalordnung (ESO) 225f
Eisenbahnüberführung 222
Eisenbahn-Verkehrsunternehmen (EVU) 20, 152, 217ff, 223, 226
Elektronisches Stellwerk 197, 202
Entwässerung 70, 109, 119
Entwurfsgeschwindigkeit 172ff, 184
Entwurfsplanung 27
Ermessensgrenzwert 34, 37f, 41, 51f, 54, 71, 81f

Ersatzsignal 203
European Train Control System (ETCS) 192f, 227

F

Fahrdienstleiter 198ff
Fahrdraht 128f, 141
Fahrdrahtklemme 129
Fahrdynamik 135, 143
Fahrleitung 122, 128, 183, 192
Fahrplan 20, 39, 118, 135, 147f, 158, 174, 183f, 207ff, 220, 226
fahrplanunabhängig 216
Fahrstraße 168f, 173f, 187, 195ff, 207ff
Fahrstraßenauflösezeit 207f
Fahrstraßenbildezeit 207f
Fahrweg 13f, 20, 29, 60f, 102, 147f, 161, 167f, 184ff, 193, 196ff, 202f, 208, 218, 220
Fahrzeit 16, 20, 28, 33, 107, 135ff, 148, 179, 183, 191, 207ff, 212ff
Fahrzeugbegrenzungslinie 117
Fahrzeugkonzept 143f
Fail-Safe-Technik 193ff, 201, 203
Federbügel 106
Fernüberwachung 205
Feste Fahrbahn 37, 107, 109ff
Flankenfahrt 172f
Fliehkraft 15, 17f, 21, 35
Fließverfahren 166
Flügelzugkonzept 145
Folgeverspätung 213ff
Formsignal 171, 180ff, 187, 194, 198
Freimeldeeinrichtung 205
Frostschutzschicht 102, 108

G

Ganzzug 160
Gefälle 20, 26, 49, 161f, 172
Gemeindeverkehrsfinanzierungsgesetz (GVFG) 221ff

Gerade Überhöhungsrampe 40, 42, 44
Geschwindigkeits-Zugkraft-Diagramm 138
geschwungene Überhöhungsrampe 39, 42
Gleisabstand 45f, 69ff, 87f, 115, 119, 123, 127, 149, 178
Gleisanlage 109, 148, 151, 159f, 185, 198, 219
Gleisbauverfahren 109
Gleisbildstellwerk 202
Gleisbogen 15f, 23, 35, 63ff, 73, 88, 171
Gleisquerschnitt 117ff
Gleisschotter s. Schotterbett
Gleissperre 174
Gleisstromkreis 103, 195f
Gleistragplattensystem 112
Gleisverbindung 68, 91, 165
Gleisverziehung 33, 45ff, 149
Gleiswechsel 68, 88, 178
Gleitreibung 13, 143f
Grenzzeichen 170f
Güterverkehr 27, 42, 49, 54, 110, 141f, 145, 159ff, 165, 218f

H

H-Tafel 176
Haftreibung 13, 138, 146
Hauptgleis 35, 126, 129, 132, 151, 153, 184, 192
Hauptpersonenzuggleis 153
Hauptsignal 167, 176ff, 206ff
Heißläuferortungsanlage 140
Herstellungsgrenze 34ff, 51, 54, 58, 81
Herzstück 37, 56, 61ff, 73, 75, 81f, 93ff, 102, 114f, 153
Herzstückspitze 37, 56, 66ff, 81f, 93, 114f, 153
Holzschwelle 104ff, 115

I

interoperabilität 123, 226f
induktive Zugbeeinflussung (IN-DUSI) 187f
Innenbogenweiche 37, 73f, 76, 79, 83, 87f, 99f

K

Kettenwerksoberleitung 128
Kilometrierung 25, 76
Kinematik 135
kinematischer Regellichtraum 117
Klammerspitzenverschluss 113
Klemmplatte 106
Klothoide 25f, 42, 45, 78, 83, 90ff
Klothoidenweiche 78, 83, 90ff
Klotzbremse 140f
Knotenbahnhof 163
Knotenpunktsystem 163
kombinierter Verkehr 163
Kopfbahnhof 148, 150
Kreisbogen 20ff, 33ff, 40, 45f, 50, 61, 64f, 68, 73, 90f
Kreuzung 37, 61, 82f, 93ff, 102, 167, 215, 222
Kreuzungsbahnhof 148ff
Kreuzungsweiche 37, 61, 82f, 93ff
Krümmung 22ff, 31, 33, 40ff, 57, 61, 68, 73ff, 84ff, 100
Krümmungssprung 26, 42
Ks-System 182ff
Kupplung 35, 71, 142f, 146, 161
Kurvengeschwindigkeit 22
Kurvenradien 16, 56

L

Lageplan 26, 53, 62, 73, 91, 153, 170f
Langsamfahrstelle 107, 136f, 182, 204, 214
Längsneigung 20f, 26f, 49f, 58, 134f, 212, 227

Längsspannweite 128, 134
lichte Höhe 128, 133f
Lichtraum(-profil) 117ff, 123, 133, 156
Linienbetrieb 148, 151
Linienzugbeeinflussung (LZB) 191ff
Lokbespannter Zug 142ff, 146, 150, 159
Loop 193
LZB 192

M

Magnetschienenbremse 139, 142
Mechanisches Stellwerk 198
Mehrabschnittssystem 138, 191
Mindestlänge 32f, 40ff, 46, 53, 57, 70f
Mindestzugfolgezeit 211ff

N

Nachordnungsgruppe 162
Nahüberwachung 205
Nebengleis 103, 124, 129, 153
Neigetechnik 22, 52, 59, 146
Neigungswechsel 26f, 49, 58
nichtbundeseigene Eisenbahn 217
nichttechnische Sicherung 204
Nutzbremse 139, 141

O

Oberbau 36f, 52f, 102, 105ff, 122, 124
Oberleitung 128ff
Oberleitungsportal 131
Öffentlicher Nahverkehr 118, 145f, 152, 157, 214f, 218f, 221ff
Organisation 207, 217

P

PANDROL 106
Personenbahnhof 159
Planfeststellung 217, 227f
Planumsschutzschicht 102, 108f
pneumatische Bremse 139
Pufferzeit 212ff
Punktförmige Zugbeeinflussung (PZB 90) 186ff, 193f

Q

Querschnitt 111, 115, 117, 119ff, 123, 132
Querseil 131
Quertragwerk 131f

R

Radlenker 35, 62, 73, 114
Rampe 22ff, 33, 39f, 44, 52f, 70, 88, 117, 161, 164
Rangierbahnhof 160ff
Rangierfahrt 157, 165, 169, 171, 173ff, 180, 196
Rangierstraße 174, 196
Räumfahrzeit 207f, 212
Räumungsprüfung 203
Reaktionszeit 177, 210
Redundanz 193
Regelbauart der Oberleitung 129, 132
Regelwert 33, 37, 41, 51, 71, 81f
Regionalisierungsgesetz 221, 224
Reibungsbremse 140f
reibungsfreie Bremsen 139, 141
Rheda 111f
Richtungsbetrieb 148, 151, 158, 215
Richtungsgleis(-bremse) 161f
Rillenfahrdraht 128
Rollreibung 13, 144, 159
Rollwiderstand 14
Ruck 19ff, 25f, 29ff, 46, 65, 69, 78ff, 97ff, 104ff, 116, 139f, 142, 194, 197, 201f
Ruckbeschränkung 20
Rucknachweis 31, 65, 69, 78ff, 97ff

S

Satellit 163
Sattelanhänger 163f
Schaltgruppe 132f, 202
Scharfenbergkupplung 142f
Scheibenbremse 140f
Schienenauszug 83
Schienenbefestigung 105f, 112, 116
Schienennagel 105
Schleifbügel 128
Schleifstück 129
Schlusslicht 142, 203
Schotterbett 37, 106f, 110
Schraubenkupplung 142f
Schwelle 61ff, 69f, 79, 88, 96, 103ff, 110ff, 123
Schwellenkopf 107
Schwellenlose Bauweise 112
Schwellenunterkante 107
Seitenbeschleunigung 20ff, 29, 31, 36, 38
Sicherheitsraum 119, 124
Sicherungssystem 13
Sichtzeit 207ff
Signal 168, 170ff, 194, 197, 199, 201ff, 206, 208ff
Signalabhängigkeit 168ff, 173, 178, 187, 194, 196, 198
Signalbegriff 180f
Signaltechnik 135, 167f, 190, 226f
Simulation 216
S-Kurve 45, 69, 79, 96
Spanngewicht 130
Spurführung 14f, 103
Spurkranz 15
Spurspiel 15

Stahlschwelle 105f
Stammgleis 61, 64f, 73, 75ff, 97ff, 153
Standverfahren 166
Steigung 16, 20, 26f, 49, 161, 172, 183
Stellwerk 64, 147, 169, 174, 178, 182, 184, 194ff
Straßenüberführung 221f
Streckenblock 169, 199f
Streckentrenner 132
Streckentrennung 132f
Stromabnehmer 129, 132
Stromschiene 128
Stromschienenoberleitung 128
Stückgutverkehr 160, 163

T

Talbremse 161
Tangentenlänge 25, 51, 61, 64, 73, 91
Technische Spezifikation Interoperabilität (TSI) 226f
Teilauflösung 210
Tonfrequenz-Gleisstromkreis 195
Tragseil 128, 134
Transponder 193
Trasse 16, 20f, 27, 227
Trassenfindung 27
Trassenführung 27
Trassierung 16, 19ff, 28f, 38f, 46, 52f, 57
Trassierungselement 20, 23, 31ff, 38, 41, 46, 57
Trassierungsparameter 29, 38f, 42
Trennungsbahnhof 148f, 158f
Triebfahrzeug 128, 137ff, 141, 143f, 150, 153, 162, 167, 174, 179ff, 206, 208, 210, 226
Triebkopfzug 145
Triebwagenzug 145f

Tunnel 21, 105, 111f, 119, 121, 128f, 194

U

Überführung 50, 151, 159, 165, 206, 221f
Überführungsfahrt 159
Übergangsbogen 20, 23ff, 33, 41ff, 52ff, 65, 78ff, 90
Übergangsbogen nach BLOSS 42, 58
Überhöhung 18, 22ff, 27, 29ff, 52ff, 64f, 79, 80ff, 97ff, 112, 115, 120, 133f, 226
Überhöhungsfehlbetrag 30, 36ff, 42f, 52, 56, 65, 80ff
Überhöhungsformel, -nachweis 29, 31f, 35, 52, 54, 64, 73, 80f, 83ff, 89ff
Überhöhungsrampe 22ff, 33, 39ff, 44, 51ff, 70, 88
Überholungsbahnhof 148f, 151, 175
Überholungsgleis 129, 149, 153, 176, 211
Unterbau 102, 122

V

verkehrstechnische Sicherung 204f
Verkehrsüberholungsgleis 153
Verschluss 187, 197ff, 200
Verspätung 107, 189, 212ff
Vertikalbeschleunigung 50
Vorentwurfsplanung 27f, 68, 87
Vorsignal 175, 179ff, 194, 208ff

W

Wachsamkeitstaste 188
Wagenkasten 22f, 52

Wagenladungsverkehr 160
Wärter 198f, 201, 205
Wartezeit 147, 216
W-Befestigung 106
Wechselbehälter 160, 164
Weichenbau 83, 102
Weichengrundform 75ff, 80, 83ff, 97, 99f
Weichenneigung 65f, 69f
Weichenschwelle 115
Weichentyp 60, 66, 90, 114f, 181
Weichenverbindung 45, 56, 60, 66, 68ff, 87ff, 92f, 98ff, 120, 123, 148ff, 158, 178
Wendezug 146
Wiener Bogen® 45
Wirbelstrombremse 141

Z

Zentrifugalkraft 17f, 29f, 52
Zentrifugalbeschleunigung 18f, 81
ZÜBLIN 111f
Zugbeeinflussung 170, 185ff, 196
Zugstraße 174, 196
Zunge 65, 90, 113
Zungenweiche 60f
Zustimmung 199
Zustimmungswert 34, 37f, 41, 51, 81
Zwangspunkt 36f, 81
Zweiggleis 61, 63ff, 68ff, 151, 170f, 181
Zweiggleisbogen 63ff, 68f, 73, 171
Zweiggleisgeschwindigkeit 65f, 80ff, 97, 99f, 181
Zweiggleisradius 65f, 74ff, 84ff, 90, 93, 95
Zwischengerade 23f, 33, 40, 45f, 48, 69ff, 87, 91
Zwischensignal 179

HANSER

Ohne Mathe geht nichts!

Rjasanowa
Mathematik für Bauingenieure
380 Seiten, 293 Abb., zweifarbig.
ISBN 978-3-446-40479-3

Das Buch enthält das mathematische Grundwissen für Studierende des Bauingenieurwesens (Bachelor).

Für typische praktische Probleme erfolgt die Ableitung mathematischer Aufgabenstellungen und deren vollständig durchgerechnete Lösung. Die Beispiele stammen aus den Bereichen Statik und Festigkeitslehre, Vermessungswesen, Wasserbau, Straßenbau und Baubetrieb.

Mit Hilfe zahlreicher Übungsaufgaben mit Lösungen kann der Leser seinen eigenen Wissensstand überprüfen.

Mehr Informationen unter **www.hanser.de/technik**

Das Fundament für angehende Bauingenieure.

Dallmann
Baustatik 1
Berechnung statisch bestimmter Tragwerke
208 Seiten, 548 Abb., zweifarbig.
ISBN 978-3-446-40274-4

Die Baustatik bildet die Grundlage für alle Lehrgebiete des Konstruktiven Ingenieurbaus. Das Lehrbuch für Studienanfänger des Bauingenieurwesens vermittelt auf anschauliche Weise Methoden zur Berechnung statisch bestimmter stabförmiger Tragwerke.
Inhaltlicher Schwerpunkt ist die Ermittlung von Schnittgrößen. Weiterhin werden mechanische Grundlagen, das Prinzip der virtuellen Verschiebungen, die Ermittlung von Einflusslinien für Schnittgrößen sowie räumliche Systeme behandelt.
Die theoretischen Zusammenhänge werden durch zahlreiche Berechnungsbeispiele ausführlich erläutert. Eine Vielzahl von Aufgaben (mit Lösungen) ermöglichen die eigenständige Übung des Lehrstoffes.

Mehr Informationen unter **www.hanser.de/technik**

Bauingenieure mit Durchblick können Physik!

Krawietz/Heimke
Physik im Bauwesen
244 Seiten, 284 farbige Abbildungen,
63 farbige Tabellen.
ISBN 978-3-446-40276-8

Das Buch beinhaltet die physikalischen Grundlagen für die technischen Disziplinen des Bauwesens gemeinsam mit den speziellen Gebieten der Bauphysik.
Das Lehrbuch wendet sich an Studienanfänger des Bauingenieurwesens und der Architektur. Eingefügte Anwendungsbeispiele und die ausführliche Beschreibung von Demonstrationsversuchen helfen, die theoretischen Zusammenhänge besser zu verstehen. Eine Vielzahl von Aufgaben zu den einzelnen Kapiteln mit ausführlichen Lösungen im Anhang sollen das aktive Lernen fördern.
Das Hervorheben wichtiger Formeln, die Angabe von Einheiten und ein sehr ausführliches Sachwortverzeichnis machen das Buch gleichzeitig zu einem Kompendium für in der Praxis tätige Bauingenieure.

Mehr Informationen unter **www.hanser.de/technik**